高等职业教育机电类专业系列教材

江苏省机电类专业名师工作室组织编写

数控机床操作加工技术实训

(第二版)

主　编　张长红　王军歌

副主编　王小正　王志慧　张　猛　李建波

参　编　俞　涛　宋加春

主　审　张国军

西安电子科技大学出版社

内 容 简 介

本书以工学结合为切入点，以工作任务为驱动进行编写。书中主要包括数控机床基础知识、数控机床的维护与保养技术训练、数控车床的编程技术训练、数控车床车削加工技术训练、数控铣床的编程技术训练、数控铣床铣削加工技术训练六个项目，共 26 个任务。任务安排由易到难，层层递进，每个任务都体现了数控加工岗位的职业训练过程，每个任务后都有任务评价和练习与提高，便于老师进行课堂点评及学生课后进行拓展训练。书中有效融入了课程思政的内容。

本书既符合高职高专教学需要，又适应其他不同层次学习者的需求，可作为数控技术、机电一体化、机械设计制造及其自动化、模具设计与制造等专业的实践教学用书，也可作为相关技能培训用书，还可供有关技术人员参考。

图书在版编目（CIP）数据

数控机床操作加工技术实训 / 张长红，王军歌主编. - - 2 版.
西安：西安电子科技大学出版社, 2024. 10. - - ISBN 978-7-5606-7315-8

Ⅰ. TG659

中国国家版本馆 CIP 数据核字第 2024A8L888 号

策　　划　李惠萍
责任编辑　李惠萍
出版发行　西安电子科技大学出版社（西安市太白南路 2 号）
电　　话　（029）88202421　88201467　　　邮　　编　710071
网　　址　www.xduph.com　　　　　　　电子邮箱　xdupfxb001@163.com
经　　销　新华书店
印刷单位　陕西博文印务有限责任公司
版　　次　2024 年 10 月第 2 版　　2024 年 10 月第 1 次印刷
开　　本　787 毫米×1092 毫米　1/16　印 张 15
字　　数　356 千字
定　　价　39.00 元
ISBN 978-7-5606-7315-8
XDUP 7616002-1

*** 如有印装问题可调换 ***

前　言

党的二十大报告指出要"实施产业基础再造工程和重大技术装备攻关工程，支持专精特新企业发展，推动制造业高端化、智能化、绿色化发展"。随着制造业对数控机床需求量的增大以及计算机技术的飞速发展，数控机床的应用范围也越来越广泛。因此，培养高水平的数控技术应用型人才是企业生产的需要，也是振兴我国制造业的关键。在国家大力提倡的"现代学徒制、产教融合、校企合作"人才培养模式下，在"以服务为宗旨、就业为导向、能力培养为目标"的办学方针指导下，我们对数控技术课程进行了项目化的教学改革，打破了以知识传授为主的传统学科课程模式，体现了"教师主导、学生主体"的教学原则，实现了"教、学、做"合一的教育理念。

本书以习近平新时代中国特色社会主义思想为指导，坚持立德树人根本任务。编写组成员根据机械加工行业标准和高职高专学生成长规律，依据"数控机床操作加工技术实训"课程标准，通过社会调研，结合企业对数控加工技术人才在知识、技能、素养等方面的需求，精心设计教材内容，确定核心知识，把握学科知识逻辑顺序，采取校企合作模式编写本书。本书是"工学结合、校企合作"的创新型教材。书中恰当地融入了思政元素，注重学生职业素养和工匠精神的培养，同时通过具体任务重点培养学生应对复杂场景的专业综合能力与岗位工作能力。

本书以工学结合为切入点，以工作任务为驱动展开相关实训项目，对理论知识的广度和深度进行合理控制，增加了生产中实用性知识的比例。同时根据学生将来的职业成长规律，任务设置从简单到复杂，知识引入由浅入深。全书分为六个项目，共26个任务，每个任务都设有"任务描述""任务分析""任务目标""相关知识""任务实施""任务评价"等模块，逻辑清晰，重点突出。任务实施模块主要以任务单形式展现，引导学生在"做"任务的同时，弄懂并消化相关知识，掌握数控机床操作技能。学生在完成任务的过程中，不仅能学习到理论知识与操作技能，而且能培养自主学习能力和创新精神。

本书由江苏省职业教育白桂彩机电一体化名师工作室组编，工作室全体成员共同参与完成。江苏省连云港工贸高等职业技术学校张长红、王军歌担任本书主编，盐城机电高等职业技术学校张国军担任主审，江苏省淮海技师学院王小正、江苏省连云港工贸高等职业技术学校王志慧、江苏华益中亨金属科技发展有限公司张猛、光大水务(连云港)有限公司李建波担任副主编，苏州大学工程训练中心俞涛、盐城机电高等职业技术学校宋加春参与了本书的编写。

在本书的编写过程中，编者参考了与数控机床操作加工技术有关的大量教材和资料，在此对这些教材和资料的作者表示衷心的感谢。常州刘国钧高等职业技术学校王猛教授、连云港市机床有限公司高工吴海宁、连云港工贸高等职业技术学校王琳和白桂彩教授都对本书的编写提出了宝贵的意见与建议，在此一并表示诚挚的感谢。

由于编者水平有限，书中难免存在不足之处，恳切希望广大读者批评指正。

编　者

2024 年 6 月

目　录

项目一　数控机床基础知识

任务 1　学习数控机床的安全操作规程

【任务描述】

现代安全经济学"三角形理论"认为：经济为两条斜边(实体经济和虚拟经济)，安全是一条底边，没有底边的支撑，这个三角形是不成立的。经济发展得再快，没有安全就构不成稳定的三角形。要保障安全生产，大到要有安全生产制度作保证，小到要遵守安全操作规程。请仔细观察图 1-1-1 所示的加工车间情况，了解安全文明生产的规程。

图 1-1-1　车间情况

【任务分析】

目前，数控机床已成为机床的主流。学习和掌握数控技术知识、具备实践操作能力是适应机械行业发展的需要，也是时代的需求。数控机床是一种自动化程度较高、结构较复杂的加工设备，为了充分发挥机床的优越性，提高生产效率，管好、用好、修好数控机床，提高技术人员的素质及坚持文明生产尤为重要。操作人员除了要熟悉和掌握数控机床的性能，做到熟练操作以外，还必须对安全操作规程烂熟于心，养成文明生产的良好工作习惯和严谨工作作风，具备良好的职业素质、责任心和合作精神。职业学校的学生，作为企业的后备技术力量，从学习技能开始，就要重视培养文明生产的好习惯。

【任务目标】

(1) 了解文明生产的含义，掌握文明生产的要求。
(2) 学习安全操作规程，能按照安全文明生产规程要求正确使用机床和工量具。
(3) 了解机械伤害的急救知识，掌握现场应急措施和急救技巧。
(4) 培养自我安全意识，养成良好的操作习惯。

【相关知识】

一、文明生产

安全、文明生产是企业科学管理的一项十分重要的内容，它不仅直接影响人身安全、产品质量，而且影响设备、工量具、夹具的使用寿命，还影响操作工人技术水平的发挥，所以坚持安全文明生产是保障生产工人和设备安全、防止事故发生的根本保证。表 1-1-1 为文明生产要求。

表 1-1-1　文明生产要求

实 施 步 骤	生 产 要 求
1. 思想上高度重视	服从安排，听从指挥，未经老师同意，不擅自启动或操作机床
2. 检查设备	开车前，仔细检查机床各部分，包括检查数控系统及电器的插头、插座连线是否可靠
3. 检查工量具和夹具	工量具和夹具要完好，量具读数要准确
4. 保持工具、量具清洁，防止受到撞击并将其放在固定位置	爱护工量具，用后擦净、涂油，放入盒内保存并将工具盒摆放在机床边的工具车上
5. 不在导轨上敲击或者校直工件	保证导轨的精度
6. 床面上不堆放工具或工件	避免损坏机床和影响加工
7. 文明实习，遵守纪律	不在车间里乱跑、乱扔东西，不倚靠在机床上等
8. 加工结束后，做好善后工作	清理机床和地面，保养机床，整理好工量具等

二、安全操作规程

我们经常会在网络或者电视上看到一些安全生产事故，画面惨痛，教训深刻。人是安全生产最关键的因素，员工的安全素养直接影响安全管理的效果。从用人单位到具体操作人员都必须遵守安全操作规程，才能保障安全生产。

1．对用人单位的要求

在用人单位方面，机床操作人员上岗前必须经过专门的安全技术培训。只有掌握所操作的机床结构、性能、机械原理、使用范围、维修常识等知识且持有安全作业证的人员才能正式上岗。机床必须配备安全装置。必须制订严格的操作制度和规范并严格执行。

2．对操作人员的要求

1) 操作人员着装要求

操作人员应穿好工作服，扎好袖口，束紧下摆，将长发盘入工作帽中，下身着长裤且无坠物、饰物，鞋不露脚，操作旋转设备时禁止戴手套等，如图 1-1-2 所示。

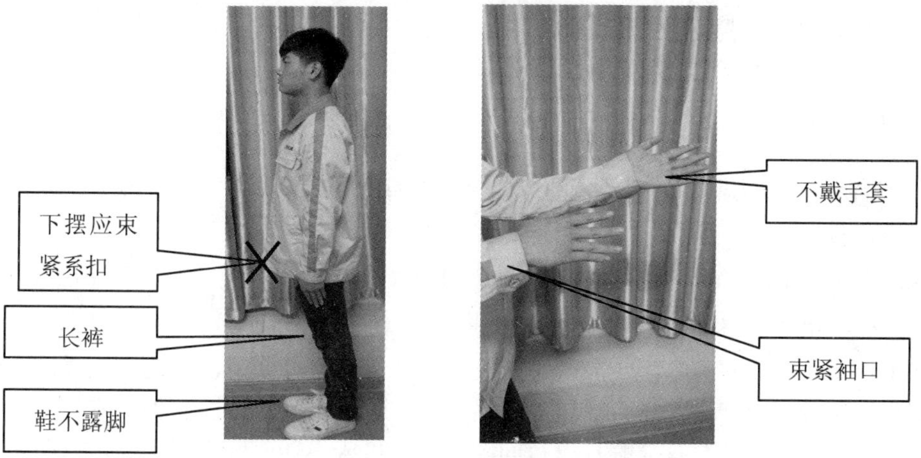

图 1-1-2　操作人员着装要求

事故案例：某厂机加工车间一女工在操作车床时，头发被电扇吹起，发辫被丝杠缠绕，结果女工发辫连同头皮一起被拔出。某厂生产车间一女工，袖口被工件缠住，结果造成手部多处骨折。

2) 加工前的准备工作

(1) 认真检查润滑系统工作是否正常，如机床长时间未开动，可先采用手动方式向各部分供油润滑。设备必须牢固有效地接地、接零，局部照明灯为 36 V 电压。认真检查设备各部分及防护罩、限位块、保险螺钉等安全装置是否完好有效。

(2) 使用的刀具应与机床允许的规格相符，有严重破损的刀具要及时更换。

(3) 调整刀具所用的工具不要遗忘在机床内。

(4) 刀具安装好后应进行 1～2 次试切削。

(5) 加工前要认真检查机床是否符合要求，认真检查刀具是否锁紧及工件固定是否牢靠。要空运行核对程序并检查刀具设定是否正确。

(6) 机床开动前，必须关好机床防护门。

3) 加工过程中的安全注意事项

(1) 不能接触旋转中的主轴或刀具；测量工件、清理机器或设备时，应先使机器停止运转。

(2) 机床运转中，操作者不得离开岗位；发现机床异常现象应立即停止，切断电源，进行检查，找出原因并处理好后方可开动机床。

(3) 加工中发生问题时，请按重置键"RESET"使系统复位。遇紧急情况时可按紧急停止按钮使机床停止运行，但在恢复正常后，务必使各轴再回到机械原点位置，重新建立机床坐标系。

(4) 手动换刀时应注意刀具不要撞到工件、夹具，使用加工中心刀库安装刀具时应注意刀具是否存在干涉现象。

(5) 机床运转时，不准用手检查工件表面光洁度和测量工件尺寸。

(6) 装卡零部件时，扳手要符合要求，不得加套管以增大力矩去拧紧螺母。

(7) 不准用手缠绕砂纸去打磨转动工件，不要在机床周围放置障碍物，工作空间应足够大。

4) 预防切屑对人体伤害的安全措施

(1) 根据被加工材料的性质改变刀具角度或增加断屑装置，选用合适的进给量，将带状切屑断成小段卷状或块状切屑并加以清除。

(2) 在刀具上安装排屑器或在机床上安装护罩、挡板，控制切屑流向，保证切屑不致伤人。

(3) 高速切削生铁、铜、铝等材料时，除在机床上安装护罩、挡板以外，操作者还应佩戴防护眼镜。

(4) 使用工具及时清除机床上和工作场所的铁屑，防止伤手、伤脚，切忌用手去扒铁屑。

5) 加工畸形和偏心零件要注意的安全事项

加工畸形和偏心零件时，一般采用花盘装卡对工件进行固定，因此首先要注意装卡牢靠，卡爪、压板不要伸出花盘直径以外，最好加装护罩；其次要注意偏心零件的配重，配重要适当，配重的内孔直径与螺杆直径间隙要小。机床旋转速度不要太高，以防旋转时在离心力作用下配重外移而与机床导轨相碰，导致折断螺丝、打伤操作者等事故发生。

6) 加工完成后的注意事项

(1) 清除切屑，擦拭机床，使机床与环境保持清洁状态，打扫车间卫生。

(2) 检查润滑油、冷却液的状态，及时添加或更换。

(3) 依次关掉机床操作面板上的电源和总电源。

最后特别要注意以下几点：

(1) 要等主轴停转3分钟后方可关机。

(2) 未经许可，禁止打开电气柜。

(3) 必须按说明书要求润滑各手动润滑点。

(4) 在程序调整完成后，要立即拔出修改程序的钥匙，以免无意改动程序。

(5) 若数天未使用机床，则每隔一天应对机床NC及CRT部分通电2～3小时。

三、机械伤害的急救

1. 机械伤害现场急救的要求

机械伤害现场急救的要求是：安全、简单、快速、准确。

发生机械伤害事故后，现场人员不要害怕和慌乱，要保持冷静，无论条件多么简陋、人员多么混乱、现场多么嘈杂，都应有序施救，做到急而不乱、有条理、循步骤、按计划地进行救治。

2．机械伤害现场急救的顺序

(1) 现场救助伤者的时候，首先要做的是现场评估，看是否存在潜在的危险，并应尽可能解除潜在的危险。例如，有人触电时要立即拉下电闸；机械夹住手后，要立即关停机器等。

(2) 立即拨打急救电话。记住报警电话很重要，我国通用的医疗急救电话为"120"，但除了"120"以外，各地还有一些其他急救电话也要适当留意。在发生伤害事故后，要立即拨打急救电话。拨打急救电话时，要注意以下问题：

① 讲清受伤人员所处的确切地点、联系方式(如电话号码)、行驶路线等。
② 简要说明伤员的受伤情况、症状等，并询问清楚在救护车到来之前应该做些什么。
③ 派人到路口准备迎候救护人员。

3．机械伤害现场急救的原则

机械伤害现场急救的原则为：先复苏后固定；先止血后包扎；先重伤后轻伤；先救治后运输；急救与呼救并重；搬运与医护并举。

4．机械伤害现场急救的注意事项

在发生创伤后，会出现创面渗血、渗液、血肉模糊现象，有时创面甚至被煤灰、污水、油渍污染，这时很多伤者会因为慌乱而随便拿东西捂在伤口上，如用污染的手套、纸巾、棉花等包扎伤口，这样很容易导致伤口感染。另外，用上述物品包扎伤口会给医生清创带来不便，不仅非常费事、费时，难以清创干净，而且增加了再次创伤和感染的风险，加重伤者的痛苦。正确的处理方法应该是用干净的手帕、围巾、三角巾、毛巾等物品简单包扎伤口。此外，还需注意以下三点：

(1) 现场不要对伤口进行清创；
(2) 在伤口的表面不要涂抹任何药物；
(3) 密切观察伤员的意识、呼吸等生命体征的变化。

5．机械伤害常用的止血方法

机械伤害常用的止血方法有以下几种。

(1) **伤口加压法**：主要适用于出血量不太大的一般伤口，通过对伤口的加压和包扎，减少出血，让血液凝固。具体做法是如果伤口处没有异物，用干净的纱布、布块、手绢、绷带等或直接用手紧压伤口止血；如果伤者出血量较大，可以用纱布、毛巾等柔软物垫在伤口上，再用绷带包扎以增加压力，达到止血的目的。

(2) **手压止血法**：临时用手指或手掌压迫靠近伤口的动脉，将动脉压向深部的骨头，阻断血液的流通，从而达到临时止血的目的。这种方法通常是在急救中和其他止血方法配合使用的，其关键是要掌握身体各部位血管止血的压迫点。手压止血法仅限于无法止住伤口出血或准备敷料包扎伤口的时候。施压时间切勿超过 15 分钟，如施压过久，肢体组织可能会因缺氧而损坏，以致不能康复，继而还可能需要截肢。

(3) **止血带法**：适合于四肢伤口大量出血的情况，主要有布止血带绞紧止血、布止血带加垫止血、橡皮止血带止血三种方法。使用止血带法止血时，绑扎松紧要适宜，以出血停止、远端不能摸到脉搏为好。使用止血带的时间越短越好，最长不宜超过 3 个小时，并在此时间内每隔半小时(冷天)或 1 小时慢慢解开，放松一次，每次放松 1～2 分钟，放松时可用手压止血法暂时止血。不到万不得已时不要轻易使用止血带，因为止血带能把远端肢体的全部血流阻断，造成组织缺血，时间过长会引起肢体坏死。

6．机械伤害的现场急救

发生机械伤害时，首先应立即关停机器。如果发生了断手、断指等严重情况，则对伤者伤口要进行包扎止血、止痛，进行半握拳状的功能固定。对断手、断指应用消毒或清洁敷料包好，放在无泄漏的塑料袋内，扎紧袋口，在塑料袋周围放上冰块，速将伤者送往医院进行抢救。

注意：切忌将断指浸入酒精中，以防细胞变质。

其次，对伤口进行现场止血、包扎。伤口的异物不要取出，应速将伤者送往医院。

第三，对骨折的部位进行现场固定。骨头、关节损伤时均需固定，现场固定是创伤救护的一项基本任务。现场急救时及时正确地固定断肢，能迅速减轻伤者疼痛，减少出血，防止损伤脊髓、血管、神经等重要组织，这也是搬运伤者的基础，有利于伤者转运后的进一步治疗。但急救时的固定是暂时的，因此，应力求简单而有效，不要求对断骨准确复位。固定前尽可能牵引和矫正畸形，将肢体置于适当位置，选用合适的固定器材，骨折固定应涵盖上下两个关节。

【任务实施】

(1) 进入车间之前先进行安全生产规程的小测验。

(2) 穿好工作服，分小组进行组内互查，检查着装是否合乎要求，不符合要求的需按要求整改。

(3) 模拟开机前的准备工作。熟悉并检查设备，检查工量具等是否放置在指定位置并做好记录，见表 1-1-2。

(4) 去机加工车间参观，切身体会，完成表 1-1-2。

表 1-1-2　安全文明生产记录表

组　别		小组负责人		
成员姓名				
检查项目	组内得分	互评得分	检查人	
着装是否符合规范				
机床开关运行是否正常				
工量具等是否齐全，是否放置到位，读数是否正确				
接地连接部分是否可靠				
检查紧急停止按钮				
车间是否干净整齐				
是否进行机床清扫润滑				
其他检查				

【任务评价】

一、个人、小组评价

(1) 请分层次概括总结出你在本次任务实施过程中有哪些收获。

(2) 分组展示小组学习过程中的收获。

(3) 思考一下本次任务对今后学习有何帮助，并写成小结。

二、教师评价

教师对各小组任务完成情况分别作出评价，见表 1-1-3。

表 1-1-3 任务 1 评价表

组 别				小组负责人			
成员姓名				班级			
课题名称				实施时间			
评价类别	评价内容	评 价 标 准		配分	个人自评	小组评价	教师评价
学习准备	课前准备	资料收集、整理，自主学习		5			
学习过程	信息收集	能收集有效的信息		5			
	实际操作	文明生产安全规范测验		10			
		着装检查		10			
		模拟工作前及工作过程中的准备工作		15			
		模拟工作结束场景		10			
	问题探究	关于机械伤害急救措施的设置是否合理		15			
	文明生产	服从管理，遵守校规、校纪和安全操作规程		5			
	应变能力	能举一反三，提出改进建议或方案		5			
	创新程度	有创新建议提出		5			
学习态度	主动程度	主动性强		5			
	合作意识	能与同伴团结协作		5			
	严谨细致	认真仔细，不出差错		5			
总 计				100			
教师总评 (成绩、不足及注意事项)							
综合评定等级(个人 30%，小组 30%，教师 40%)							

练习与提高

1. 简述文明实训和文明生产的目的。
2. 简要叙述下班前应该做好哪些工作。
3. 工作时,一旦发生事故,首先应该采取哪些措施?
4. 去车间参观,仔细观察,将所看到的你认为符合和不符合安全文明生产规范的现象分别写下来,并以小组方式分组讨论,每组做一份书面总结报告,各组代表再以汇报形式进行发言。

任务2　认识数控机床的基本术语、加工特点及应用

【任务描述】

目前,无论是我们的日常生活还是工业生产都离不开机电产品,如生活必需的家用电器(如电饭煲、洗衣机等)、机械加工需要的机床等。随着人类社会的发展,洗衣机从半自动洗衣机发展到全自动洗衣机,生产机床从普通机床发展到数控机床,人们对机电产品的质量、使用性能、生产率和成本提出了越来越高的要求。图 1-2-1 所示的数控机床就是一种满足产品更新换代快、品种多样要求的,加工的产品质量好、生产率高、成本低的自动化生产设备。

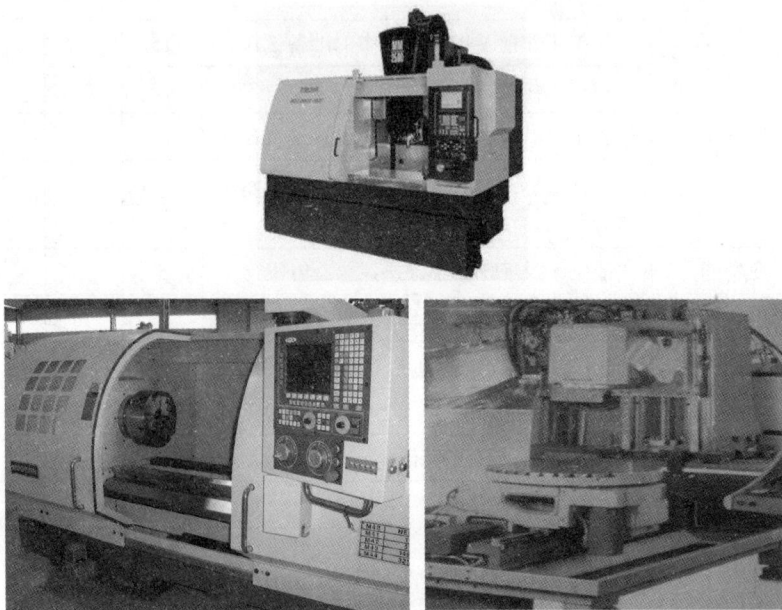

图 1-2-1　数控机床

【任务分析】

要学习和掌握与数控加工技术有关的知识和技能，首先要对这种技术的媒介——数控机床有最基本的认识和了解，这样才能去驾驭它，使它为我们服务，加工出高精度的产品。

【任务目标】

(1) 了解数控机床的概念和相关术语。
(2) 掌握数控机床的加工特点和应用范围。
(3) 培养对数控机床的认知能力，为后续专业课程学习打下坚实的基础。

【相关知识】

一、机床的数值控制

1．数字控制

数字控制简称数控(Numerical Control，NC)，它是一种自动控制技术，是借助数字、字符或其他符号对某一工作过程(如加工、测量、装配等)进行可编程控制的自动化方法。GB/T 8129—2015 将 NC 定义为：用数值数据的控制装置，在运行过程中不断地引入数值数据，从而对某一生产过程实现自动控制。

2．数控技术

数控技术(Numerical Control Technology)是采用数字控制的方法对某一工作过程实现自动控制的技术，也就是利用数字化信号进行控制的技术。计算机辅助设计与制造(CAD/CAM)、柔性制造单元(FMC)、柔性制造系统(FMS)、计算机集成制造系统(CIMS)、敏捷制造(AM)和智能制造(IM)等先进制造技术都是建立在数控技术基础之上的。

3．数控机床

数控机床(Numerical Control Machine Tools)是采用数字控制技术对机床的加工过程进行自动控制的一类机床，它是数控技术应用的典型例子之一。简单来说，数控机床就是采用了数控技术的机床，或者说是装备了数控系统的机床。

4．数控系统

数控系统(Numerical Control System)是实现数字控制的装置，它的发展经历了以下两个阶段。

第一阶段为 NC 阶段，即逻辑数字控制阶段，又称硬件数控阶段。其发展经历了三个时代，即电子管时代、晶体管时代和小规模集成电路时代。

第二阶段为 CNC(Computerized Numerical Control)阶段，即计算机数字控制阶段，又称计算机软件数控阶段。其发展经历了三个时代，即小型计算机、微处理器和基于工控 PC 的通用 CNC 系统时代。

5．计算机数控系统

计算机数控系统(Computerized Numerical Control System)由装有数控系统程序的专用计算机、输入/输出设备、可编程序控制器、存储器、主轴驱动及进给驱动装置等部分组成，习惯上称为 CNC 系统。

6．数控编程

将图纸上的工程语言转变为数控机床所能识别的加工语言，这个过程就称为数控编程(NC Program)。

7．数控加工

数控加工是指根据零件图样及工艺要求等原始条件，编制零件数控加工程序，输入数控系统，控制数控机床中刀具与工件的相对运动，从而完成零件加工的过程。

二、数控机床的产生

从第一台数控机床诞生至今，数控装置的变更经历了多个发展阶段。表 1-2-1 列出了数控机床的发展过程。

表 1-2-1　数控机床的发展过程

时　间	数控装置	发展时代	发　展　背　景
1948—1959 年	电子管元件	第一代	美国帕森斯公司与美国麻省理工学院合作成功研制出世界上第一台立式数控铣床
1959—1965 年	晶体管元件	第二代	1959 年，制成了晶体管元件和印刷电路板，使数控装置的体积缩小，成本有所下降；1960 年以后，较为简单和经济的点位控制数控钻床和直线控制数控铣床得到较快发展，使数控机床在机械制造业各部门逐步获得推广
1965—1967 年	集成电路	第三代	1965 年，出现了第三代集成电路数控装置。该装置体积小，功率消耗少，可靠性提高，价格进一步下降，促进了数控机床品种和产量的发展。英国产生了最初的由几台数控机床连接而成的 FMS
1970 年后	小型计算机	第四代	采用小型计算机控制的计算机数控系统(简称 CNC 系统)，使数控装置进入了以小型计算机化为特征的第四代。1974 年美国芝加哥国际机床展览会上展出了首台计算机数控系统
1974 年后	微型计算机	第五代	美国、日本首先研制出以微处理器为核心的微型计算机控制数控机床
1990 年后	工控计算机	第六代	计算机软硬件飞速发展，德国和日本先后出现了带有人机对话自动编程、自动监控与检测、智能数控系统的数控机床

三、数控机床的加工特点

1．数控机床的优点

数控机床以其精度高、效率高、能适应小批量和多品种复杂零件的加工等优点，在机械加工中得到日益广泛的应用。概括起来，数控机床的加工有以下几方面的优点。

(1) **适应性强**。适应性即所谓的柔性，是指数控机床随生产对象变化而变化的适应能力。在数控机床上改变加工零件时，不需改变机床机械部分和控制部分的硬件，只需重新编制程序，输入新的程序后就能实现对新的零件的加工，且生产过程是自动完成的，这就为复杂结构零件的单件、小批量生产以及新产品试制提供了极大的方便。适应性强是数控机床最突出的优点，也是数控机床得以产生和迅速发展的主要原因。

(2) **精度高，质量稳定**。数控机床是按以数字形式给出的指令进行加工的，一般情况下工作过程不需要人工干预，这就消除了操作者人为产生的误差。在设计制造数控机床时，采取了许多措施，使数控机床的机械部分达到了较高的精度和刚度。此外，数控机床的传动系统与机床结构都具有很高的刚度和热稳定性。通过补偿技术，数控机床可获得比本身精度更高的加工精度，尤其提高了同一批零件生产的一致性，产品合格率高，加工质量稳定。

(3) **生产效率高**。零件加工所需的时间主要包括机动时间和辅助时间两部分。数控机床主轴的转速和进给量的变化范围比普通机床大，因此数控机床每一道工序都可选用最有利的切削用量。数控机床结构刚性好，可以进行大切削用量的强力切削，这就提高了数控机床的切削效率，节省了机动时间。数控机床的移动部件空行程运动速度快，工件装夹时间短，刀具可自动更换，辅助时间比一般机床大为减少。数控机床更换被加工工件时几乎不需要重新调整机床，节省了工件安装调整时间。数控机床加工质量稳定，一般只做首件检验和工序间关键尺寸的抽样检验，因此节省了停机检验时间。在加工中心机床上加工时，一台机床实现了多道工序的连续加工，生产效率的提高更为显著。

(4) **能实现复杂的运动，加工出复杂型面**。普通机床难以实现或无法实现轨迹为三次以上的曲线或曲面的加工，如螺旋桨、汽轮机叶片之类的空间曲面；而数控机床则可以实现几乎是任意轨迹的运动和加工任何形状的空间曲面，适用于复杂异形零件的加工。图1-2-2 所示为几种复杂曲面零件。

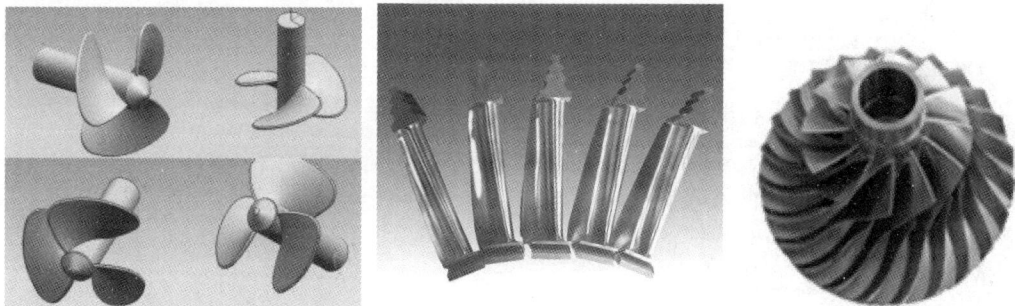

图 1-2-2　复杂曲面零件

(5) **具有良好的经济效益**。数控机床虽然设备昂贵，加工时分摊到每个零件上的设备折旧费较高，但在单件、小批量生产的情况下，使用数控机床加工可节省划线工时，减少调整、加工和检验时间，节省直接生产费用。数控机床加工零件一般不需制作专用夹具，节省了工艺装备费用，并且加工精度稳定，减少了废品率，使生产成本进一步下降；此外，数控机床可实现一机多用，节省厂房面积和建厂投资。因此，使用数控机床可获得良好的经济效益。

(6) **有利于生产管理的现代化**。数控机床使用数字信息与标准代码处理、传递信息，特别是在数控机床上使用计算机控制,为计算机辅助设计、制造以及管理一体化奠定了基础。

2．数控加工的缺点

数控加工也存在缺点,如价格较高,设备的首次投入大;对操作、维修人员的技术要求高;加工复杂零件时手工编程量大等。

四、数控机床的应用

1．数控加工与传统加工的比较

数控加工与传统加工的比较如图 1-2-3 所示。

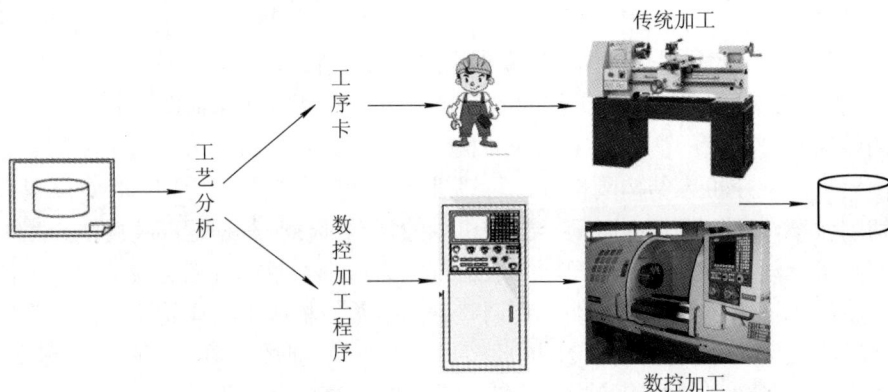

图 1-2-3　数控加工与传统加工对比示意图

2．数控机床的应用范围

数控机床具有普通机床不具备的很多优点,其应用范围也正在不断扩大,但是目前还不能完全取代普通机床,也不能以最经济的方式解决机械加工的所有问题。数控机床最适合加工具有以下特点的工件:

(1) 单件、多品种、小批量的零件;

(2) 形状复杂、加工精度高、表面质量要求高的零件;

(3) 多种工序需要集中进行加工的零件;

(4) 价格昂贵不允许报废的零件;

(5) 改型频率比较高的零件;

(6) 生产周期短的急件;

(7) 批量、高精度、高要求的零件。

【任务实施】

(1) 小组组员之间探讨数控机床的常见术语及概念,并能阐述它们的联系与区别。

(2) 通过查阅资料,了解数控机床的发展史,并能较详细地说出每个发展阶段的代表机床及其特点。

(3) 比较普通机床与数控机床的加工方式,说出数控机床加工的优缺点。

【任务评价】

一、个人、小组评价

(1) 请分层次概括总结出你在本次任务实施过程中有哪些收获。

(2) 分组展示小组学习过程中的收获。

二、教师评价

教师对各小组任务完成情况分别作出评价，见表1-2-2。

(1) 找出各组的优点进行点评。

(2) 对任务完成过程中各组的缺点进行点评并提出改进方法。

(3) 对整个任务完成过程中出现的亮点和不足进行点评。

表 1-2-2　任务 2 评价表

组　　别				小组负责人			
成员姓名				班级			
课题名称				实施时间			
评价类别	评价内容	评 价 标 准		配分	个人自评	小组评价	教师评价
学习准备	课前准备	资料收集、整理，自主学习		5			
学习过程	查阅资料	能根据需要，通过网络等平台寻求知识		15			
	知识掌握	上课能认真听讲并主动回答问题		25			
	组内学习	能通过小组活动获得需要的帮助		20			
	文明生产	服从管理，遵守校规、校纪和安全操作规程		5			
学习拓展	知识迁移	能实现前后知识的迁移		5			
	应变能力	能举一反三，提出改进建议或方案		5			
	创新程度	有创新建议提出		5			
学习态度	主动程度	主动性强		5			
	合作意识	能与同伴团结协作		5			
	严谨细致	认真仔细，不出差错		5			
总　　计				100			
教师总评(成绩、不足及注意事项)							
综合评定等级(个人30%，小组30%，教师40%)							

练习与提高

1. 简述数控机床经历的六代发展过程。
2. 简述数控加工的特点。
3. 简述数控、数控系统、计算机数控系统、数控机床、数控技术等概念。

任务3　了解数控机床的分类、组成及工作过程

【任务描述】

数控机床的种类繁多。参观机加工车间，识别如图 1-3-1 所示的各种数控机床，简单叙述数控机床的组成及其工作过程。

图 1-3-1　各种数控机床

【任务分析】

要能说出图 1-3-1 里面各种数控机床的名称和用途，就必须先认识各种数控机床，掌握其分类、组成和工作过程的相关知识。

【任务目标】

(1) 掌握按工艺用途分类的数控机床的类型与特点。

(2) 掌握按进给伺服系统类型分类的数控机床的特点及适用范围。

(3) 认识数控机床的各组成部分，并能说出各部分的作用。

(4) 掌握数控机床的加工过程。

(5) 培养理解能力和语言表达能力，能正确说出数控机床的名称。

【相关知识】

一、数控机床的分类

数控机床的种类很多，从不同角度去划分就有不同的分类方法，通常有以下几种不同的分类方法。

1. 按工艺用途分类

数控机床按工艺用途分为以下几类。

(1) 金属切削加工类：数控镗铣床、数控钻床、数控磨床、加工中心、数控齿轮加工机床、FMC 等，其中部分机床如图 1-3-2 所示。

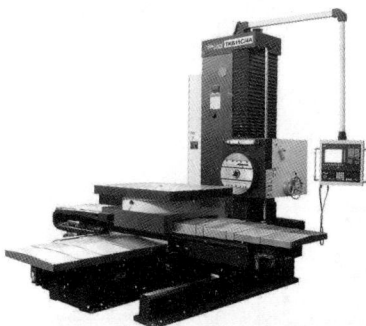　

数控镗铣床　　　　　　　　　　数控磨床

数控齿轮加工机床　　　　　　　数控钻床

图 1-3-2　金属切削加工类数控机床

(2) 成形加工类：数控折弯机、数控冲床、数控弯管机等，如图 1-3-3 所示。

| 数控折弯机 | 数控冲床 | 数控弯管机 |

图 1-3-3　成形加工类数控机床

(3) 特种加工类：数控线切割机、激光加工机等，如图 1-3-4 所示。

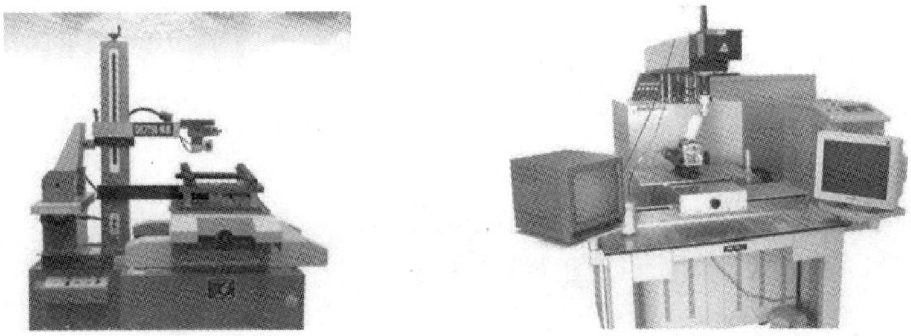

数控线切割机　　　　　　　　激光加工机

图 1-3-4　特种加工类数控机床

(4) 其他类型：三坐标测量仪、防爆机器人等，如图 1-3-5 所示。

三坐标测量仪　　　　　　　　防爆机器人

图 1-3-5　其他类型数控机床

2．按控制方式分类

数控机床按控制方式分为以下三类。

(1) 点位控制数控机床。

特点：只控制起点和终点的精确位置，对轨迹不作控制要求，运动过程中不进行任何加工。

适用范围：数控钻床、数控镗床、数控冲床和数控测量机。数控钻床的钻孔加工如图 1-3-6(a)所示。

(2) 直线控制数控机床。

特点：这类机床不仅能保证刀具直线轨迹的起点和终点的准确定位，还能控制在这两点之间以指定的进给速度进行直线切削。它是点位控制和单坐标控制的结合，起点至终点之间属"切削段"。

使用范围：采用这类控制的有平面铣削用的数控铣床以及阶梯轴车削和磨削用的数控车床与数控磨床等。数控铣床铣削直线加工如图 1-3-6(b)所示。

(3) 轮廓控制(连续控制)数控机床。

特点：控制几个进给轴同时协调运动(坐标联动)，使工件相对于刀具按程序规定的轨迹和速度运动，在运动过程中进行连续切削加工。

适用范围：数控车床、数控铣床、加工中心等用于加工曲线和曲面的机床。现代的数控机床基本上都是装备这种数控系统。数控铣床铣削轮廓控制加工如图 1-3-6(c)所示。

(a) 数控钻床钻孔加工　　　　(b) 数控铣床铣削直线加工　　　　(c) 数控铣床铣削轮廓控制加工

图 1-3-6　按控制方式分类示意图

3. 按联动轴数分类

数控系统控制几个坐标轴按需要的函数关系同时协调运动称为坐标联动。数控机床按联动轴数分为以下几类。

(1) **二轴联动**(平面曲线)：主要用于数控车床加工回转面或数控铣床加工曲线柱面。

(2) **三轴联动**(空间曲面，球头刀)：主要用于数控铣床、加工中心等。通常三轴机床可以实现二轴、二轴半和三轴加工。

(3) **四轴联动**(空间曲面)：如图 1-3-7(a)所示。

(4) **五轴联动**：如图 1-3-7(b)所示。

(5) **六轴联动**：适用于空间曲面。

联动轴数越多，数控系统的控制算法就越复杂。

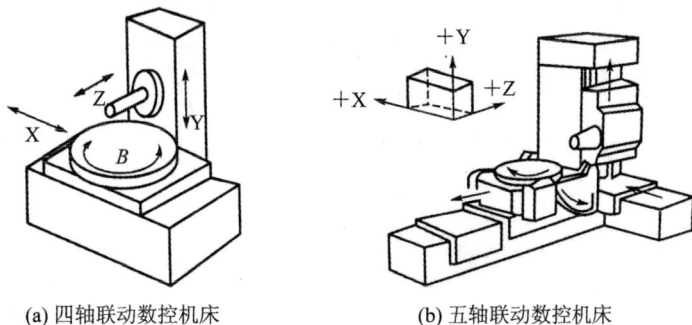

(a) 四轴联动数控机床　　　　(b) 五轴联动数控机床

图 1-3-7　多轴联动示意图

4．按进给伺服系统的类型分类

按数控系统的进给伺服子系统有无位置测量装置可分为开环控制数控系统和闭环控制数控系统，在闭环控制数控系统中根据位置测量装置安装的位置又可分为全闭环和半闭环两种。

1) 开环控制数控系统

开环控制数控系统的工作原理如图 1-3-8 所示，其特点如下：

(1) 没有位置测量装置，信号流是单向的(数控装置→进给系统)，故系统稳定性好。

(2) 无位置反馈，精度相对闭环系统来讲不高，其精度主要取决于伺服驱动系统和机械传动机构的性能与精度。

(3) 一般以步进电机作为伺服驱动元件。

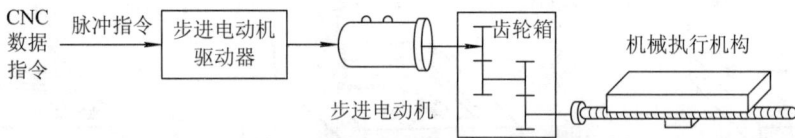

图 1-3-8　开环控制数控系统的工作原理图

适用范围：这类系统具有结构简单、工作稳定、调试方便、维修简单、价格低廉等优点，在精度和速度要求不高、驱动力矩不大的场合得到广泛应用，一般用于经济型数控机床。

2) 半闭环控制数控系统

半闭环控制数控系统的位置采样点如图 1-3-9 中虚线所示，是从驱动装置(常用伺服电机)或丝杠引出，采样旋转角度并进行检测，不是直接检测运动部件的实际位置。半闭环控制的特点如下：

(1) 半闭环环路内不包括或只包括少量机械传动环节，因此可获得稳定的控制性能，其系统的稳定性虽不如开环系统，但比闭环要好。

(2) 由于丝杠的螺距误差和齿轮间隙引起的运动误差难以消除，因此，其精度较闭环差，较开环好；但可对这类误差进行补偿，因而仍可获得满意的精度。

适用范围：半闭环控制数控系统结构简单、调试方便、精度也较高，因而在现代 CNC 机床中得到了广泛应用。

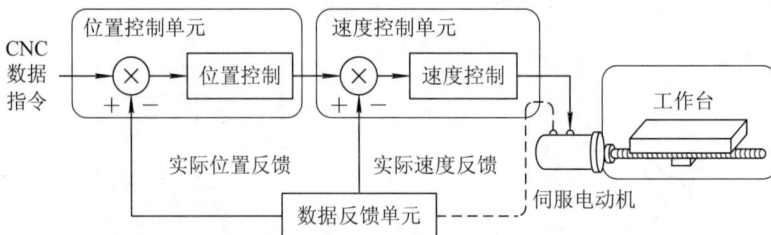

图 1-3-9　半闭环控制数控系统的工作原理图

3) 全闭环控制数控系统

全闭环控制数控系统的位置采样点如图 1-3-10 中虚线所示，它是直接对运动部件的实际位置进行检测。全闭环控制的特点如下：

(1) 理论上可以消除整个驱动和传动环节的误差、间隙和矢动量，具有很高的位置控制精度。

(2) 由于位置环内的许多机械传动环节的摩擦特性、刚性和间隙都是非线性的，故很容易造成系统不稳定，使闭环系统的设计、安装和调试都相当困难。

适用范围： 该系统主要用于精度要求很高的镗铣床、超精车床、超精磨床以及较大型的数控机床等。

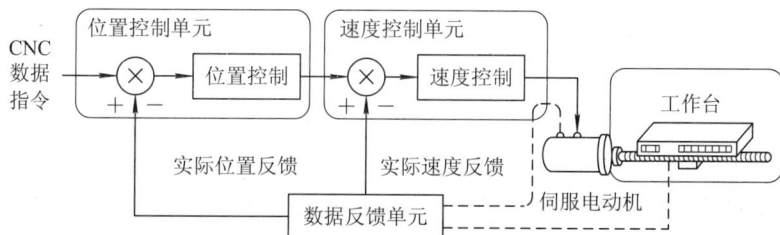

图 1-3-10 全闭环数控系统的工作原理图

4) 混合控制数控机床

将开环、半闭环和全闭环三类数控机床的特点结合起来，就出现了混合控制数控机床，这类机床特别适用于大型或重型数控机床。混合控制数控机床又分为如下两种。

(1) **开环补偿型控制方式**。图 1-3-11 所示为开环补偿型控制方式，它的基本控制选用步进电动机的开环伺服机构，再附加一个校正电路。

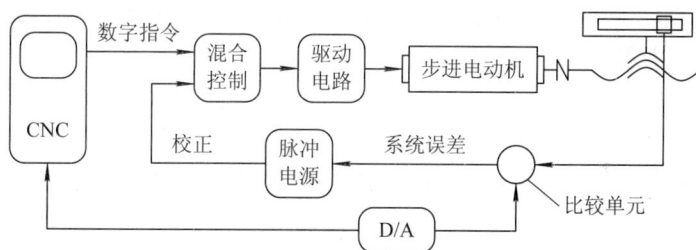

图 1-3-11 开环补偿型控制方式

(2) **半闭环补偿型控制方式**。图 1-3-12 所示为半闭环补偿型控制方式，它是用半闭环控制方式取得高精度控制，再通过装在工作台上的直线位移测量元件实现全闭环修正，从而获得高速度与高精度的统一。

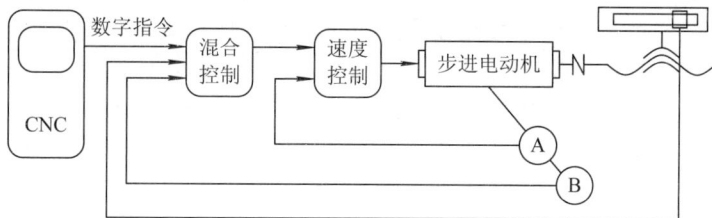

图 1-3-12 半闭环补偿型控制方式

二、数控机床的组成

数控机床的基本组成包括加工程序载体、数控装置、伺服系统、测量反馈系统、机床主体和其他辅助装置。下面分别对各组成部分的基本工作原理进行概要说明。

1．程序载体

数控机床工作时，不需要工人直接操作机床，因此要对数控机床进行控制，就必须编制加工程序。零件加工程序中包括机床上刀具和工件的相对运动轨迹、工艺参数(进给量、主轴转速等)和辅助运动等的控制程序。将零件加工程序用一定的格式和代码存储在一种程序载体上，如穿孔纸带、盒式磁带、软磁盘等，通过数控机床的输入装置，将程序信息输入CNC单元。

2．数控装置

数控装置是数控机床的核心。现代数控装置均采用CNC(Computer Numerical Control)形式，这种CNC装置一般使用多个微处理器，以程序化的软件形式实现数控功能，因此又称软件数控(Software NC)。CNC系统是一种位置控制系统，它是根据输入数据插补出理想的运动轨迹，然后输出到执行部件，从而加工出所需要的零件。因此，数控装置主要由输入、处理和输出三个基本部分构成。而所有这些工作都由计算机的系统程序进行合理的组织，使整个系统协调地进行工作。

(1) **输入装置**。将数控指令输入数控装置，根据程序载体的不同，相应有不同的输入装置。目前主要有键盘输入、磁盘输入、CAD/CAM系统直接通信方式输入和连接上级计算机的DNC(直接数控)输入，但仍有不少系统还保留有光电阅读机的纸带输入形式。

(2) **信息处理**。输入装置将加工信息传给CNC单元，编译成计算机能识别的信息，由信息处理部分按照控制程序的规定逐步存储并进行处理后，通过输出单元发出位置和速度指令给伺服系统和主运动控制部分。CNC系统的输入数据包括零件的轮廓信息(起点、终点、直线、圆弧等)、加工速度及其他辅助加工信息(如换刀、变速、冷却液开关等)。数据处理的目的是完成插补运算前的准备工作。数据处理程序还包括刀具半径补偿、速度计算及辅助功能的处理等。

(3) **输出装置**。输出装置与伺服机构相连，输出装置根据控制器的命令接收运算器的输出脉冲，并把它送到各坐标的伺服控制系统，经过功率放大，驱动伺服系统，从而控制机床按规定要求运动。

3．伺服系统和测量反馈系统

伺服系统是数控机床的重要组成部分，用于实现数控机床的进给伺服控制和主轴伺服控制。伺服系统的作用是把来自数控装置的指令信息经功率放大、整形处理后，转换成机床执行部件的直线位移或角位移运动。由于伺服系统是数控机床的最后环节，其性能将直接影响数控机床的精度和速度等技术指标，因此，要求数控机床的伺服驱动装置具有快速反应性能，能准确而灵敏地跟踪数控装置发出的数字指令信号，并能正确地执行来自数控装置的指令，提高系统的动态跟随特性和静态跟踪精度。

通常所说的伺服系统是指进给伺服系统。进给伺服系统用于控制机床各坐标轴的切削进给运动，是一种精密的位置跟踪定位系统，它包括速度控制和位置控制，是一般概念的伺服驱动系统。进给伺服系统主要由以下几个部分组成：伺服驱动电路、伺服驱动装置(电机)、位置检测装置、机械传动机构以及执行部件。进给伺服系统接受数控系统发出的进给位移和速度指令信号，由伺服驱动电路进行一定的转换和放大后经伺服驱动装置和机械传动机构驱动机床的执行部件、工作台、主轴刀架等进行进给和快速运动。

测量元件将数控机床各坐标轴的实际位移值检测出来并经反馈系统输入机床的数控装置中，数控装置对反馈回来的实际位移值与指令值进行比较，并向伺服系统输出达到设定值所需的位移量指令。

4．机床主体

数控机床的主体包括床身、底座、立柱、横梁、滑座、工作台、主轴箱、进给机构、刀架及自动换刀装置等机械部件，它是在数控机床上自动地完成各种切削加工的机械部分，其特点如下。

(1) 采用具有高刚度、高抗震性及较小热变形的机床新结构。通常用提高结构系统的静刚度、增加阻尼、调整结构件质量和固有频率等方法来提高机床主体的刚度和抗震性，使机床主体能适应数控机床连续自动地进行切削加工的需要。采取改善机床结构布局、减少发热、控制温升及采用热位移补偿等措施，可减少热变形对机床主体的影响。

(2) 广泛采用高性能的主轴伺服驱动和进给伺服驱动装置，使数控机床的传动链缩短，简化了机床机械传动系统的结构。

(3) 采用高传动效率、高精度、无间隙的传动装置和运动部件，如滚珠丝杠螺母副、塑料滑动导轨、直线滚动导轨、静压导轨等。

5．数控机床的辅助装置

辅助装置是保证充分发挥数控机床功能所必需的配套装置，常用的辅助装置包括气动、液压装置，排屑装置，冷却、润滑装置，回转工作台和数控分度头，防护、照明等各种辅助装置。

三、数控机床的工作过程

如图 1-3-13 所示，进行数控机床加工，首先要根据零件图进行工艺分析，拟定加工工艺方案；用规定的指令和格式编写加工程序，或者利用 CAD/CAM 软件自动生成加工程序；再将加工程序输入或传输到数控系统，数控系统对程序进行译码和运算；然后发出相应的指令，通过伺服系统驱动机床的运动部件，控制刀具与工件的相对运动，加工出形状、尺寸和精度均符合要求的零件。

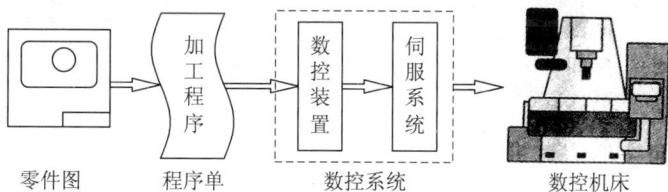

图 1-3-13　数控机床的工作过程

【任务实施】

(1) 与传统机床相比，数控机床主体具有哪些结构特点？以小组为单位查阅材料，写出总结。

(2) 参观车间，辨别如图 1-3-1 所示的各种数控机床，熟悉其组成。

(3) 按照工艺、用途和联动轴数分类，识别车间的数控机床种类。

(4) 以数控车床为例，示范数控机床的加工过程及组成情况，然后以组为单位熟悉机床，在车间现场认识机床的各个组成部分及它们的作用。

【任务评价】

一、个人、小组评价

(1) 分层次概括总结出你在本次任务实施过程中有哪些收获。

(2) 分组展示小组学习过程中的收获，以组为单位上交总结报告。

二、教师评价

教师对各小组任务完成情况分别作出评价，见表1-3-1。

(1) 找出各组的优缺点进行点评并提出改进方法。

(2) 对整个任务完成过程中出现的亮点和不足进行点评。

表1-3-1 任务3评价表

组　　别			小组负责人			
成员姓名			班级			
课题名称			实施时间			
评价类别	评价内容	评价标准	配分	个人自评	小组评价	教师评价
学习准备	课前准备	资料收集、整理，自主学习	5			
学习过程	查阅资料	能根据需要,通过网络等平台寻求知识	15			
	知识掌握	上课能认真听讲并主动回答问题	25			
	车间现场	能通过小组活动获得需要的知识、技能及帮助	20			
	文明生产	服从管理,遵守校规、校纪和安全操作规程	5			
学习拓展	知识迁移	能实现前后知识的迁移	5			
	应变能力	能举一反三,提出改进建议或方案	5			
	创新程度	有创新建议提出	5			
学习态度	主动程度	主动性强	5			
	合作意识	能与同伴团结协作	5			
	严谨细致	认真仔细,不出差错	5			
总　　计			100			
教师总评(成绩、不足及注意事项)						
综合评定等级(个人30%，小组30%，教师40%)						

练习与提高

1. 做出一张分类表，把数控机床按照不同的角度进行分类。
2. 简述数控机床的组成及工作过程，并画出简单的示意图。
3. 试述点位控制、直线控制及轮廓控制的区别。

任务 4　了解数控机床的系统分类及发展概况

【任务描述】

上网查询国内常用的数控系统，对照自己身边的机床数控系统选出几种广泛使用的数控系统，了解其各自的特点并熟悉其控制面板，重点了解如图 1-4-1 所示的日本发那科(FANUC)和德国西门子数控系统的操作面板。

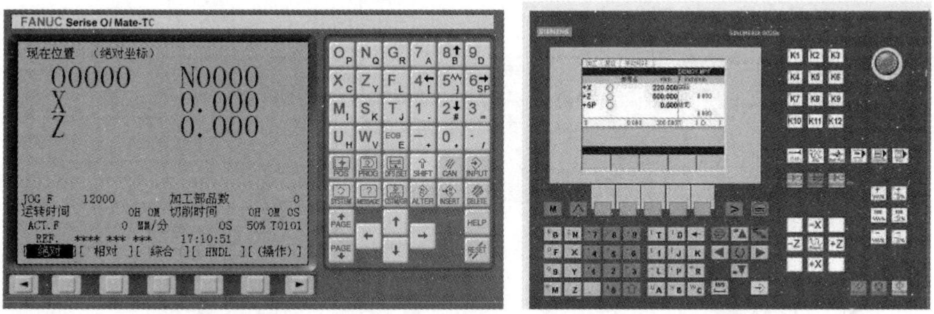

发那科　　　　　　　　　　　　西门子

图 1-4-1　数控系统操作面板

【任务分析】

数控技术是关系到我国产业安全、经济安全和国防安全的国家战略性高新技术。从家电、汽车的制造，到飞机、导弹、潜艇的制造，都离不开数控技术，它是装备制造业中的核心技术，是我国加快转变经济发展方式、实现我国机械产品从制造到创造升级换代的关键技术之一。

数控系统是先进高端制造装备的"大脑"，是数控机床的核心，因此要熟悉常见、常用的数控系统，并了解数控系统的发展趋势。

【任务目标】

(1) 掌握国内外典型数控系统，认识常用数控系统的操作面板。
(2) 掌握数控系统的发展趋势。

(3) 了解国内外数控系统的性能，树立技能报国、技能强国的信念。

【相关知识】

一、典型数控系统

1．华中数控系统

华中数控公司生产的数控装置有高、中、低三个档次的系列产品，其中华中 8 型系列高档数控系统具有自主知识产权的伺服驱动和主轴驱动装置，其性能指标达到了国际先进水平。华中数控公司自主研制的五轴联动高档数控系统已在汽车、能源、航空等领域成功应用；研制的多种专用数控系统应用于纺织机械、木工机械、玻璃机械、注塑机械等领域。

HNC-848 数控装置是全数字总线式高档数控装置，基于具有自主知识产权的 NCUC 工业现场总线技术，采用双 CPU 模块的上下位机结构及模块化、开放式体系结构，具有多通道控制技术、五轴加工、高速高精度、车铣复合、同步控制等高档数控系统的功能，采用 15 英寸(1 英寸≈2.54 厘米)液晶显示屏，主要应用于高速、高精、多轴、多通道的立式和卧式加工中心以及车铣复合五轴龙门机床等。图 1-4-2 所示为华中 8 型数控系统面板。

图 1-4-2　华中 8 型全数字总线式高档数控系统面板

2．德国西门子数控系统

西门子(SIEMENS)数控系统是一个集成所有数控系统元件(数字控制器、可编程控制器、人机操作界面)于一体的控制系统。西门子数控系统 SINUMERIK 发展了很多代，目前广泛使用的主要有 802、810、840 等几种类型。

SIEMENS 公司的数控装置采用模块化结构设计，经济性好，在一种标准硬件上配置多种软件，使它具有多种工艺类型，满足各种机床的需要并成为系列产品。它采用 SIMATICS 系列可编程控制器或集成式可编程控制器，用 SYEP 编程语言，具有丰富的人机对话功能以及多种语言的显示功能。

在西门子的数控产品中最有特点并最有代表性的系统就是 840D 系统，其面板如图 1-4-3 所示。SINUMERIK840D 系统用于各种复杂加工，它在复杂的系统平台上，通过系统设定而适用于各种控制技术，具有优于其他系统的动态品质和控制精度。

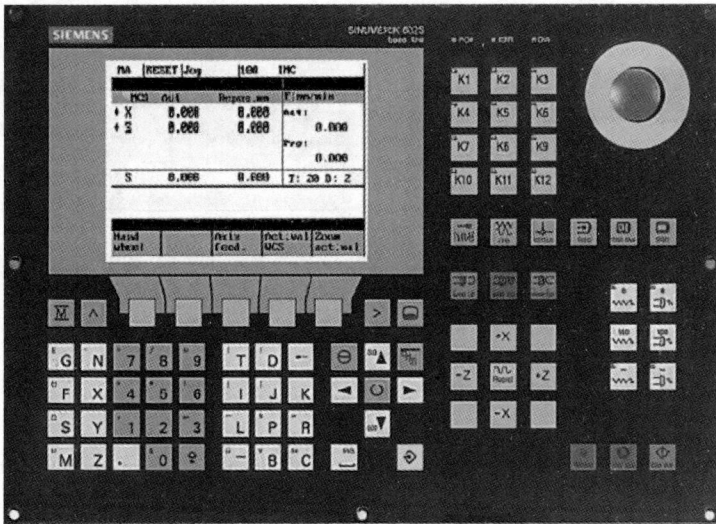

图 1-4-3　西门子 840D 数控系统面板

西门子 840D 数控系统的优势如下：

(1) 具有模块化、开放、灵活而又统一的结构，为使用者提供了最佳的可视化界面和操作编程体验以及最优的网络集成功能。

(2) 是一个能适用于所有工艺功能的系统平台。

(3) 可广泛适用于车削、钻削、铣削、磨削、冲压、激光加工等工艺，能胜任刀具和模具制造、高速切削、木材和玻璃加工、传送线和回转分度机等应用场合，既适合大批量生产也能满足单件小批量生产的要求。

(4) 功能强大，能胜任各种苛刻的应用需求。

(5) 采用集成结构紧凑、高功率密度的西门子驱动系统，并结合了 SIMATIC S7-300 PLC 系统，强大而完善的功能使其成为中高端数控应用的最佳选择。

3．日本三菱数控系统

工业中常用的三菱(MITSUBISHI)数控系统有 M700V 系列、M70V 系列、M70 系列、M60S 系列、E68 系列、E60 系列、C6 系列、C64 系列、C70 系列。其中，M700V 系列属于高端产品，完全纳米控制系统，高精度加工，支持五轴联动，可加工表面形状复杂的工件。

三菱数控系统由数控硬件和数控软件两大部分组成。数控系统的硬件由数控装置、输入/输出装置、驱动装置和机床电器逻辑控制装置等组成，这四部分之间通过 I/O 接口互相连接、运作。数控装置是数控系统的核心部分，通过它来实现工作的需求。

三菱数控系统由控制系统、伺服系统、位置测量系统三大部分组成。控制系统主要由总线、CPU、电源、存储器、操作面板和显示屏、位控单元、可编程序控制器逻辑控制单元以及数据输入/输出接口等组成。图1-4-4所示为MITSUBISHI(三菱)数控系统面板。

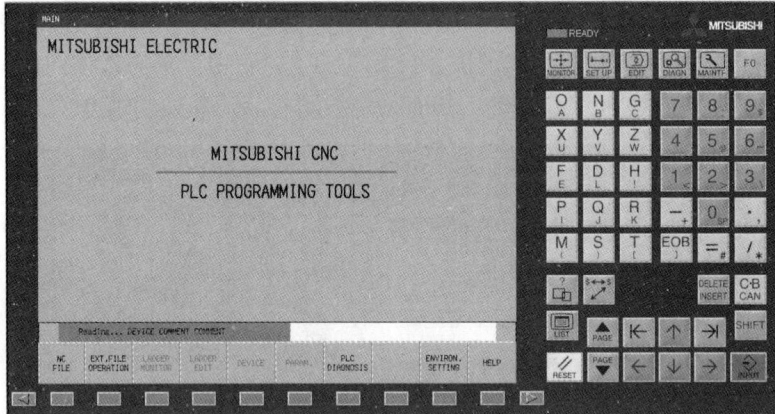

图1-4-4　MITSUBISHI数控系统面板

4．西班牙发格数控系统

西班牙发格(FAGOR)公司是世界著名的集团公司，产品涉及众多领域，如数控系统、伺服驱动系统、数显表和光栅反馈系统、半导体、大型冲压机械设备、汽车零部件、机械制造工程、家用电器、高档家具等。

发格自动化有限公司是世界著名的机床数控系统(CNC)、伺服驱动系统、数显(DRO)和光栅尺/编码器制造商，其产品广泛应用于车、铣、镗、磨、测量、模具仿形加工、火焰/激光切割、专机等各方面，深受国内外广大机床用户的欢迎。西班牙发格数控系统面板如图1-4-5所示。

图1-4-5　西班牙发格数控系统面板

5．日本发那科数控系统

日本发那科公司(FANUC)是当今世界上数控系统科研、设计、制造、销售实力较强的企业。FANUC 数控系统具有高质量、高性能、全功能、适用于各种机床和生产机械的特点，其市场占有率远远超过其他数控系统。图 1-4-6 所示为 FANUC 数控系统面板。

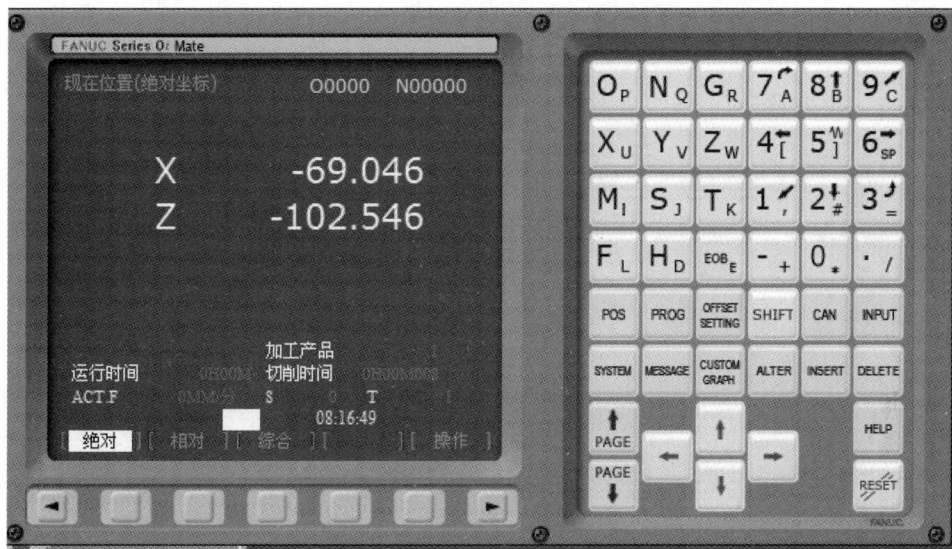

图 1-4-6　FANUC 数控系统面板

FANUC 数控系统系列分类及应用如下：

(1) **高可靠性的 PowerMate 0 系列**：用于控制二轴的小型车床，取代步进电机的伺服系统；可配置画面清晰、操作方便、中文显示的 CRT/MDI，也可配置性能/价格比高的 DPL/MDI。

(2) **普及型 CNC 0-D 系列**：0-TD 用于车床，0-MD 用于铣床及小型加工中心，0-GCD 用于圆柱磨床，0-GSD 用于平面磨床，0-PD 用于冲床。

(3) **全功能型的 0-C 系列**：0-TC 用于通用车床、自动车床，0-MC 用于铣床、钻床、加工中心，0-GCC 用于内、外圆磨床，0-GSC 用于平面磨床，0-TTC 用于双刀架四轴车床。

(4) **高性能/价格比的 0i 系列**：整体软件功能包，可高速、高精度加工，并具有网络功能。0i-MB/MA 用于加工中心和铣床，四轴四联动；0i-TB/TA 用于车床，四轴二联动；0i-mate MA 用于铣床，三轴三联动；0i-mateTA 用于车床，二轴二联动。

(5) **具有网络功能的超小型、超薄型 CNC16i/18i/21i 系列**：控制单元与 LCD 集成于一体，具有网络功能，可超高速串行数据通信。其中 FS16i-MB 的插补、位置检测和伺服控制以纳米为单位。16i 最大可控八轴，六轴联动；18i 最大可控六轴，四轴联动；21i 最大可控四轴，四轴联动。

6．广州数控系统

广州数控系统包括 GSK983M-S/V、980MD 铣床数控系统，GSK980TDa、928TEII、980TB1、218TB 车床数控系统，DAP03 主轴伺服驱动，ZJY208、ZJY265 主轴伺服电机，

GSK218M、990MA 铣床数控系统，928GA/GE 磨床数控系统，80SJT 系列伺服电机等。其中 GSK 983M-S/V 是为了实现机械加工所要求的高速、高精度和高效率而专门开发的高性价比及高可靠性 CNC。GSK 983M-S 用 7.5 英寸 640×480 高分辨率、高亮度 LCD 显示屏，GSK 983M-V 采用 10.4 英寸 640×480 高分辨率、高亮度 16 彩色显示屏。由于采用了多个高速微处理器和高速高精度的伺服系统以及丰富的 CNC 功能和高速 PLC 功能，从而使机械加工效率真正达到了一个更高的水平。图 1-4-7 所示为广州数控系统面板。

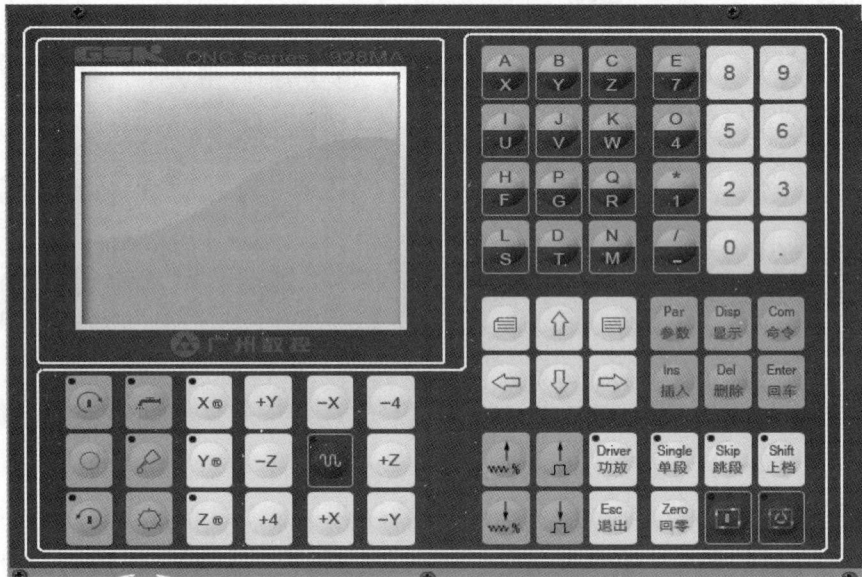

图 1-4-7　广州数控系统面板

7．北京凯恩帝数控系统

北京凯恩帝数控技术有限责任公司成立于 1993 年。凯恩帝数控系统的早期产品定位于高端，在与国外产品的竞争中处于劣势。为了顺应国内数控系统的市场发展，凯恩帝公司将数控系统的产品多元化，产品的分布从普及型数控系统到高端数控系统，从单轴、两轴数控系统到多轴联动加工中心的数控系统。

凯恩帝数控系统以 KND0、KND1、KND10、KND100、KND1000、K2000 系列为主，其中 K2000 系列中 K2000Ci 为总线系统；步进驱动器有 BD3H-C 及 BD3D-C，伺服驱动器有 SD200、SD300、SD310(配总线系统)，伺服主轴驱动器有 ZD200、ZD210(配总线系统)，还有各系列伺服电机及伺服主轴电机，能够满足机床加工行业各种单轴控制、数控车铣及加工中心的需求，为不同用户提供了充分的选择范围。图 1-4-8 所示为凯恩帝系统面板。

凯恩帝的 K2000M 是新一代高端数控铣/加工中心系统，采用全新升级的软硬件，可实现 0.25 ms 的插补周期，具有高速响应能力，新增如 3D 实体图形、多方式对刀、高速高精度及断点控制等多种控制功能，最大控制轴数为三/四/八轴，可配置凯恩帝公司高速伺服单元及绝对式编码器电机，适用于各种高性能数控铣床和立、卧龙门加工中心机床。

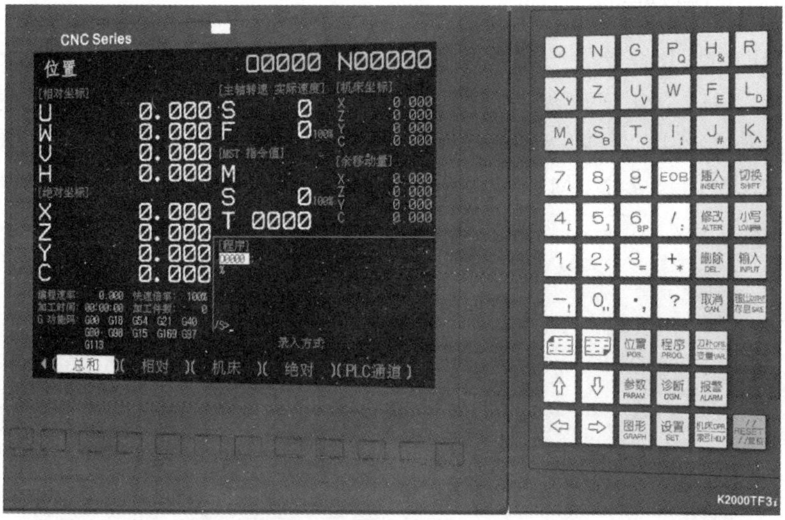

图 1-4-8　北京凯恩帝数控系统面板

8. 美国赫克数控系统

美国赫克(Hurco)公司创立于 1968 年，是一家全球性工业技术公司和处于领先地位的数控机床制造商。赫克公司拥有全球先进的智能化控制系统(自主研发的 WinMax 控制系统)，加上其丰富的机床产品可以帮助用户优化金属加工工艺流程。图 1-4-9 所示为美国赫克数控系统面板。

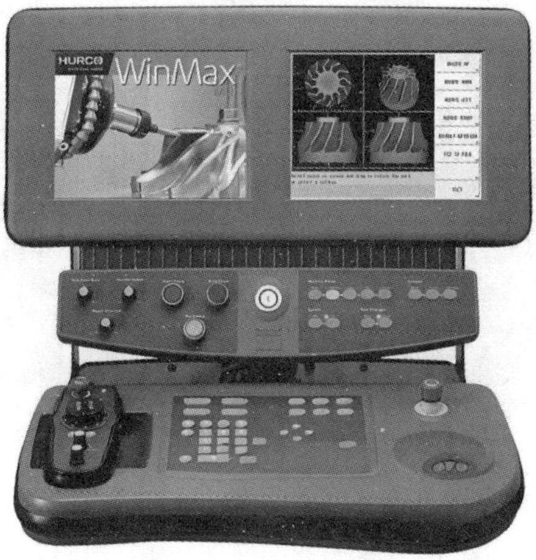

图 1-4-9　美国赫克数控系统面板

赫克数控系统采用的是微处理机和对话式编程软件，其最大特点是以对话式编程为主，同时也能编辑执行标准的 NC 程序。其 WinMax®版本不仅兼容豪迪迈(Ultimax®)，而且结合了对话式的程序编写方式，运用大量的图像和数据计算软件，能接收多种类型的输入方式编制加工程序，并用三维动画模拟实际加工中的刀具切削效果。赫克公司的数控系统配置在高性能数控机床上，使熟练或非熟练的操作者都能直接通过手上的零件图来完成复杂的加工任务。

9．法国 NUM 数控系统

世界领先的自动化系统生产商——法国施耐德电气公司是当今世界上最大的自动化设备供应商之一，专门从事 CNC 数控系统的开发和研究；法国 NUM 公司是施耐德电气公司的子公司，也是欧洲第二大数控系统供货商，主要产品有 NUM1020/1040、NUM1020M、NUM1020T、NUM1040M、NUM1040T、NUM1060、NUM1050、NUM 驱动及电机。图 1-4-10 所示为法国 NUM 数控系统面板。

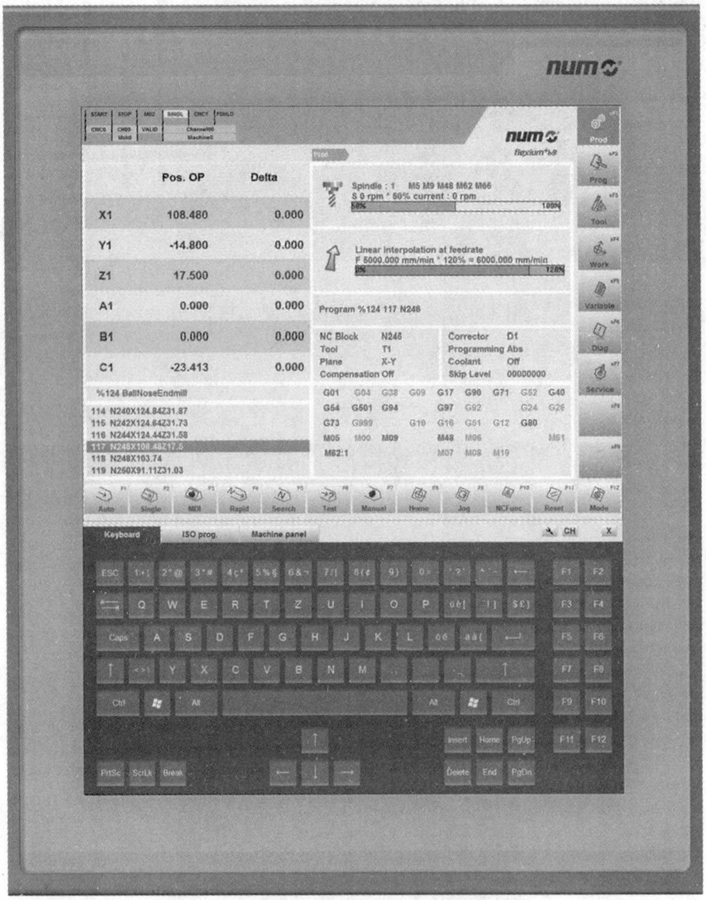

图 1-4-10　法国 NUM 数控系统面板

10．德国海德汉数控系统

海德汉(HEIDENHAIN)公司是一家总部在德国的公司。海德汉公司研制生产光栅尺、角度编码器、旋转编码器、数显装置和数控系统。海德汉公司的产品被广泛应用于机床、自动化机器以及半导体和电子制造业等领域，是机床和大型设备高效工作的保证。图 1-4-11 所示为 HEIDENHAIN iTNC 530 控制系统面板。

海德汉公司的系统 TNC640 是替代 iTNC530 的升级产品，特别适用于高性能铣削类机床，同时也是海德汉第一款实现铣车复合的数控系统。它保持了海德汉系统在五轴加工、高速加工以及智能加工方面的先进特点，能将加工速度、精度和表面质量实现完美统一。同时，它也具备更多的创新功能，如支持高分辨率的三维图形模拟，其独特的高级动态预测(ADP)功能可以大幅提高加工效率和表面光洁度等，因此该产品适用于航空航天、模具制造和医疗等高端行业。

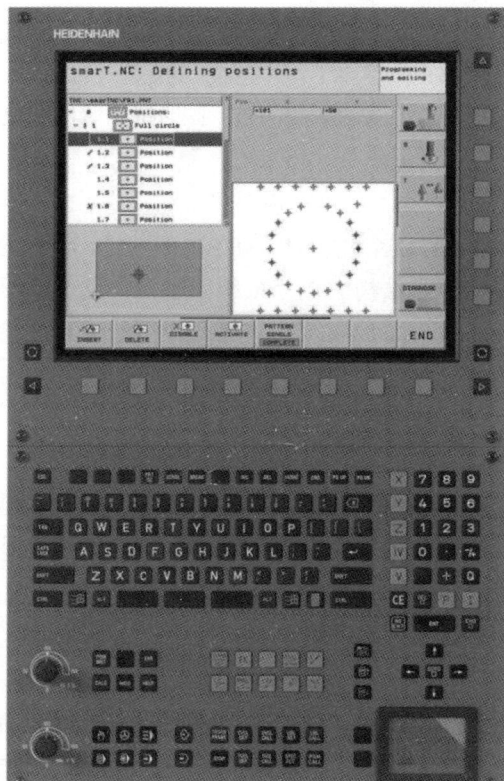

图 1-4-11　HEIDENHAIN iTNC 530 控制系统面板

二、数控系统的发展趋势

从 1952 年美国麻省理工学院研制出第一台试验性数控系统，到现在已走过了 70 余年的历程。随着电子技术和控制技术的飞速发展，当今的数控系统功能已经非常强大，与此同时，加工技术以及其他相关技术的发展对数控系统的发展和进步也提出了新的要求。

1. 数控系统向开放式体系结构发展

20 世纪 90 年代以来，由于计算机技术的飞速发展，推动了数控技术更快地更新换代。世界上许多数控系统生产厂家利用 PC 丰富的软硬件资源，开发开放式体系结构的新一代数控系统。开放式体系结构使数控系统有更好的通用性、柔性、适应性、可扩展性，并可以较容易地实现智能化、网络化。近几年来许多国家纷纷开展这种系统的研发，如美国科学制造中心(NCMS)与空军共同领导的"下一代工作站/机床控制器体系结构"(NGC)，欧盟的"自动化系统中开放式体系结构"(OSACA)，日本的 OSEC 计划等。开放式体系结构可以大量采用通用微机技术，使编程、操作以及技术升级和更新变得更加简单快捷。开放式体系结构的新一代数控系统，其硬件、软件和总线规范都是对外开放的，数控系统制造商和用户可以根据这些开放的资源进行系统集成，同时它也为用户根据实际需要灵活配置数控系统带来极大方便，促进了数控系统多档次、多品种的开发和广泛应用，开发生产周期大大缩短。同时，这种数控系统可随 CPU 升级而升级，但结构可以保持不变。

2. 数控系统向软数控方向发展

对不同类型的数控系统进行分析后发现，数控系统不但从封闭体系结构向开放体系结构发展，而且具有正在从硬数控向软数控方向发展的趋势。

当前实际用于工业现场的数控系统主要有以下四种类型，分别代表了数控技术的不同发展阶段。

1) 传统数控系统

传统数控系统，如 FANUC 0 系统、MITSUBISHI M50 系统、SINUMERIK 810M/T/G 系统等，是一种专用的封闭体系结构的数控系统。目前，这类系统还是占领了制造业的大部分市场，但由于开放体系结构数控系统的发展，传统数控系统的市场正在受到挑战，已逐渐减小。

2) "PC 嵌入 NC" 结构的开放式数控系统

"PC 嵌入 NC" 结构的开放式数控系统，如 FANUC18i 系统、FANUC16i 系统、SINUMERIK 840D 系统、Num1060 系统、AB9/360 数控系统等，是一些数控系统制造商将多年来积累的数控软件技术和当今计算机丰富的软件资源相结合开发的产品。它具有一定的开放性，但由于它的 NC 部分仍然是传统的数控系统，用户无法介入数控系统的核心。这类系统结构复杂，功能强大，价格昂贵。

3) "NC 嵌入 PC" 结构的开放式数控系统

"NC 嵌入 PC" 结构的开放式数控系统由开放体系结构运动控制卡和 PC 共同构成，这种运动控制卡通常选用高速 DSP 作为 CPU，具有很强的运动控制和 PLC 控制能力，它本身就是一个数控系统，可以单独使用。它开放的函数库可供用户在 Windows 平台下自行开发构造所需的控制系统，因而这种开放结构运动控制卡被广泛应用于制造业自动化控制各个领域。如美国 Delta Tau 公司用 PMAC 多轴运动控制卡构造的 PMAC-NC 数控系统、日本 MAZAK 公司用三菱电机的 MELDASMAGIC 64 构造的 MAZATROL 640 CNC 等。

4) SOFT 型开放式数控系统

SOFT 型开放式数控系统是一种最新的开放体系结构的数控系统。它提供给用户最大的选择性和灵活性，它的 CNC 软件全部装在计算机中，而硬件部分仅是计算机与伺服驱动和外部 I/O 之间的标准化通用接口。就像计算机中可以安装各种品牌的声卡和相应的驱动程序一样，用户可以在 Windows NT 平台上，利用开放的 CNC 内核开发所需的各种功能，构成各种类型的高性能数控系统。与前几种数控系统相比，SOFT 型开放式数控系统具有最高的性能价格比，因而最有生命力。其典型产品有美国 MDSI 公司的 Open CNC、德国 Power Automation 公司的 PA8000 NT 等。SOFT 型开放式数控系统通过软件智能替代复杂的硬件，正在成为当代数控系统发展的主要方向。

3. 数控系统控制性能向智能化方向发展

智能化是 21 世纪制造技术发展的一个大方向。随着人工智能在计算机领域的渗透和发展，数控系统也引入了自适应控制、模糊系统和神经网络的控制机理，不但具有自动编程、前馈控制、模糊控制、学习控制、自适应控制、工艺参数自动生成、三维刀具补偿、运动参数动态补偿等功能，而且人机界面极为友好，并具有故障诊断专家系统，使自诊断和故障监控功能更趋完善。伺服系统智能化的主轴交流驱动和智能化进给伺服装置，能自动识别负载并自动优化调整参数。

当前，世界上正在进行研究的智能化切削加工系统很多，其中日本智能化数控装置研究会推出的针对钻削的智能加工方案非常具有代表性。

4．数控系统向网络化方向发展

数控系统的网络化，主要指数控系统与外部的其他控制系统或上位计算机进行网络连接和网络控制。数控系统一般首先面向生产现场和企业内部的局域网，然后再经由因特网通向企业外部，这就是所谓的 Internet/Intranet 技术。

随着网络技术的成熟和发展，最近业界又提出了数字制造的概念。数字制造，又称"e-制造"，是机械制造企业现代化的标志之一，也是国际先进机床制造商当今标准配置的供货方式。随着信息化技术的大量采用，越来越多的国内用户在进口数控机床时要求其具有远程通信服务等功能。

数控系统的网络化进一步促进了柔性自动化制造技术的发展，现代柔性制造系统从点(数控单机、加工中心和数控复合加工机床)、线(FMC、FMS、FTL、FML)向面(工段车间独立制造岛、FA)、体(CIMS、分布式网络集成制造系统)的方向发展。柔性自动化技术以易于联网和集成为目标，同时注重加强单元技术的开拓、完善，数控机床及其构成的柔性制造系统能方便地与 CAD、CAM、CAPP、MTS 联结，向信息集成方向发展，网络系统向开放、集成和智能化方向发展。

5．数控系统向高可靠性方向发展

随着数控机床网络化应用的日趋广泛，数控系统的高可靠性已经成为数控系统制造商追求的目标。对于每天工作两班的无人工厂而言，如果要求在 16 小时内连续正常工作，无故障率在 99% 以上，则数控机床的平均无故障运行时间(MTBF)就必须大于 3000 小时。我们只对某一台数控机床而言，如主机与数控系统的失效率之比为 10:1(数控系统的可靠性比主机高一个数量级)，此时数控系统的 MTBF 就要大于 33 333.3 小时，而其中的数控装置、主轴及驱动等的 MTBF 就必须大于 10 万小时，如果对整条生产线而言，可靠性要求还要更高。

当前国外数控装置的 MTBF 在 6000 小时以上，驱动装置在 30 000 小时以上，但是可以看到距理想的目标还有差距。

6．数控系统向复合化方向发展

在零件加工过程中有大量的无用时间消耗在工件搬运、上下料、安装调整、换刀和主轴的升降速上，为了尽可能降低这些无用时间，人们希望将不同的加工功能整合在同一台机床上，因此，复合功能的机床成为近年来发展很快的机种。

柔性制造范畴的机床复合加工概念是指将工件一次装夹后，机床便能按照数控加工程序，自动进行同一类工艺方法或不同类工艺方法的多工序加工，可以完成一个复杂形状零件的车、铣、钻、镗、磨、攻丝、铰孔和扩孔等多种加工工序。

普通的数控系统软件针对不同类型的机床使用不同的软件版本，比如 SIEMENS 的 810M 系统和 802D 系统就有车床版本和铣床版本之分。复合化的要求促进了数控系统功能的整合。目前，主流的数控系统开发商都能提供高性能的复合机床数控系统。

7. 数控系统向多轴联动化方向发展

由于在加工自由曲面时，三轴联动控制的机床无法避免切速接近于零的球头铣刀端部参与切削，进而对工件的加工质量造成破坏性影响，而五轴联动控制对球头铣刀的数控编程比较简单，并且能使球头铣刀在铣削三维曲面的过程中始终保持合理的切速，从而显著改善加工表面的粗糙度和大幅度提高加工效率。因此，各大系统开发商不遗余力地开发五轴、六轴联动数控系统，随着五轴联动数控系统和编程软件的成熟与日益普及，五轴联动控制的加工中心和数控铣床已经成为当前的一个开发热点。

国外主要的系统开发商在六轴联动控制系统的研究上已经取得了很大进展，在六轴联动加工中心上可以使用非旋转刀具加工任意形状的三维曲面，且切深可以很薄，但加工效率太低，尚难实用化。

电子技术、信息技术、网络技术、模糊控制技术的发展使新一代数控系统技术水平大大提高，促进了数控机床产业的蓬勃发展，也促进了现代制造技术的快速发展。数控机床性能在高速度、高精度、高可靠性和复合化、网络化、智能化、柔性化、绿色化方面取得了长足的进步，现代制造业正在迎来一场新的技术革命。

【任务实施】

(1) 通过仿真软件，熟悉常见控制系统的面板，体验它们之间的不同。

以小组为单位，每个小组选择两种系统来体验、观察，仔细体会，然后分别总结发言，说出对自己小组所体验的数控系统的感觉和印象，指出自己最容易接受的系统并说明原因。

(2) 通过网络等平台，每个小组查阅两种常用的数控系统，了解它们的优点、发展趋势等，然后集体汇报。各组之间相互交叉，互相补充。

(3) 通过学习及查阅大量资料，就未来数控系统的发展趋势及个人的见解写一份报告。

【任务评价】

一、个人、小组评价

(1) 概括总结出你在本次任务实施过程中有哪些收获。
(2) 分组展示小组学习过程中的收获，以组为单位上交总结报告。

二、教师评价

教师对各小组任务完成情况分别作出评价，见表1-4-1。
(1) 找出各组的优点进行点评。
(2) 对任务完成过程中各组的缺点进行点评并提出改进方法。
(3) 对整个任务完成过程中出现的亮点和不足进行点评。

表 1-4-1　任务 4 评价表

组　别				小组负责人			
成员姓名				班级			
课题名称				实施时间			
评价类别	评价内容	评 价 标 准		配分	个人自评	小组评价	教师评价
学习准备	课前准备	资料收集、整理，自主学习		5			
学习过程	查阅资料	能根据需要，通过网络等平台寻求知识		10			
	知识掌握	上课能认真听讲并主动回答问题		20			
	仿真软件	熟悉并运用仿真软件体验系统的面板		15			
	小组活动	能通过小组活动获得需要的帮助		15			
	文明生产	服从管理，遵守校规、校纪和安全操作规程		5			
学习拓展	知识迁移	能实现前后知识的迁移		5			
	应变能力	能举一反三，提出改进建议或方案		5			
	创新程度	有创新建议提出		5			
学习态度	主动程度	主动性强		5			
	合作意识	能与同伴团结协作		5			
	严谨细致	认真仔细，不出差错		5			
总　计				100			
教师总评(成绩、不足及注意事项)							
综合评定等级(个人 30%，小组 30%，教师 40%)							

练习与提高

1. 说出国内常用的数控系统有哪些，并简述其优缺点。
2. 简述数控系统的发展趋势。
3. 通过仿真软件，体会不同的数控系统。

项目二　数控机床的维护与保养技术训练

任务 1　学习数控机床常见的报警信息及解决方法

【任务描述】

数控机床的广泛应用是工业企业提高设备技术水平和生产效率的有效手段，数控机床数控系统的可靠运行，直接关系到整个机床的正常运行。数控系统发生故障后，如何迅速诊断出故障，快速解决问题，使其恢复正常，是提高数控机床使用效率的迫切需要。

【任务分析】

通过查阅机床说明书收集机床报警信息，学习数控机床常见的报警信息及解决方法。

【任务目标】

(1) 了解数控机床产生故障时检查报警信息的方法。
(2) 了解常见的故障报警信息，会排除该类型的故障。
(3) 树立安全意识，养成严谨认真的工作态度。

【相关知识】

FANUC 系统常见的故障报警信息见表 2-1-1。

表 2-1-1　FANUC 系统常见的故障报警信息

故障号	信　息	故障内容及排除方法
000	请关闭电源	设置了需要关闭电源的参数后必须关闭电源
001	TH 奇数校验报警	TH 报警(输入了不正确的奇偶校验字符)，请纠正纸带
002	TV 奇偶校验报警	TV 报警(程序段中的字符数是奇数)，TV 检查有效时，此报警将发生
003	数字位太多	输入了超过允许位数的数据(参数最大指令值一项)
004	地址没找到	在程序段的开始无地址而输入了数字或字符"–"。修改程序
005	地址后面无数据	地址后面无适当数据而是另一地址或 EOB 代码。修改程序
006	非法使用负号	符号"–"输入错误(在不能使用负号的地址后输入"–"符号，或输入了两个或多个"–"符号)。修改程序
007	非法使用小数点	小数点"."输入错误(在不允许使用的地址中输入了"."符号，或输入了两个或多个"."符号)。修改程序
009	输入非法地址	在有效信息区输入了不能使用的字符。修改程序
0010	不正确的 G 代码	使用了不能使用的 G 代码或指定了无此功能的 G 代码。修改程序
011	无进给速度指令	在切削进给中未指定进给速度或进给速度不当
015	指定了太多的轴	企图使刀具沿着多于最大同时控制轴数的轴移动，或者是在包含使用转矩限制信号(G31 P99/P98)跳转指令的程序段内没有轴移动指令或指定了两个或更多轴的移动指令。在一个程序段内，对一个轴来说，必须有与轴移动指令对应的指令
020	超出半径公差	在圆弧插补(G02 或 G03)中，起始点和圆弧中心之间距离与终点和圆弧中心之间距离的差值超过了参数 3410 中指定的值。修改程序
021	指定了非法平面轴	在圆弧插补中，指定了不在所选平面内(用 G17，G18，G19)的轴。修改程序
022	没有圆弧半径	在圆弧插补中，不管是 R(指定圆弧半径)，还是 I、J 和 K(指定从起始点到中心的距离)都没有被指定。修改程序
023	非法半径指令	有半径指令的圆弧插补中，地址 R 中指定了负值。修改程序
028	非法的平面选择	在平面选择指令中，同一方向上指定了两个或更多的轴。修改程序
029	非法偏置值	由 T 代码指定的补偿值太大。修改程序
030	非法补偿号	由 T 代码指定的刀具补偿号太大。修改程序
031	G10 中有非法 P 指令	由 G10 设定偏置量时，偏置号的指定 P 值过大或未被指定。修改程序
032	G10 中有非法补偿值	由 G10 设定偏置量时或由系统变量写入偏置量时，偏置量过大。修改程序
033	在 NRC 中无结果	刀尖半径补偿方式中的交点不能确定。修改程序
034	使用圆弧指令时不能启动或取消刀补	刀尖半径补偿方式中 G02 或 G03 指令企图启动或取消刀补。修改程序

故障号	信　息	故障内容及排除方法
035	不能指定 G31	刀尖半径补偿方式中，指定了跳转切削(G31)。修改程序
037	在 NRC 中不能改变平面	由 G17、G18 或 G19 选择的平面在刀尖半径补偿方式中被改变。修改程序
038	在圆弧程序段中的干涉	在刀尖半径补偿方式中，将出现过切，因为圆弧起始点或终止点与圆弧中心相同。修改程序
039	在 NRC 中不能指定倒角/拐角	在刀尖半径补偿方式中，在启动取消或切换 G41、G42 指令时指定了倒角或拐角 R，程序可能会导致倒角或拐角时发生过切。修改程序
040	G90/G94 程序段中有干涉	在固定循环 G90 或 G94 中，刀尖半径补偿将发生过切。修改程序
041	载 NRC 中有干涉	在刀尖半径补偿方式中将发生过切。修改程序
046	非法的参考点返回指令	在第 2、第 3 或第 4 参考点返回指令中，指定了 P2、P3 和 P4 之外的指令。修改程序
052	在 CHF/CNR 之后不是 G01 代码	倒角或拐角 R 后面的程序段不是 G01 指令。修改程序
053	太多的地址指定	在倒角或拐角 R 指令中，指定了两个或更多的 I、K 和 R；或者在直接图形尺寸编程中，逗号之后指定了 R 或 C 之外的符号。修改程序
057	程序段终点没有结果	在直接图形尺寸编程中，程序段终点计算不正确。修改程序
058	未发现终点	在直接图形尺寸编程中，没有程序段终点。修改程序
059	未发现程序号	在外部程序号搜索或外部工件号搜索中，未发现指定程序号，或者指定的程序在背景中被编辑，请检查程序号和外部信号，或终止背景编辑
060	未发现顺序号	在顺序号搜索中未发现指定的顺序号。检查顺序号
061	G70～G73 指令中没有地址 P/Q	G70、G71、G72 或 G73 指令中没有指定地址 P 或 Q。修改程序
062	在 G71～G76 中有非法指定	1. G71～G76 中切削深度为 0 或负值。 2. 在 G73 中反复重复次数为 0 或负值。 3. 在 G74 或 G75 中，I 或 K 的指定值为负数。 4. 在 G74 或 G75 中虽然 I 或 K 的值为零，但地址 U 或 W 的指定值不是零。 5. 在 G74 或 G75 中，虽然指定了退刀方向，但是 D 的指定值为负数。 6. 在 G76 中，指定的第一次的螺纹高度或切削深度值为零或负值。 7. 在 G76 中，指定的最小切削深度大于螺纹高度。 8. 在 G76 中，指定了不能使用的刀尖角度。 修改程序

故障号	信 息	故障内容及排除方法
063	未发现顺序号	G70、G71、G72 或 G73 指令中没有发现用地址 P 指定顺序号。修改程序
064	图形程序非单调	重复固定循环 G71 或 G72 中指定了不是单调增大或单调减小的图形形状。修改程序
065	G71~G73 中有非法指定	1. 在 G71、G72 或 G73 指令中用地址 P 指定的顺序号的程序段中没有 G00 或 G01 指令。 2. 在 G71 或 G72 中用地址 P 指定的顺序号的程序段中分别指定了地址 Z(W)或 X(U)。修改程序
066	G71~G73 中有不正确的 G 代码	在 G71、G72 或 G73 中用地址 P 指定的两个程序段之间指定了不可使用的 G 代码。修改程序
067	在 MDI 方式下不能运行	用地址 P 和 Q 指定了 G70、G71、G72 或 G73 指令。修改程序
069	G70~G73 中格式错误	G70、G71、G72 或 G73 中用地址 P 或 Q 指定的程序段中最后的移动指令由倒角或拐角 R 结束。修改程序
070	存储器容量不足	内存不足。删除不必要的程序，重试
071	未发现数据	未发现要搜索的地址，或在程序检索中未发现指定程序号的程序。检索数据
072	太多的程序数量	存储的程序数量超过了 400 个。删除不要的程序，重新执行程序储存
073	程序号已使用	被指定的程序号已使用。 改变程序号，或删除不要的程序，重新执行程序存储
074	非法程序号	程序号为 0~9999 之外的数。改变程序号
075	保护	企图存储一个被保护的程序号
076	没有定义地址 P	在 M98、G65 或 G66 的程序段中未指定地址 P(程序号)。修改程序
077	子程序嵌套错误	子程序调用超过了五重。修改程序
078	未发现序号	在 M98、M99、G65 或 G66 的程序段中未发现由地址 P 指定的程序号或顺序号；没有发现有 GOTO 语句指定的顺序号；或者调用的程序在背景程序中被编辑。修改程序或终止背景编辑
079	程序校验错误	在存储器或程序校对中，存储器中的程序从外部输入/输出设备读到的程序不一致。检查存储器和外部设备中的程序
085	通信错误	当使用阅读机/穿孔机接口向存储器输入数据时，出现溢出、奇偶或帧格式的错误。 输入数据位数或波特率的设置或输入/输出设备不确定
086	DR 信号断开	当使用阅读机/穿孔机接口向存储器输入数据时，阅读机/穿孔机的就绪信号(DR)关闭。 输入/输出设备的电源关闭或未连接电缆或 P.C.B.故障

续表三

故障号	信　息	故障内容及排除方法
087	缓冲区溢出	当使用阅读机/穿孔机接口向存储器输入数据时,尽管指定了读入终止指令,但在读入 10 个字节后,输入仍不中断。 输入/输出设备或 P.C.B.故障
090	参考点返回未完成	参考点返回的起点太接近于参考点或速度太慢使得不能执行参考点返回。 参考点离起点要有足够远或为参考点返回指定适当快的速度
091	参考点返回未完成	在自动运行的停止状态,不能进行手动参考点返回
092	不在参考点的轴	G27(参考点返回检查)指令不能返回到参考点
098	在顺序返回中发现 G28	通电后、急停后或程序中有 G28,但未返回参考点即执行程序再启动。执行返回参考点操作
100	参数写入有效	在参数屏幕上,PWE 被设置为 1。将该参数设置为 0,然后再启动系统
110	数据溢出	固定小数点显示数据的绝对值超过了允许范围。修改程序
113	不正确指定	在用户宏程序中指定了不能用的功能指令。修改程序
114	宏程序格式错误	〈公式〉的格式出错。修改程序
115	非法变量	在用户宏程序或高速切削循环中指定了不能作为变量号的值。修改程序
116	写保护变量	赋值语句的左边变量不允许赋值。修改程序
118	括号嵌套错误	括弧的嵌套超过了上限(五重)。修改程序
119	非法自变量	SQRT 的自变量、BCD 的自变量为负数或在 BIN 变量中的每一行为 0~9 之外的值。修改程序
122	四重的宏模态-调用	宏模态-调用的嵌套层次为四重。修改程序
123	DNC 中不能使用宏指令	在 DNC 操作期间,使用了宏指令。修改程序
124	缺少结束状态	DO-END 没有一一对应。修改程序
125	宏程序格式错误	〈公式〉格式错误。修改程序
126	非法循环数	对 DO_n 循环,条件 $1 \leqslant n \leqslant 3$ 不满足。修改程序
127	NC 指令和宏指令在同一程序段	NC 指令和用户宏指令语句共存。修改程序
128	非法宏指令顺序号	在分指令中的顺序号不是 0~9999,或未被检索到。修改程序
129	非法自变量地址	〈自变量赋值〉的地址不对。修改程序
131	太多的外部报警信息	出现 5 个或 5 个以上的外部报警信息。检查 PMC 梯形图
132	未发现报警号	外部报警信息的报警号不存在。检查 PMC 梯形图
133	EXT.报警信息中非法数据	外部报警信息或外部操作信息中部分数据错误。检查 PMC 梯形图

故障号	信　息	故障内容及排除方法
135	请进行主轴定向	没有进行过主轴定向就试图指定主轴分度。执行主轴定向
136	在同一程序段中出现 C/H 代码和移动指令	在包含由地址 C、H 指定的主轴分度的程序段中同时指定了其他轴的移动指令。修改程序
137	在同一程序段中出现 M 代码和移动指令	在包含由 M 代码指定的主轴分度的程序段中同时指定了其他轴的移动指令。修改程序
146	不正确的 G 代码	在极坐标插补方式中指定了不能使用的 G 代码。修改程序
150	非法刀具组号	刀具组号超出最大允许值。修改程序
151	未发现刀具组号	机床程序中指定的刀具组未设置。修改程序或参数值
152	刀具数据不能存储	一组内的刀具号超出最大允许值。修改刀具号
153	未发现 T 代码	在刀具寿命数据存储器中，没有存储指定的 T 代码。修改程序
155	M06 中非法 T 代码	加工程序中，在同一程序段的 M06 和 T 代码与使用的刀组不一致。修改程序
157	太多刀具组	设置的刀具组号超过最大允许值。见数控机床系统参数 SYETEM 中编号为 NO.6800(第 0 位 GS1 和第 1 位 GS2)。修改程序
190	非法轴选择	恒表面切削速度控制中，指定轴是错误的(见数控机床系统参数 SYETEM 中编号为 NO.3770)。指定轴的指令 P 中有非法数据。修改程序
200	非法 S 方式指令	刚性攻丝中，S 值在范围之外或未被指定。刚性攻丝中，S 的最大值用数控机床系统参数(NO.5241—5243)指定。改变参数设置或修改程序
201	刚性攻丝中未发现进给速度	刚性攻丝中无 F 值。修改程序
202	位置 LSI 溢出	刚性攻丝中，主轴的分配值太大。修改程序
203	刚性攻丝中程序不对	刚性攻丝中，程序中的 M 代码(M29)或 S 指令的位置不正确。修改程序
204	非法轴操作	刚性攻丝中，在 M 代码(M29)程序段和 G84(G74)程序段之间指定轴的移动。修改程序
206	不能改变平面(刚性攻丝)	在刚性平面指定了程序的切换。修改程序
207	攻丝数据不对	在刚性攻丝中指定的距离太短或太长。修改程序
212	非法平面选择	对非 Z-X 平面指定了直接图形尺寸编程指令。修改程序
224	返回参考点	在自动运行启动之前，未执行参考点返回
233	设备忙	其他操作正在使用与 RS-232-C 口连接的设备

故障号	信　息	故障内容及排除方法
245	该程序段不允许指定 T 代码	G50、G10、G04 中的任一代码都不能和 T 代码在同一程序段中指定。修改程序
5073	无小数点	必须指定小数点
5074	地址重复错误	在一个程序段中同一地址出现过多次。或者程序段中有两个或更多属于同一组的 G 代码。修改程序
5220	参考点调整方式	设定了自动设定参考点的参数(数控机床系统参数 No.1819 #2 = 1)。执行自动设定。 (手动将机床移动到参考点,然后执行手动返回参考点操作) 补充说明:自动设定完成后,数控机床系统参数 No.1819#2 自动变为 0

【任务实施】

一、故障的追踪方法

在出现故障时,应根据故障现象分析故障原因,选择合理方案排除故障,使机床尽快恢复运行。请按图 2-1-1 所示步骤检查并排除故障。

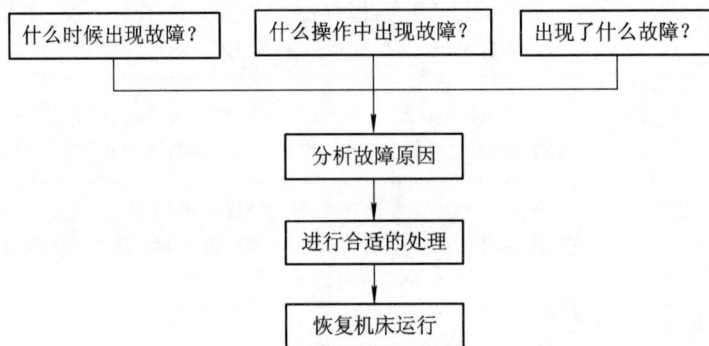

图 2-1-1　故障的追踪方法

二、故障调查

故障调查按以下思路进行。

1. 故障出现的时间

(1) 日期和时间;

(2) 是否在操作中出现(操作时间有多长);

(3) 是否在电源接通时出现;

(4) 是否出现雷击(是电源故障还是其他电源干扰?出现了多少次?);

(5) 是否只有一次;

(6) 故障出现多少次(每小时、每天或每月多少次)。

2．进行什么操作时出现故障

(1) 判断出现故障时 NC 为什么方式。

(手动方式/存储器操作方式/MDI 方式/返回参考点方式等)

(2) 如果在程序操作中，则检查以下几项：

① 程序中什么地方出现故障；

② 程序号和顺序号；

③ 什么程序；

④ 是否在轴运动中出现；

⑤ 是否在执行 M/S/T 代码时出现；

⑥ 故障是否为程序特有的。

(3) 同样的操作是否引起同样的故障(检查故障的重复性)。

(4) 数据输入/输出时是否出现。

(5) 与进给轴伺服有关的故障，则检查以下两项：

① 是否在低进给速度和高进给速度时均出现；

② 是否只对某个轴发生该故障(在断开电缆情况下)。

(6) 与主轴相关的故障，检查什么时候出现该故障(电源接通时、加速时、减速时或恒速转动时)。

3．出现什么样的故障

(1) 在 CRT 的报警显示画面上显示的报警信息；

(2) CRT 画面是否正确；

(3) 如果加工尺寸不正确，则检查以下几项：

① 误差有多大；

② CRT 上的位置显示是否正确；

③ 偏移量是否正确。

4．其他信息

(1) 机床是否有噪声源。

如果故障没有频繁地出现，则原因可能是电源的外部噪声或机械电缆的感应噪声。操作使用同一电源的其他机床，并查看其他机床的操作与发生的故障之间是否有关系。

(2) 在机床侧是否采取了某种防噪措施。

(3) 检查输入电源电压的下列各项：

① 电压是否有变化；

② 各相电压是否有异；

③ 供应的是否为标准电压。

(4) 控制单元的环境温度有多高(操作时为 0～45℃)。

(5) 控制单元上是否施加了太高的振动。

由于内容较多，请查阅厂家提供的相关维修说明书。

三、电池更换方法

1. CNC 存储器备用电池更换

零件程序偏移量和系统参数都存储在控制单元的CMOS 存储器中,当AC 电源关闭时,控制单元的存储器采用碱性电池作为备用电池,这些电池装在电池单元中,要求用户每年更换一次电池,更换电池时要保持电源接通。注意,如果在电源关闭时取出存储器备用电池,则会导致存储器的内容参数和程序全部丢失。如果电池电压下降,在CRT 屏幕上会出现警告信息 BAT,并且会有电池报警信息发送给PMC。如果发生电池报警,要尽快更换电池,时间不得超过 1~2 周。实际上电池寿命会根据系统配置不同而有所不同。如果电池电压进一步下降,将不可能进行存储备份,若在此时接通电源会发生系统报警(SRAM 奇偶性报警),因为存储内容可能已被破坏,因此更换电池后有必要清除存储器内的全部内容再重新输入必要的程序和数据。

存储器备用电池的更换步骤如下:

(1) 购买新的指定电池;

(2) 接通控制单元的电源;

(3) 打开电池盒盖;

(4) 更换电池,注意电池的正确方向;

(5) 重新装上电池盒盖;

(6) 关闭控制单元电源。

在更换存储器备用电池时应使机床(CNC)电源保持接通,并使机床紧急停止。因为这项工作是在接通电源和电气柜打开时进行的,所以只有接受过正规的安全和维护培训的专业人员才能做这项工作。打开柜门更换电池时,注意不要触碰高压电路部分,若碰触到未盖外罩的高压电路,会发生触电。

注意: 因为即使关断 CNC 电源仍要保留程序、偏移量和参数等数据,所以要使用电池。如果电池电压下降,会在机床操作面板或 LCD 画面上显示电池电压降低报警。当显示电池电压报警时,要在一周内更换电池,否则,存储器中的内容会丢失。更换电池的步骤请参阅厂家提供的维修说明书和操作说明书。

2. 绝对脉冲编码器电池的更换

绝对脉冲编码器利用电池来保存绝对位置,如果电池电压下降会在机床操作面板或CRT 屏幕上显示低电池电压报警(如图 2-1-2 所示),当显示出低电池电压报警时要在一周内更换电池,否则保留在脉冲编码器中的绝对位置数据会丢失,必须返回参考点。

绝对脉冲编码器电池的更换步骤如下:

(1) 购买新的指定电池(如图 2-1-3 所示)。

(2) 接通 CNC 的电源。

注意: 在 CNC 电源关闭时更换电池会导致机床绝对位置丢失,必须返回参考点(如图 2-1-2 所示)。

(3) 松开电池盒。

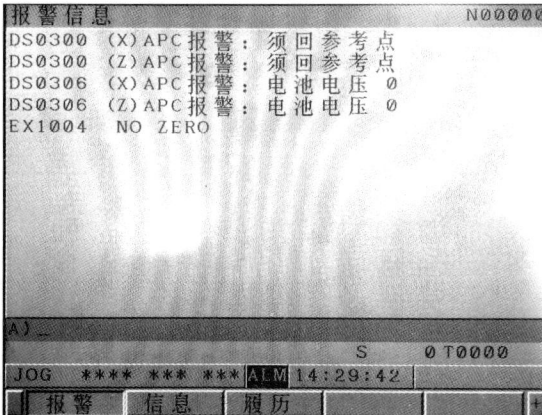

图 2-1-2　电池电压低报警

图 2-1-3　绝对脉冲编码器电池

(4) 安装新电池(依照正负极符号,正确更换新电池,如图 2-1-4 所示)。

图 2-1-4　电池安装位置

(5) 安装新电池之后重新装好盒盖。

(6) 关闭电源然后再接通。

(7) 将会发生电池报警,关闭电源然后再接通。

该项工作同样必须由受过正规的安全维护培训的专业人员完成。打开柜门更换电池时,注意不要触碰高压电路部分,若碰触到未盖外罩的高压电路,即会触电。

更换电池的详细步骤请参阅厂家提供的维修说明书、操作说明书和 AI 系列伺服电机维修说明书。

四、极限的设定

机床的行程限定有两种方式:机械式限位开关和无限位开关。

1. 有机械式限位开关的极限设定

在机床运行期间,当机床运动碰到限位开关时,X 轴和 Z 轴伺服电机减速并停止运行,

LCD 显示 SP 报警,即急停报警。急停报警后,在手动方式下,按"超程解锁"按钮,向安全方向移动并解除报警。

限位开关的极限设定相关参数如下:

N01320　X = −1

Z = −1

N01321　X = 1

Z = 1

参数含义:

N01320　各轴存储式行程检测 1 的正方向边界的坐标值。

N01321　各轴存储式行程检测 1 的负方向边界的坐标值。

2. 无限位开关的极限设定

在机床运行期间,当机床运动超过软极限设定值(N01320、N01321)后,X 轴或 Z 轴伺服电机减速并停止运行,LCD 显示报警。

在手动方式下,向安全方向移动并解除报警。

CKA6150 数控车床的软极限设定值相关参数见表 2-1-2。

表 2-1-2　CKA6150 数控车床软极限设定值

参数号	车床导轨长度/mm							
	750		1000		1500		2000	
	X 轴	Z 轴	X 轴	Z 轴	X 轴	Z 轴	X 轴	Z 轴
N01320	10	10	10	10	10	10	10	10
N01321	−285	−744	−285	−1005	−285	−1578	−285	−2078

本设定数值仅供参考,以机床出厂设定值为准。机床使用前请记录 N01320、N01321 的设定值。

使用绝对编码器(即机床启动后无须回零)时,如果绝对零点丢失或绝对零点调整,本参数也应作相应的调整。详细内容请阅读厂家提供的相关说明书。

五、FANUC 系统回零点的设定

FANUC 0i MATE TC 配置 B8/3000IS 伺服电机,B8/3000IS 伺服电机内置绝对值编码器。根据电机的特点该机床有两种参考点设置方式:挡块式返回参考点和无挡块参考点的设定。

1. 挡块式返回参考点的设定

在机床的 X 轴和 Z 轴的机械式零点处安装参考点开关。每当机床启动后,要求重新建立参考点,首先必须在回零方式下,X 轴和 Z 轴返回机械式零点处,然后此处设立为参考点,机床建立参考点后,才允许使用自动方式。

设置相关参数如下:

N01002#1 = 0:返回参考点的方式为通常方式;

N01815#5 = 0：不使用绝对脉冲编码器。

2．无挡块参考点的设定

当机床的可移动部分没有安装返回参考点开关，使用伺服电机绝对位置检测时，已设定的参考点在电源关断时，也仍然记忆机械位置。使用此方式，机床重新启动后，无须回参考点。

伺服电机绝对位置检测时的参考点设定步骤如下：

(1) 用手动方式，移动 X 轴和 Z 轴到机械零点附近；

(2) 设定参数 N01815#4 和 N01815#5 为 0；

(3) 系统断电后重新启动系统；

(4) 在不移动 X 轴和 Z 轴的情况下，重新设定 N01815#5=1，设定完毕后，再重新启动系统；

(5) 系统报警，要求伺服轴原点归复，设置 N01815#4 参数为 1，系统断电重新启动；

(6) 系统启动后，在手动方式下移动伺服轴，记录 LCD 显示的伺服轴位置，系统断电后重新启动系统；

(7) 系统启动后检查 LCD 显示的伺服轴位置和记录的伺服轴位置是否相同，由于系统的原因，可能存在微量误差，如果误差过大，重新设定；

(8) 设定好绝对零点后，如果没有机械式限位开关一定要设置软限位(N01320、N01321)，相关参数如下：

N01002#1 = 1：使用无挡块设定参考点的方式；

N01815#5 = 1：使用绝对脉冲编码器；

N01815#4 = 1：绝对脉冲编码器的原点位置的设定已建立。

维修丝杠、绝对值编码器电池无电、系统参数丢失等都能造成参考点丢失。由于绝对值编码器的特点，长久使用机床后会造成参考点不准确，根据机床性能和使用情况，要求在使用一定周期后重新设定参考点。

具体设定方式可参照本说明，详细内容请阅读厂家提供的相关操作说明书、维修说明书和参数说明书。

【任务评价】

一、个人、小组评价

(1) 分层次概括总结出你在本次任务实施过程中有哪些收获。

(2) 思考一下，学习本任务对今后学习有何帮助。

二、教师评价

教师对各小组任务完成情况分别作出评价，见表 2-1-3。

(1) 找出各组的优点进行点评。

(2) 对任务完成过程中各组的缺点进行点评并提出改进方法。

(3) 对整个任务完成过程中出现的亮点和不足进行点评。

表 2-1-3　任务 1 评价表

组　　别				小组负责人			
成员姓名				班级			
课题名称				实施时间			
评价类别	评价内容	评　价　标　准		配分	个人自评	小组评价	教师评价
学习准备	课前准备	资料收集、整理,自主学习		5			
学习过程	信息收集	能收集有效的信息		5			
	问题探究	认真聆听老师讲解,了解常见的报警信息		20			
		了解常见的报警信息检查方法;了解常见的故障报警信息,会排除该类型的故障		30			
	文明生产	服从管理,遵守校规、校纪和安全操作规程		5			
学习拓展	知识迁移	能实现前后知识的迁移		5			
	应变能力	能举一反三,提出改进建议或方案		5			
	创新程度	有创新建议提出		5			
学习态度	主动程度	主动性强		5			
	合作意识	能与同伴团结协作		5			
	严谨细致	认真仔细,不出差错		5			
总　　计				100			
教师总评(成绩、不足及注意事项)							
综合评定等级(个人 30%,小组 30%,教师 40%)							

任课教师:＿＿＿＿＿＿　　　年　　月　　日

练习与提高

1. 数控车床刀架限位超程报警怎么解决?
2. 参考点返回未完成报警,有可能与哪些因素有关?
3. 阐述 FANUC 伺服系统的电池更换方法。
4. 如何解决数控车床超程问题?
5. FANUC 系统无挡块回零点的设定步骤有哪些?
6. 在 FANUC 系统中,软限位怎么设定?软限位参数号是多少?

任务 2　数控机床的润滑

【任务描述】

本任务通过操作数控机床常用润滑装置，使读者了解润滑的作用，学会操作数控机床的润滑装置，处理润滑报警信息以及认识润滑对数控机床的保养、延长机床寿命的意义。数控机床常见的润滑装置如图 2-2-1 所示。

图 2-2-1　数控机床常见的润滑装置

【任务分析】

数控机床的润滑系统在机床整机中占有十分重要的地位，它不仅具有润滑作用，而且还具有冷却作用，可以减小机床热变形对加工精度的影响。润滑系统的设计、调试和维修保养，对于保证机床加工精度、延长机床使用寿命都具有十分重要的意义。

【任务目标】

(1) 了解数控机床的润滑装置。
(2) 会定期保养数控机床。
(3) 严格遵守 6S 管理标准要求，树立精益求精的工匠精神。

【相关知识】

一、数控机床常用的润滑方式

数控机床常用的润滑方式有油脂润滑和油液润滑两种。油脂润滑是数控机床的主轴支承轴承、滚珠丝杠支承轴承及低速滚动直线导轨最常采用的润滑方式；高速滚动直线导轨、贴塑导轨及变速齿轮等多采用油液润滑方式；丝杠螺母副有采用油脂润滑的，也有采用油液润滑的，两种润滑指示如图 2-2-2 和图 2-2-3 所示。

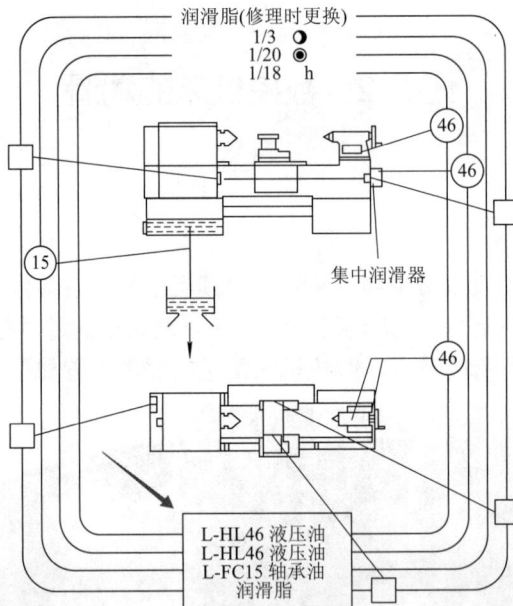

图 2-2-2　CKA6150 数控车床润滑指示

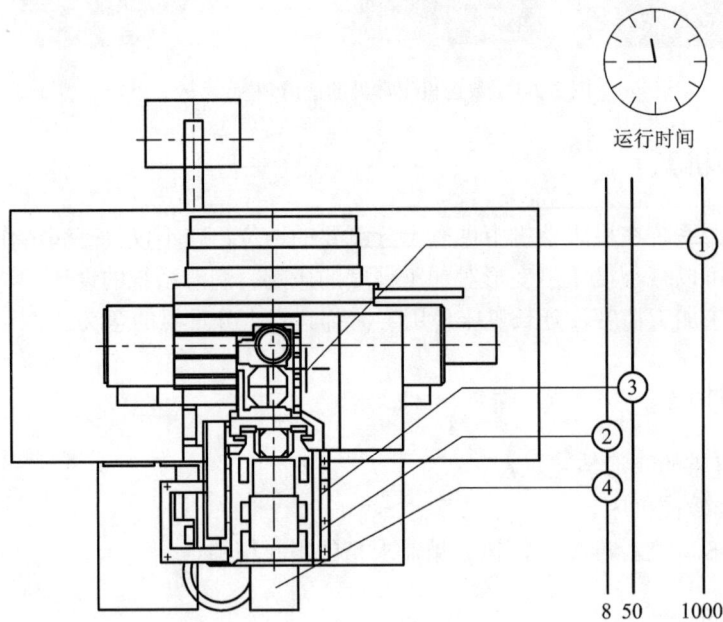

润滑点	自动换刀或键槽	润滑系统	气动系统润滑	油冷系统
序号	1	2	3	4
检查项目或间隔	脂润滑	油润滑	油润滑	油润滑
检查时间间隔/小时		8	50	8
供油间隔/小时	1000	215		1000
供油名称	XM2润滑脂	G68润滑油	HM32润滑油	FC10润滑油
油箱容量/小时		4	0.05	20
供油量/L	0.05	3	0.05	15

图 2-2-3　VCL850 加工中心润滑指示

1．油脂润滑

油脂润滑不需要润滑设备，工作可靠；不需要经常添加和更换润滑脂，维护方便；但摩擦阻力大。支承轴承油脂的封入量一般为润滑空间容积的 10%，滚珠丝杠螺母副油蜡封入量一般为其内部空间容积的 1/3。封入的油脂过多，会加剧运动部件的发热。采用油脂润滑时，必须在结构上采取有效的密封措施，以防止因冷却液或润滑油流入而使润滑脂失去功效。

油脂润滑方式一般使用锂基等高级润滑脂。当需要添加或更换润滑脂时，其名称和牌号可查阅机床使用说明书。

2．油液润滑

数控机床的油液润滑一般采用集中润滑系统，即从一个润滑油供给源把一定压力的润滑油通过各主次油路上的分配器，按所需油量分配到各润滑点；同时，系统具备对润滑时间、次数的监控和故障报警以及停机等功能，以实现润滑系统的自动控制。集中润滑系统的特点是定时、定量、准确、高效、使用方便可靠且润滑剂不被重复使用，有利于提高机床的使用寿命。

二、集中润滑系统

集中润滑系统按润滑泵的驱动方式不同，可分为手动供油系统和自动供油系统；按供油方式不同，可分为连续供油系统和间歇供油系统。连续供油系统在润滑过程中产生附加热量，且因过量供油而造成浪费和污染，往往得不到最佳的润滑效果。间歇供油系统是周期性定量对各润滑点供油，使摩擦副形成和保持适量润滑油膜。目前，数控机床的油液润滑系统一般采用间歇供油系统。

集中润滑系统按使用的润滑元件不同，可分为容积式润滑系统、阻尼式润滑系统、递进式润滑系统和油气式润滑系统。现简单介绍如下。

1．折叠容积式润滑系统

容积式润滑系统可以按需要对各润滑点精确定量，工作压力为 1.2～1.5 MPa，适用于润滑点在 300 点以下的数控机床等机械设备。

2．折叠阻尼式润滑系统

阻尼式润滑系统的工作压力为 0.2～1.5 MPa，结构简单，制造成本低，但油量计量误差大，对于距离远、位置高的润滑点的润滑难以保障，一般适用于润滑点少于 20 点的设备。

3．折叠递进式润滑系统

递进式润滑系统是将一定量的润滑油按规定顺序逐个输送到润滑点的系统，其特点是注油量准确，注油量取决于分配器内部柱塞的直径和行程，分配器的指示杆可以显示系统工作状况，若发生堵塞，控制器会立即报警。

4．折叠油气式润滑系统

油气式润滑系统的工作方式是利用压缩空气油泵，通过分配器既可供给润滑部位油气，又可单纯供给系统润滑油。数控机床和加工中心的高速主轴适于采用油气式润滑系统。

油气式润滑系统的主要特点如下：

(1) 润滑油未被雾化而是进入了润滑点，因此避免了油雾润滑对环境的污染；

(2) 可有效地降低润滑剂的消耗,且具有良好的降低润滑点温度的效果。

【任务实施】

一、典型自动润滑油泵的操作

JH-1 型自动润滑油泵(如图 2-2-4 所示)设有润滑系统选择及运行时间和间歇时间调整键,设定润滑泵工作周期确认及设定运行时间与间歇时间;有溢流阀,防止润滑泵工作压力超负荷;有液位开关,当油箱缺油时,蜂鸣器发声并显示"EEPP";可选配压力开关监测润滑系统,当主油管路断流或者失压时,蜂鸣器发声并显示"EEPP";设有点动开关,点动运行泵,进行预注油,方便调试;油泵内置感应电机,电机有过热保护器,保护电机安全工作;没有异常信号排除复位确定。

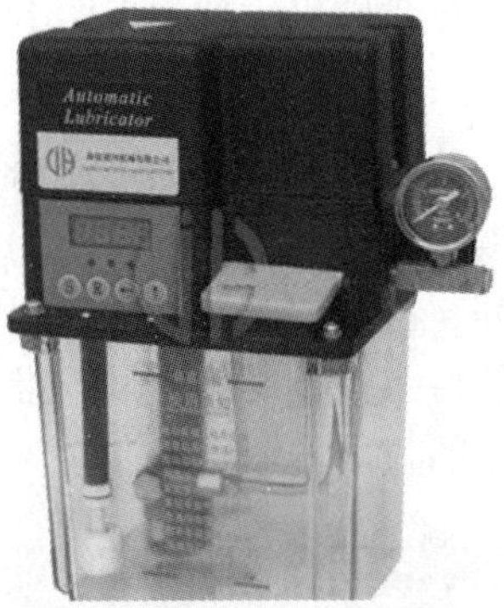

图 2-2-4　自动润滑油泵

配套分配器:阻尼式分配器、容积式分配器、定量加压式分配器、可调节流式分配器。

使用油剂黏度:20～500 cst(mm^2/s)。

二、润滑报警信号的处理

1. 压力异常报警信号的处理

数控机床中润滑系统为间歇供油工作方式,因此,润滑系统中的压力采用定期检查方式,即在润滑泵每次工作以后检查。如果出现故障,如漏油、油泵失效、油路堵塞等,润滑系统内的压力就会突然下降或升高,此时应立即强制机床停止运行并进行检查,以免事态扩大。

2. 油面过低信号的处理

对于"油面过低"信号以往习惯的处理方法是将"油面过低"信号与"压力异常"报警信号归为一类,作为紧急停止信号。一旦 PMC 系统接收到上述信号,机床立即进入紧急停止状态,同时让伺服系统断电。但是,与润滑系统因油路堵塞或漏油现象而造成"压力异常"的情况不同,如果润滑泵油箱内油量不够,短时间内不至于影响机床的性能,无须立即使机床停止工作。但是,出现此现象后,控制系统应及时显示相应的信息,提醒操作人员及时添加润滑油。如果操作人员没有在规定时间内予以补充,系统就会控制机床立即进入暂停状态,只有及时补给润滑油后,才允许操作人员运行机床,继续中断工作。针对"油面过低"信号,这样的处理方法可以避免发生不必要的停机,减少辅助加工时间,特别是在加工大型模具的时候。在设计时,我们将"油面过低"信号归为电气控制系统"进给暂停"类信号,采用"提醒—警告—暂停,禁止自动运行"的报警处理方式,一旦油箱内油量过少,不仅在操作面板上有红色指示灯提示,在屏幕上也同时显示警告信息,提醒操作人员。如果该信号在规定的时间内没有消失,则让机床迅速进入进给暂停状态,此时机床暂停进行任何自动操作。操作人员往油箱内添加足够的润滑油后,只需要按"循环启动"按钮，就可以解除此状态，让机床继续暂停前的加工操作。

【任务评价】

一、个人、小组评价

(1) 分层次概括总结出你在本次任务实施过程中有哪些收获。

(2) 分组展示小组学习过程中的收获。

(3) 思考一下，学习本任务对今后学习有何帮助。

二、教师评价

教师对各小组任务完成情况分别作出评价，见表 2-2-1。

(1) 找出各组的优点进行点评。

(2) 对任务完成过程中各组的缺点进行点评并提出改进方法。

(3) 对整个任务完成过程中出现的亮点和不足进行点评。

表 2-2-1 任务 2 评价表

组　　别				小组负责人			
成员姓名				班级			
课题名称				实施时间			
评价类别	评价内容	评　价　标　准		配分	个人自评	小组评价	教师评价
学习准备	课前准备	资料收集、整理，自主学习		5			
学习过程	信息收集	能收集有效的信息		5			
	问题探究	认真聆听老师讲解，熟悉数控机床的润滑装置		20			
		会保养、润滑机床		35			
	文明生产	服从管理，遵守校规、校纪和安全操作规程		5			
学习拓展	知识迁移	能实现前后知识的迁移		5			
	应变能力	能举一反三，提出改进建议或方案		5			
	创新程度	有创新建议提出		5			
学习态度	主动程度	主动性强		5			
	合作意识	能与同伴团结协作		5			
	严谨细致	认真仔细，不出差错		5			
总　　计				100			
教师总评(成绩、不足及注意事项)							
综合评定等级(个人 30%，小组 30%，教师 40%)							

任课教师：_____　　　年　　月　　日

练习与提高

1. 数控机床常用的润滑方式有哪些?

2. 数控机床的润滑系统的作用有哪些?

3. 简述油脂润滑的特点。

4. 简述油液润滑的特点。

5. 集中润滑系统按供油方式不同,可分为哪两种供油系统? 数控机床的油液润滑系统一般采用哪种供油系统?

6. 如发生润滑系统报警,应怎么处理?

项目三 数控车床的编程技术训练

任务1 学习数控车床编程指令

【任务描述】

本任务利用数控车床仿真软件模拟工件加工过程，使读者对数控车床车削工件有初步了解，从而激发读者学习数控编程的兴趣，为后续学习数控车床完整加工程序的组成、常用的准备功能和辅助功能代码作准备。数控车床仿真软件模拟工件加工操作界面和加工示意如图3-1-1和图3-1-2所示。

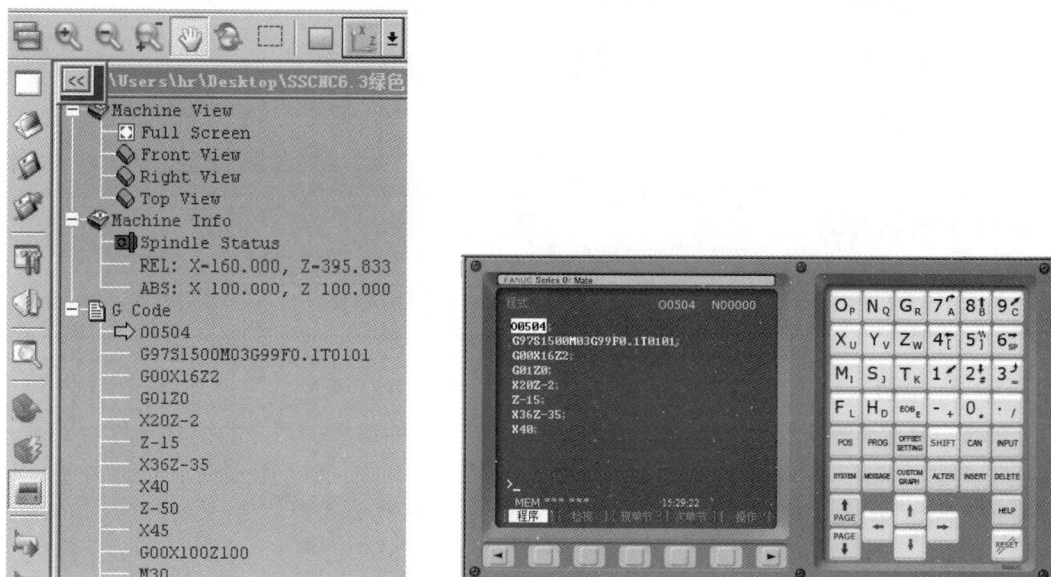

图3-1-1 数控车床仿真软件模拟工件加工操作界面

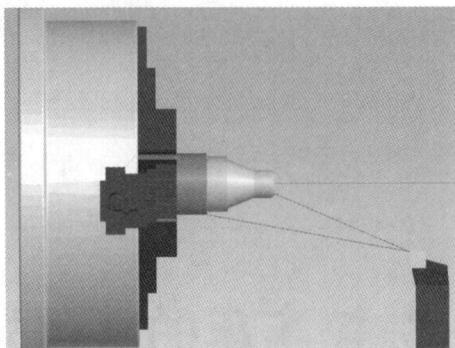

图 3-1-2　数控车床仿真软件模拟工件加工

【任务分析】

通过以上任务描述，可以看出要在数控车床上完成零件的加工，必须向数控车床发出命令，让数控车床按照命令完成零件的加工。如何在数控车床和人之间搭建这样的"桥梁"呢？这需要通过程序来完成。编制加工程序是操作数控车床的必备能力，要完成零件程序的编制、输入与编辑，必须掌握编程的基础知识。

【任务目标】

(1) 了解一个完整零件加工程序的组成。

(2) 掌握常用的准备功能指令及分类。

(3) 掌握常用的辅助功能指令及分类。

(4) 培养自主学习能力，为后续数控编程学习打下坚实的基础。

【相关知识】

一、程序编制方法

数控程序的编制方法主要有手工编程和自动编程两种。本书主要为大家介绍 FANUC 系统数控车床手工编程的方法。

1. 手工编程

对零件图纸的分析及工艺处理、数值计算、程序单的编写、程序的校验等各个步骤，均由人工来完成，这样的编程方式即为手工编程。对于一些几何形状简单、计算方便、程序量不大的零件都可以用手工编程来完成。

2. 自动编程

通过计算机自动编程软件来完成零件程序的编制，编程的大部分或全部工作由计算机完成的方式称为自动编程。编程人员首先根据零件图纸和工艺要求，将需加工的零件图绘制到计算机中，再将刀具参数、切削用量及刀具走刀轨迹设定好后，由计算机自动进行处理，计算出刀具中心轨迹，编写出加工程序清单，并自动生成加工程序。由于走刀轨迹可由计算机自动绘出，所以自动编程可方便地对编程错误进行及时的修正。

二、FANUC 系统程序结构

1. 数控加工程序的组成

一个完整的数控加工程序主要由程序开头(程序号)、程序内容、程序结束三个部分组成，其格式如下：

O0001; (程序开头/程序号)

N10 G97 S600 M03 G99 F0.2 T0101;

N20 G00 X45 Z2;

N30 G71 U2 R1;

⋮ 程序内容

N150 G00 X100 Z100;

 N160 M30/M02;(程序结束)

程序内容由若干个程序段组成，每个程序段由若干个程序字组成，每个程序字由字母 + 数字组成。

1) 程序号

程序号为程序的开始部分，即为程序的编号，是用于区别存储器中的程序而命名的，同一个存储器中的程序号是不可以重名的。在 FANUC 系统中，程序号采用英文字母"O"+ 数字(四位)组成，如 O0626，即程序号为 626 的程序。注意尽量不使用 O0000 和 O9999 两个程序号。

2) 程序内容

程序内容是整个程序的核心部分，它是由许多程序段组成的，每个程序段都由一个或若干个程序字组成，它表示数控车床要完成的全部动作。

3) 程序结束

程序结束部分用 M02 或 M30 指令表示，该指令均用于程序的末尾，它们代表零件加工程序的结束。为了保证最后程序段的正常执行，通常要求 M02/M30 指令单独占一行。

2. 程序段的组成

程序段是程序的基本组成部分，每个程序段由若干个程序字组成，每个程序字由表示地址的英文字母和数字构成，如 G00、X20、F0.2 等。程序段格式是指一个程序段中字、字符、数据的排列、书写方式和顺序。

1) 程序段的基本格式

通常情况下，程序段主要采用字—地址程序段格式，如下所示：

N_ G_ X_ Z_ F_ S_ T_ M_ LF

其中：N 为程序段段号；G 为准备功能字；X、Z 为尺寸功能字；F 为进给功能字；S 为主轴功能字；T 为刀具功能字；M 为辅助功能字；LF 为程序段结束符号(一般用";"表示)。

例如：

N30 G01 X30 Z-20 F0.2 S1000 T0101 M03。

2) 程序段的组成

(1) 程序段段号。程序段段号由地址符"N"开头，后面由若干位数字组成。程序段的大小及次序可以颠倒，也可以省略。程序段段号可以由数控系统自动生成，程序段段号的递增量可以通过"车床参数"进行设置，一般可设定增量值为 10。

需注意，程序执行的顺序和程序输入的顺序有关，与程序段段号无关，所以整个程序中可以写程序段段号，也可以不写程序段段号，或在部分需要的位置写上程序段段号。

(2) 程序段内容。程序段内容主要写在程序段的中间，是程序段的核心部分，应具备六个要素，即准备功能字、尺寸功能字、进给功能字、主轴功能字、刀具功能字、辅助功能字等，但所有程序段并不是都必须包含以上六个功能字，有时一个程序段内可以只包含一个或几个功能字。

(3) 程序段结束。程序段以"CR"或"LF"标记结束，实际使用时，常用 EOB 符号表示，";"号或"*"号表示"CR"或"LF"。

3) 程序段的跳转

在一个程序中如果在程序段前加有"/"符号，表示在两个"/"中间的程序段可以执行也可以不执行，这是通过数控车床面板上的 ⃞ 按键来控制的，如图 3-1-3 所示。如果需要执行跳转功能，则按下 ⃞ 键，指示灯亮，程序执行中遇到"/"符号时，会跳转到下一个"/"后面的程序执行。如果无须跳转程序，按 ⃞ 键关闭跳转功能，此时指示灯灭，跳转功能无效，程序从开始一直执行到结束。

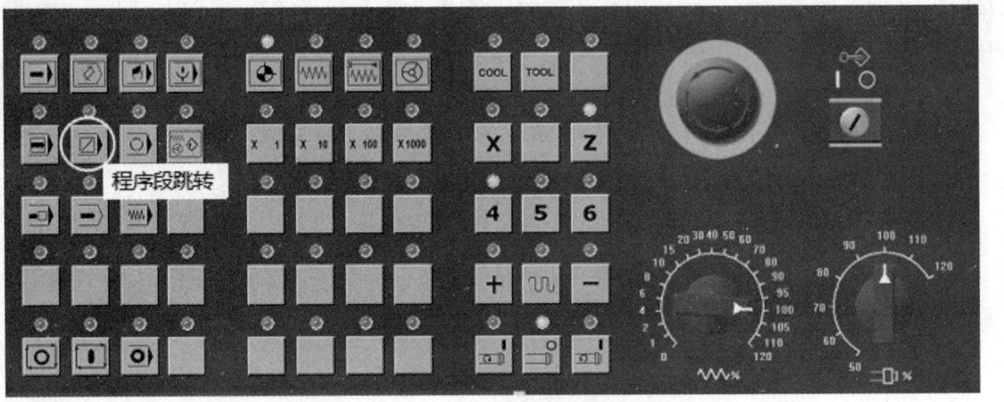

图 3-1-3　程序段跳转

注意："/"符号要成对出现在程序中才起跳转作用。

三、数控车床编程指令功能介绍

1. 准备功能字

准备功能字也叫 G 功能或 G 指令，是用于命令数控车床做好某种运动方式的指令，可以有规定刀具和工件的相对运动轨迹、设定工件加工坐标平面、设定刀具补偿等多种操作，主要由地址 G 及后面的两位数字组成，包括 G00～G99，共 100 种。不同的数控系统，G 代码的功能可能会有所不同，表 3-1-1 所示为 FANUC 系统常用 G 代码。

表 3-1-1 FANU 系统常用 G 代码

G 代码	分组	功 能	G 代码	分组	功 能
G00	01	快速点定位	G50	00	主轴最高转速限定
*G01		直线插补指令	G52		局部坐标系设定
G02		顺时针圆弧插补指令	G53		选择车床坐标系
G03		逆时针圆弧插补指令	*G54	14	坐标系设定 1
G04	00	延时暂停	G70	00	精车循环
G17	02	选择 XY 坐标平面	G71		内外圆粗车复合循环
G18		选择 XZ 坐标平面	G72		端面粗车复合循环
G19		选择 YZ 坐标平面	G73		固定形状粗加工复合循环
G20	06	英制输入	G74		端面深孔钻削复合循环
*G21		公制输入	G75		外径、内径切槽循环
G27	00	返回并检查参考点	G76		螺纹切削复合循环
G28		返回参考点	G90	01	单一形状内外圆切削循环
G29		由参考点返回	G92		螺纹切削循环
G30		返回第二参考点	G94		端面切削循环
G32	01	螺纹切削	G96	02	恒线速度控制
*G40	07	取消刀尖圆弧半径补偿	*G97		取消恒线速度控制
G41		刀尖圆弧半径左补偿	G98	05	指定每分钟进给量
G42		刀尖圆弧半径右补偿	*G99		指定每转进给量

说明：

(1) 标记"*"号的 G 代码是通电时的初始状态。G01 和 G00 通电时的初始状态由参数决定。

(2) 从表 3-1-1 中可以看出，G 代码被分为不同组，这是由于大多数的 G 代码都是模态的。所谓模态 G 代码是指这些 G 代码不仅在当前的程序段中起作用，而且在以后的程序段中一直起作用，直到程序中出现另一个同组的 G 代码为止，同组的模态 G 代码控制同一个目标，但起不同的作用，它们之间是不相容的。

(3) 这些 G 代码只在它们所在的程序段中起作用，如果程序中出现了未列在表 3-1-1 中的代码，CNC 会显示 10 号报警。

(4) 同一程序段中可以有多个不同的 G 代码，如果同一个程序段中指令了两个或两个以上的同组 G 代码，则仅执行最后指令的 G 代码。

2. 尺寸功能字

尺寸功能字又称坐标功能字，用来设定车床各坐标的位移量。它一般由以 X、Z、U、

W、P、Q 等地址为首,在地址符后面紧跟"+"或"−"号及数字组成,如 X50、W-30、P10 等,其中正值可以省略"+"号。

3. 进给功能字

进给功能字用来指定刀具相对于工件运动的速度,由地址 F 及其后缀数字组成。根据加工需要,进给功能字可分为每分钟进给和每转进给两种。在数控车床中分别用 G98 或 G99 指令指定,G98 表示每分钟进给量,单位为 mm/min;G99 为每转进给量,单位为 mm/r。

例如:G98 F100,表示刀具沿工件的进给速度为 100 mm/min;G99 F0.2,表示刀具沿工件的进给量为 0.2 mm/r。

注意:在使用以上两种指令编程时,G98 后面的 F 一般取整数值,G99 后面的 F 一般取小数值。

在主轴转速不变的情况下,进给速度 F 和进给量 f 之间的关系如下:

$$F = f \cdot n \tag{3-1-1}$$

式中:F 为进给速度(mm/min);f 为每转进给量(mm/r);n 为主轴转速(r/min)。

4. 主轴功能字

用来控制主轴转速的功能称为主轴功能,亦称为 S 功能,主轴功能字由地址 S 及其后缀数字组成,它有恒线速度和恒转速两种指令。恒转速指令 S 后面的数字直接用来指定主轴转速,单位为 r/min;恒线速度指令 S 后面的数字直接用来指定切削速度,单位为 m/min。数控车床分别用 G97、G96 指令设定恒转速和恒线速度,其恒线速度用 G96 设定,例如 G96 S100,表示刀具沿工件的切削速度为 100 m/min;恒转速用 G97 设定,例如 G97 S800,表示主轴以 800 r/min 旋转。

在加工工件直径 d 不变的情况下,切削速度 v 和转速 n 之间的关系如下:

$$v = \frac{\pi nd}{1000} \rightarrow n = \frac{1000v}{\pi d} \tag{3-1-2}$$

式中:v 为刀具在 d 处的切削速度(m/min);d 为被切削工件的直径(mm)。

从式(3-1-2)可以看出,当选择恒线速度指令 G96 时,主轴在加工过程中切削速度将保持不变,而主轴转速将会随着所切削工件直径的变化不断地发生变化。在数控车床加工中,若工件的直径越来越小,主轴的转速就会随之增加;当工件直径为 0 时,转速将趋于无穷大,此时要求限制主轴最高转速,在 FANUC 系统中可以通过 G50 指令来限制主轴最高转速,格式为 G50 S__,例如 G50 S2000,表示限制主轴最高转速为 2000 r/min。

注意:在用 G96 指令设定切削速度时,在程序号下面的第一个程序段中必须用 G50 指令限制主轴的最高转速。

5. 刀具功能字

用来选择刀具的功能称为刀具功能,亦称为 T 功能,刀具功能字由地址 T 及其后缀数字组成,数控车床刀具功能用 2 位或 4 位数字表示,前一位或前两位表示刀具号,后一位或后两位表示刀具补偿号。例如 T0101,表示 01 号刀具对应 01 号刀补。

6. 辅助功能字

用来控制零件程序的走向以及用来指令数控车床辅助动作及状态的功能称为辅助功

能，亦称为 M 功能，辅助功能字由地址 M 及其后缀数字组成，从 M00~M99 共 100 种，其特点是靠继电器的通断来实现控制过程。表 3-1-2 所示为 FANUC 系统常用的 M 代码。

表 3-1-2　FANUC 系统常用的 M 代码

M 代码	功　能	说　明	M 代码	功　能	说　明
M00	程序停止	单个程序段方式有效，非模态	M03	主轴正转	模态
M01	程序计划停止		M04	主轴反转	
M02	程序结束		M05	主轴停转	
M30	程序结束并返回		M08	冷却液打开	
M98	调用子程序	非模态	M09	冷却液关闭	
M99	子程序调用结束		M06	换刀指令	非模态

在使用 M 代码的过程中应注意：一个程序段中只能有一个 M 指令有效，当程序段中出现两个或两个以上的 M 指令时，系统报警。

1) 程序停止指令M00

执行 M00 指令后，数控车床所执行的加工程序会停止，只有重新按下"循环启动"按钮后，才能继续执行 M00 指令后面的程序。该指令只能控制零件加工程序的走向，常用于粗、精加工之间的工件精度检测时的暂停。

2) 程序计划停止指令M01

M01 的执行过程和 M00 指令相似，只有按下车床控制面板上的 ⊙(选择停止键)后，如图 3-1-4 所示，该指令才有效，否则车床将继续执行后面的程序。该指令通常用于检查工件的某些关键尺寸。

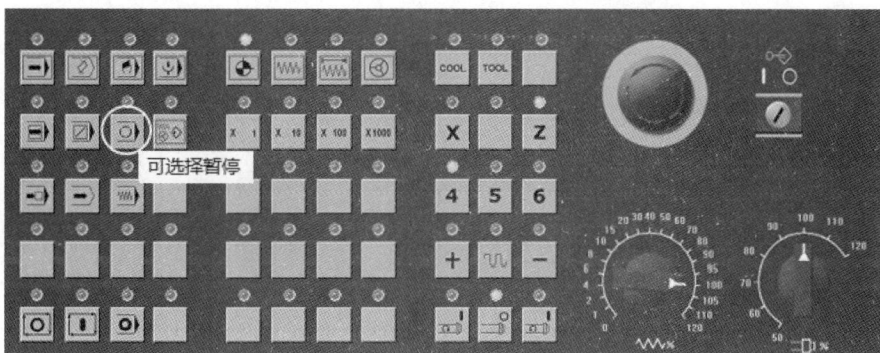

图 3-1-4　可选择暂停键

3) 程序结束指令M02

M02 指令用于程序的末尾，表示程序结束，加工程序内所有内容已完成，执行结束后光标停留在 M02 指令后。

4) 主轴功能指令M03/M04/M05

M03 指令用于设定主轴正转；M04 指令用于设定主轴反转；M05 指令用于设定主轴停转。

M03、M04 指令和主轴转速指令一同出现，可以写在同一个程序段中。

5) 切削液开关指令M08/M09

M08 指令用于打开切削液；M09 指令用于关闭切削液。

6) 程序结束并返回指令M30

程序结束并返回指令 M30 的执行过程与 M02 相似，不同之处在于执行 M30 指令后，车床的所有动作都停止，并且光标返回到程序开头，准备加工下一个工件。

7) 子程序调用指令M98/M99

M98 指令用于调用子程序；M99 指令用于子程序调用结束并返回到主程序。

【任务实施】

零件仿真加工使用斯沃仿真软件，其操作过程如下：

(1) 打开 软件→选择 FANUC 0i T 数控系统(如图 3-1-5 所示)→运行→松开急停按钮(如图 3-1-6 所示)→激活车床→机械回零→先按"+X"，再按"+Z"。

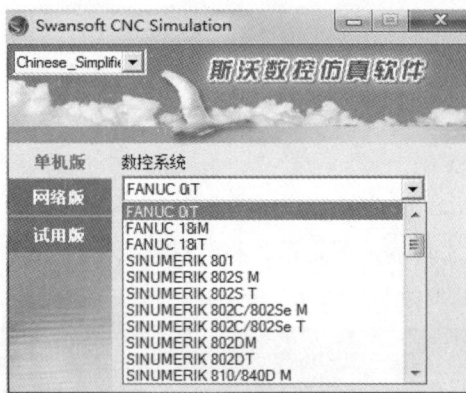

图 3-1-5　选择数控系统

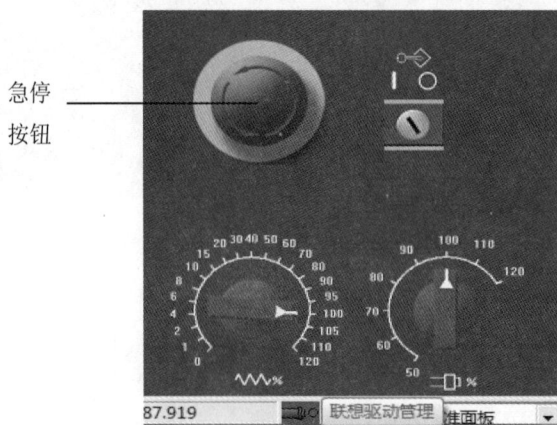

图 3-1-6　急停按钮

（2）选择刀具。按下 ![刀具管理] 键，根据图纸要求选择所需刀具，按"添加到刀盘"按钮添加所对应的刀具号，最后按"确定"按钮，将刀具安装到所对应的刀具号位置，如图 3-1-7 所示。

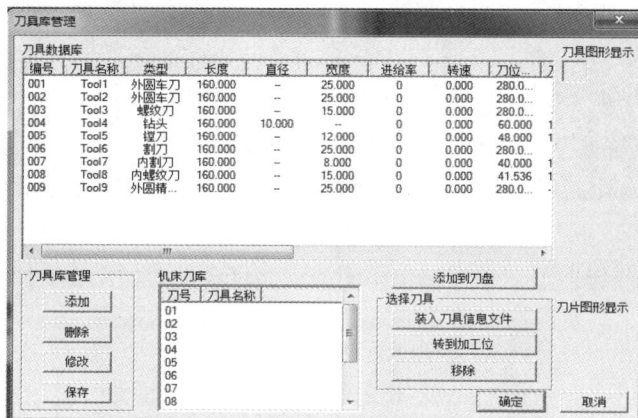

图 3-1-7　刀具库

（3）安装工件。按下 ![工件设置] 键，弹出对话框如图 3-1-8 所示。根据图纸要求设定工件直径等，最后按"确定"按钮。

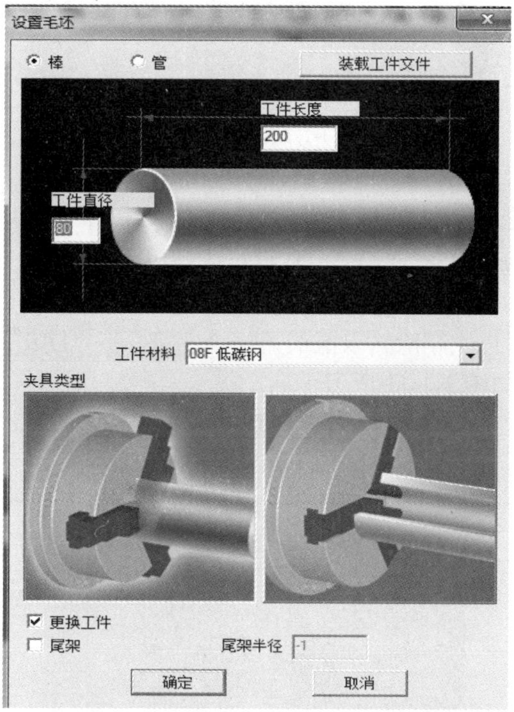

图 3-1-8　设置毛坯

（4）FANUC 系统程序的输入。

① 将程序保护锁调到开启状态，按 EDIT 键，选择编辑工作模式，如图 3-1-9 所示。

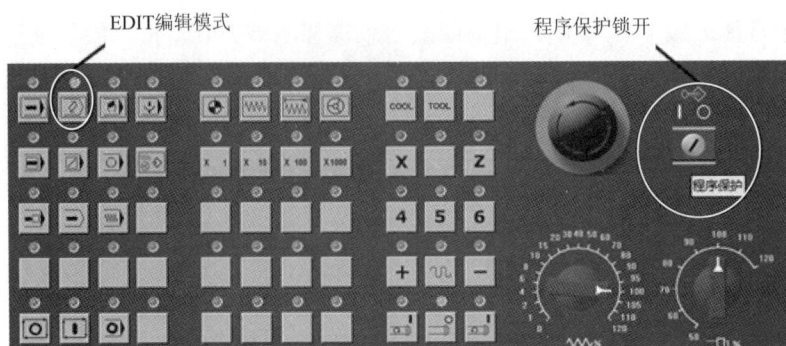

图 3-1-9　选择编辑模式开启程序锁

② 按"PROG"键，显示程序编辑画面或程序目录画面如图 3-1-10 所示。

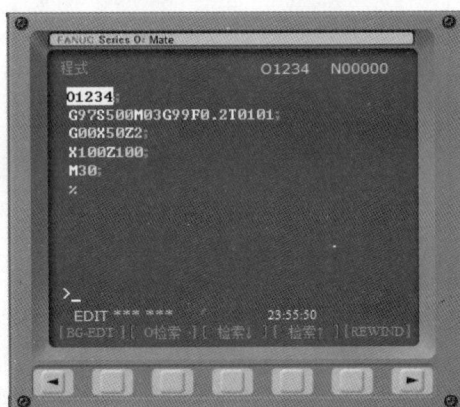

图 3-1-10　程序编辑

③ 输入新程序名如"O1234"，按"INSERT"键，换行后继续输入程序。

④ 程序段的输入是"程序段+EOB"，然后按"INSERT"键，换行后继续输入程序。

具体过程：EDIT→PROG→程序名 O1234→INSERT→EOB→INSERT→程序段 + EOB →INSERT。

⑤ 按"CAN"键可依次删除输入区最后一个字符，按"DIR"软键可以显示数控系统中已经输入的程序号，如图 3-1-11 所示。

图 3-1-11　数控系统中已有程序号

【任务评价】

一、个人、小组评价

(1) 分层次概括总结出你在本次任务实施过程中有哪些收获。

(2) 分组展示小组学习过程中的收获。

(3) 思考一下，学习本任务对今后学习有何帮助。

二、教师评价

教师对各小组任务完成情况分别作出评价，见表 3-1-3。

(1) 找出各组的优点进行点评。

(2) 对任务完成过程中各组存在的问题进行点评并提出解决方法。

(3) 对整个任务完成过程中出现的亮点和不足进行点评。

表 3-1-3　任务 1 评价表

组　别				小组负责人		
成员姓名				班级		
课题名称				实施时间		
评价类别	评价内容	评价标准	配分	个人自评	小组评价	教师评价
学习准备	课前准备	资料收集、整理，自主学习	5			
学习过程	信息收集	能收集有效的信息	5			
	软件模拟	认真聆听老师讲解，了解常用 G 代码指令	20			
		了解常用 M 代码指令	25			
	问题探究	在指令的讲解中如何正确熟记 M、G 代码指令	10			
	文明生产	服从管理，遵守校规、校纪和安全操作规程	5			
学习拓展	知识迁移	能实现前后知识的迁移	5			
	应变能力	能举一反三，提出改进建议或方案	5			
	创新程度	有创新建议提出	5			
学习态度	主动程度	主动性强	5			
	合作意识	能与同伴团结协作	5			
	严谨细致	认真仔细，不出差错	5			
总　计			100			
教师总评(成绩、不足及注意事项)						
综合评定等级(个人 30%，小组 30%，教师 40%)						

任课教师：＿＿＿＿＿＿　　年　月　日

练习与提高

1. 常用数控程序的编制方法有哪几种？
2. 一个完整的数控加工程序由哪几部分组成？
3. 何谓准备功能？准备功能可以分为哪几类？
4. 何谓辅助功能？在辅助功能中 M02 指令和 M30 指令有何区别？
5. 在数控车床上加工直径为 $\phi50$ mm 的零件，此时转速为 600 r/min，试计算刀具在该直径处的切削速度 v。

任务 2　建立数控车床坐标系

【任务描述】

本任务是利用数控车床仿真软件讲解数控车床坐标系的位置及作用，通过学习，使学生掌握数控车床坐标系的建立方法，学会使用试切对刀法建立工件坐标系(见图 3-2-1)。

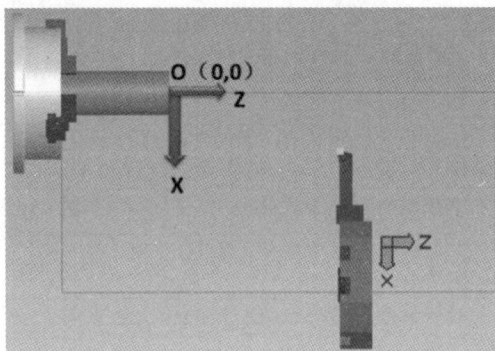

图 3-2-1　数控车床坐标系

【任务分析】

在数控车床上要完成零件的加工，首先必须建立工件坐标系，确定工件坐标系和数控车床坐标系之间的关系以及零件编程零点的位置，然后再对零件进行数控编程，这样才能保证零件、刀具在车床加工中的正确位置，完成零件的加工。

【任务目标】

(1) 了解数控车床坐标系的类型。
(2) 掌握数控车床工件坐标系的建立方法。

(3) 培养自己的知识迁移能力, 养成勤学肯钻的敬业精神。

【相关知识】

一、数控机床的标准坐标系

数控机床的标准坐标系采用右手笛卡尔直角坐标系, 规定 X、Y、Z 三个坐标轴互相垂直正交, 三个坐标轴的正方向采用右手法则判定如下:

(1) 伸出右手的大拇指、食指和中指并互为 90°, 大拇指指向代表 X 坐标轴的正方向, 食指指向代表 Y 坐标轴的正方向, 中指指向代表 Z 坐标轴的正方向, 如图 3-2-2 所示。

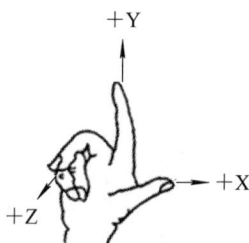

图 3-2-2　右手笛卡尔直角坐标系

(2) 在一个平面坐标系中, 如果已知两个坐标的正方向, 就可以通过右手笛卡尔直角坐标系判断第三个坐标的正方向, 如图 3-2-3 所示, 这也是后续学习判断圆弧插补方向和刀尖圆弧半径补偿方向的基础。

Y 轴正方向指向 XZ 坐标平面的里面　　　Y 轴正方向指向 XZ 坐标平面的外面

图 3-2-3　坐标轴正方向的判断

(3) 围绕 X、Y、Z 坐标轴旋转的还有三个旋转坐标轴, 分别用 A、B、C 表示, 根据右手螺旋定则, 大拇指的指向分别为 X、Y、Z 中任意轴的正方向, 四指环绕的方向即为旋转坐标轴 A、B、C 的正方向, 如图 3-2-4 所示。

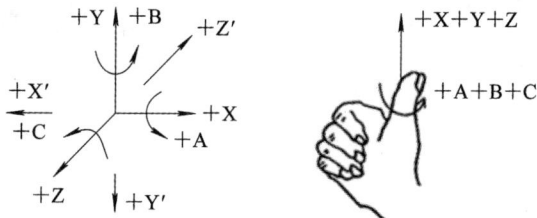

图 3-2-4　旋转坐标轴正方向的判断

二、数控车床坐标系

数控车床的动作是由数控装置来控制的，为了确定数控车床的成形运动和辅助运动，必须确定运动的位移和方向，这时候就需要坐标系来实现。

1. 数控车床坐标系

数控车床坐标系是数控车床上固有的坐标系，是由数控车床制造厂设定好的固有坐标系，它的坐标轴及坐标轴的正方向与数控机床标准坐标系保持一致，但有特定的坐标原点，即数控车床原点或车床零点。

数控车床原点的位置由数控车床设计和制造单位确定，通常不允许随意改变，如图3-2-5 所示。数控车床的机床原点一般设在卡盘前端面或后端面与主轴轴线的交点处；有的数控车床把机床原点设在 X、Z 坐标正方向的极限位置，即与机床参考点重合。有的数控车床开机后要进行回零操作(先回"+X"，再回"+Z")，其目的是建立数控车床坐标系。

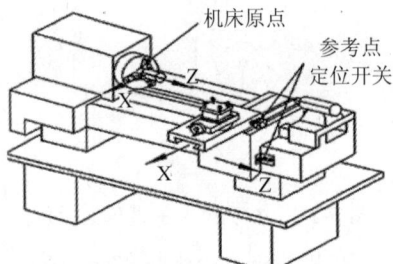

图 3-2-5　数控车床的机床原点与参考点

2. 数控车床坐标轴的确定

数控车床坐标轴的确定，一般按先确定 Z 轴，再确定 X 轴，最后确定 Y 轴的顺序进行。统一规定以刀具远离相对"静止"的工件的方向作为 X、Y、Z 坐标轴的正方向。图 3-2-6 所示为前置刀架的数控车床和后置刀架数控车床的坐标轴设定。

前置刀架的数控车床　　　　　　　　后置刀架的数控车床

图 3-2-6　数控车床坐标轴的设定

1) Z 轴的确定

规定消耗切削动力的主轴为 Z 轴，取刀具移动远离工件的方向为坐标轴的正方向，或者可以把指向尾座的方向作为 Z 轴的正方向。

2) X轴的确定

工件直径的方向为沿 X 轴方向，取刀具移动远离工件的方向为 X 轴的正方向，也可以把刀具沿直径增大的方向作为 X 轴的正方向。

3) Y轴的确定

当 Z、X 两个坐标轴确定后，根据右手笛卡尔直角坐标系规定的 X、Y、Z 轴三者的关系，即可确定 Y 轴的正方向。数控车床加工属于平面加工，只需建立 X、Z 坐标轴，Y 轴无需使用，只有在判断圆弧插补方向和刀尖圆弧半径补偿方向的时候才使用。

三、工件坐标系

1. 工件坐标系

编程人员为了编程方便，在零件图纸上建立一个与数控车床坐标系相平行的坐标系作为编程坐标系。编程时可将图纸视为一个静止不动的工件，假想使刀具在图纸上按顺序移动进行数控加工，从而可以很直观地编写出所需要的数控加工程序。

工件坐标系就是编程人员在编程时使用的，编程人员选择工件上的某一已知点为原点(也称程序原点)，建立一个新的坐标系，称为工件坐标系，如图 3-2-7 所示。工件坐标系一旦建立便一直有效，直到被新的工件坐标系所取代。

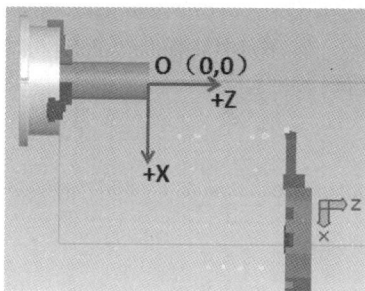

图 3-2-7　工件坐标系

2. 对刀点

对刀点是零件程序加工的起始点，对刀的目的是确定程序原点在数控车床坐标系中的位置，对刀点可以与程序原点重合，也可以在任何便于对刀之处，但该点与程序原点之间必须有确定的坐标关系。

3. 工件坐标系的确定

在数控车床上建立工件坐标系是数控加工的前提，没有工件坐标系数控加工将无法进行。下面主要介绍用外圆车刀采用试切法建立工件坐标系的方法。

(1) 将工件装夹在三爪卡盘上，将主轴转起来，看工件是否有晃动，如有晃动现象，则再重新找正。最后用加力杆将工件夹紧(如果毛坯为钢料则必须使用加力杆进行夹紧)，如图 3-2-8 所示。

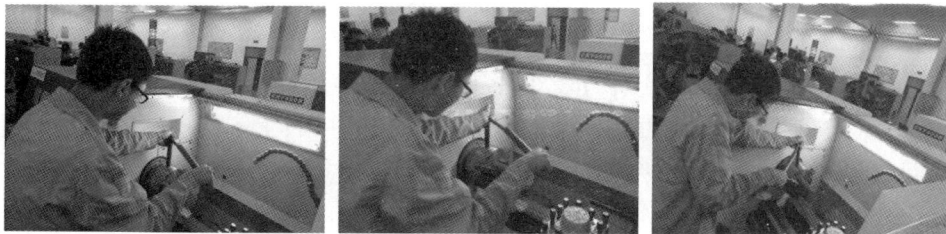

图 3-2-8　夹紧工件

(2) 将 90°外圆车刀安装到 1 号刀位置。为了增大主偏角可以将刀具向里倾斜 3°～5°，将刀具夹紧，如图 3-2-9 所示。

图 3-2-9　外圆车刀的安装

(3) X 轴对刀。

① 在 MDI 模式下，输入 M42(设定主轴为高转速状态)→EOB→M03 S600→EOB→INSERT，按循环启动键，这时主轴将以 600 r/min 的速度转起来。

② 在 MDI 模式下，输入 T0101→EOB→INSERT，按循环启动键，将 1 号外圆车刀转到当前位置。

③ 在手动或手轮模式下将刀具靠近工件。

④ 用外圆车刀车削工件外圆。

注: 在手轮状态下倍率为 0.01，切削长度为 8～10 mm，够测量即可，切削深度需能使工件车圆为止。

⑤ X 轴不动，刀具沿 Z 轴正方向退出，将主轴停转，用千分尺测量工件直径。

⑥ 按刀补(OFFSET SETTING)键→按翻页键→在 G01 中输入"X 直径值"。

注: 广州数控车床在 101 中输入"X 直径值"；如果直径是整数值则在后面加小数点。(X40 应写 X40.0)

(4) Z 轴对刀。

①②③步骤同(3)中①②③。

④ 在手轮状态下倍率为 0.01，用外圆车刀车削工件端面，将端面车平为止。

⑤ Z 轴不动，沿 X 轴正方向退出工件(此步骤可以省略)。

⑥ 按刀补(OFFSET SETTING)→按翻页键→在 G01 中输入 Z0。

注: 广州数控车床是在 101 中输入"Z0"。

(5) 其余刀具的对刀方法同上。

【任务实施】

(1) 要求每个同学进行一次对刀练习，先在模拟软件上练习，再到数控车床上练习。

(2) 在数控车床上练习时要求两个人一台车床，其中一人操作，一人在旁边观看和检查，轮流进行。

(3) 要求能够正确掌握外圆车刀的对刀方法。

(4) 将切槽刀和螺纹刀安装在 2 号和 3 号刀位，让学生按照外圆刀的对刀方法，依次完成对刀。

【任务评价】

一、个人、小组评价

(1) 分层次概括总结出你在本次任务实施过程中有哪些收获。

(2) 分组展示小组学习过程中的收获。

(3) 思考一下，学习本任务对今后学习有何帮助。

二、教师评价

教师对各小组任务完成情况分别作出评价，见表 3-2-1。

(1) 找出各组的优点进行点评。

(2) 对任务完成过程中各组存在的问题进行点评并提出解决方法。

(3) 对整个任务完成过程中出现的亮点和不足进行点评。

表 3-2-1 任务 2 评价表

组　　别				小组负责人		
成员姓名				班级		
课题名称				实施时间		
评价类别	评价内容	评 价 标 准	配分	个人自评	小组评价	教师评价
学习准备	课前准备	资料收集、整理，自主学习	5			
学习过程	信息收集	能收集有效的信息	5			
	对刀步骤	认真聆听老师讲解，知道如何对刀	20			
		正确掌握对刀方法	25			
	问题探究	在加工中如何快速完成对刀步骤	10			
	文明生产	服从管理，遵守校规、校纪和安全操作规程	5			
学习拓展	知识迁移	能实现前后知识的迁移	5			
	应变能力	能举一反三，提出改进建议或方案	5			
	创新程度	有创新建议提出	5			
学习态度	主动程度	主动性强	5			
	合作意识	能与同伴团结协作	5			
	严谨细致	认真仔细，不出差错	5			
总　　计			100			
教师总评(成绩、不足及注意事项)						
综合评定等级(个人 30%，小组 30%，教师 40%)						

任课教师：_____　　　年　月　日

练习与提高

1. 数控机床的标准坐标系采用_____坐标系，它规定了大拇指指向代表_____轴坐标的正方向，食指指向代表_____轴坐标的正方向，中指指向代表_____轴坐标的正方向。

2. 判断如图 3-2-10 所示平面中第三个坐标的正方向。

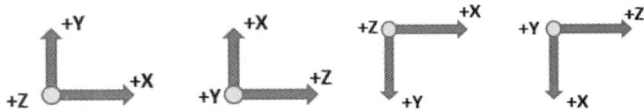

图 3-2-10　练习 2

3. 写出数控车床的对刀步骤。

任务 3　数控车削外圆的程序编写

【任务描述】

本任务利用数控车床数控车削仿真软件模拟车削工件外圆，如图 3-3-1 所示。通过学习，使读者学会编写小余量台阶轴(见图 3-3-2)的加工程序并完成实际加工。

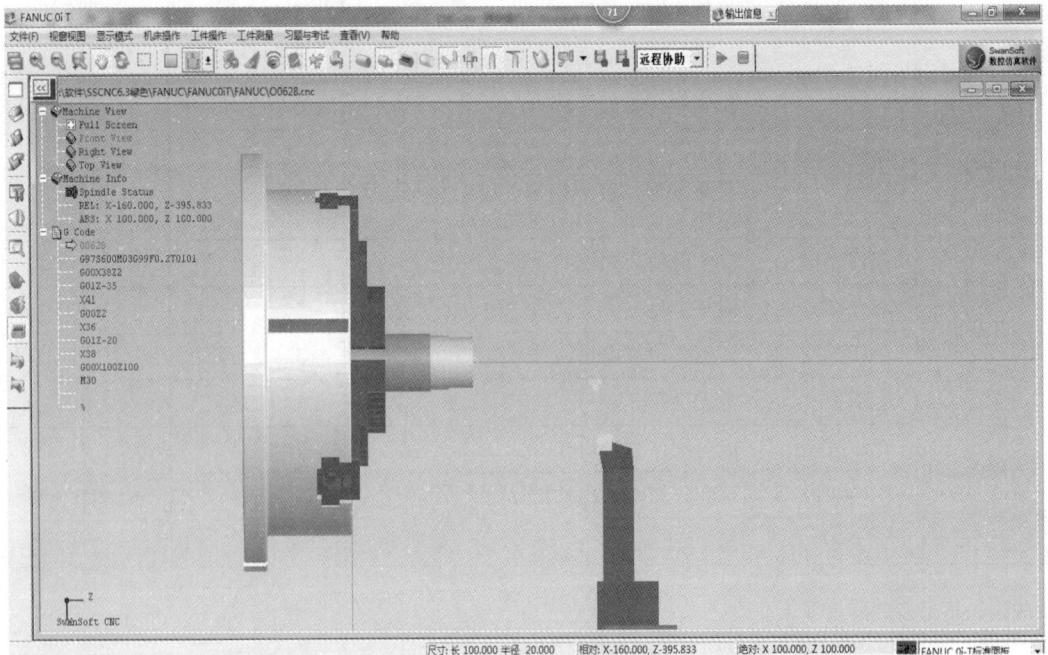

图 3-3-1　数控车床仿真软件模拟车削小余量台阶轴

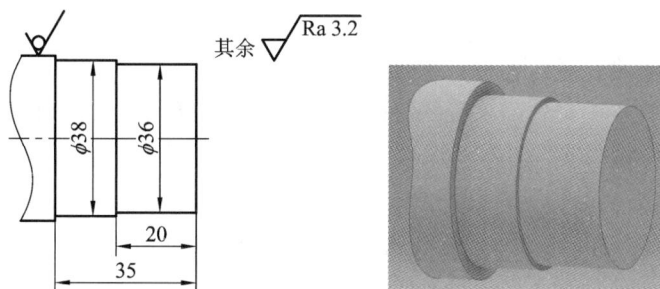

图 3-3-2　小余量台阶轴

【任务分析】

如图 3-3-1 所示工件，毛坯为 $\phi 40$ mm × 100 mm 的 45# 钢，从图 3-3-2 中可以看出，该工件的加工余量较小，学生在掌握普通车床加工工艺的基础上，用 G00、G01 指令就可以完成零件的程序编制与加工。

【任务目标】

(1) 掌握数控车床程序编写步骤。
(2) 掌握锥度的计算方法。
(3) 掌握数控车床外圆加工程序的编写方法。
(4) 认识外圆车刀。
(5) 提高对外圆加工的工艺分析能力，养成思虑周全、细致缜密的职业素养。

【相关知识】

一、数控程序编制步骤

数控程序编制又称数控编程，是指编程人员根据零件图样和工艺文件的要求，编制出可在数控机床上运行并完成规定加工任务的一系列指令的过程，即将零件图纸上的工程语言转变成机床所能识别的加工语言。具体来说，数控编程是由分析零件图样和工艺要求开始到程序检验合格为止的全部过程。

一般数控编程步骤如下所述。

1. 分析零件图样和工艺要求

分析零件图样和工艺要求的目的是确定加工方法、制订加工计划以及确认与生产组织有关的问题，此步骤的内容包括：

(1) 确定该零件安排在哪类或哪台数控机床上进行加工。
(2) 确定采用何种夹具及装夹方法。
(3) 确定采用何种刀具或采用多少把刀具来完成零件的加工。
(4) 确定加工路线，即选择对刀点、程序起点(又称加工起点，常与对刀点重合)、走刀路线等。

(5) 确定切削深度、进给速度、主轴转速等切削参数。

(6) 确定加工过程中是否需要提供冷却液，是否需要换刀及何时换刀等。

2．进行数值计算

根据零件图样的几何尺寸计算零件轮廓数据，或根据零件图样和走刀路线计算刀具运行轨迹数据。数值计算的最终目的是获得编程所需要的所有相关位置坐标数据。

3．编写加工程序单

在完成以上两个步骤后，即可根据已经确定的加工方案及数值计算获得的数据，按照数控系统要求的程序格式和代码格式编写加工程序。编程者除了要了解所用数控机床及系统的功能及熟悉程序指令外，还应具备与机械加工有关的工艺知识，才能编制出正确、实用的加工程序。

4．将程序输入CNC中

程序单完成后，编程人员或机床操作者可以通过CNC机床操作面板，在EDIT模式下，将程序信息输入CNC系统程序存储器中。

5．进行程序校验

编制好的加工程序在正式用于生产加工前，必须进行程序运行检查。在某些情况下，还需要做零件试加工检查。根据检查结果，对程序进行修改和调整，检查、修改、再检查、再修改……往往要多次反复进行，直到获得完全满足加工要求的程序为止。

二、外圆车刀

1．外圆车刀的种类

1) 根据加工方式分类

根据加工方式不同，外圆车刀可分为外圆左偏粗车刀、外圆左偏精车刀、外圆右偏粗车刀、外圆右偏精车刀，刀具形状如图3-3-3所示。

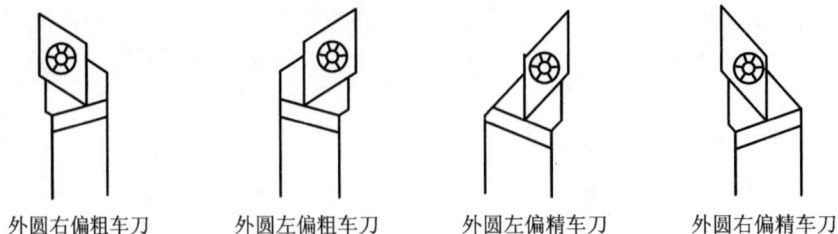

外圆右偏粗车刀　　外圆左偏粗车刀　　外圆左偏精车刀　　外圆右偏精车刀

图 3-3-3　外圆车刀

2) 根据刀具刀片角度不同分类

根据刀具刀片角度不同，外圆车刀可分为以下几类：

(1) 主偏角 $\kappa_r = 95°$。该车刀主要用于外圆及端面的半精加工及精加工，其刀片为菱形，通用性好，如图3-3-4所示。

(2) 主偏角 $\kappa_r = 45°$。45°主偏角车刀主要用于外圆及端面车削，适用于零件粗加工，其刀片为四方形，所以可以转位八次，经济性好，如图 3-3-5 所示。

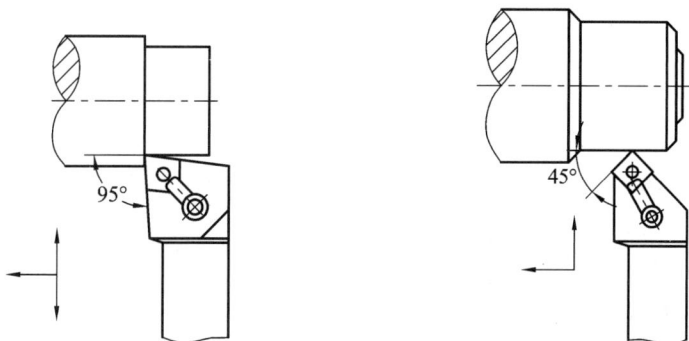

图 3-3-4　主偏角为 95°外圆车刀　　　　　图 3-3-5　主偏角为 45°外圆车刀

(3) 主偏角 $\kappa_r = 75°$。75°主偏角车刀只能用于外圆粗车削，其刀片为四方形，所以可以转位八次，经济性好，如图 3-3-6 所示。

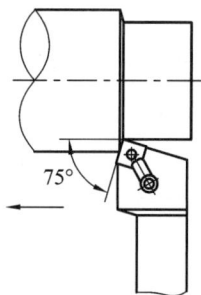

图 3-3-6　主偏角为 75°外圆车刀

(4) 主偏角 $\kappa_r = 93°$。93°主偏角车刀的刀片为 D 形刀片，刀尖角为 55°，刀尖强度相对较弱，所以该车刀主要用于仿形精加工，如图 3-3-7 所示。

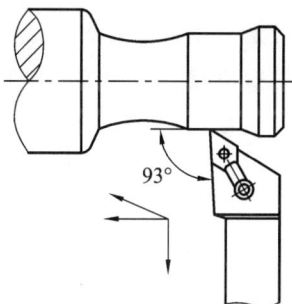

图 3-3-7　主偏角为 93° 外圆车刀

(5) 主偏角 $\kappa_r = 90°$。90°主偏角车刀只能用于外圆粗、精车削，其刀片为三角形，切削刃较长，刀片可以转位六次，经济性好，如图 3-3-8 所示。

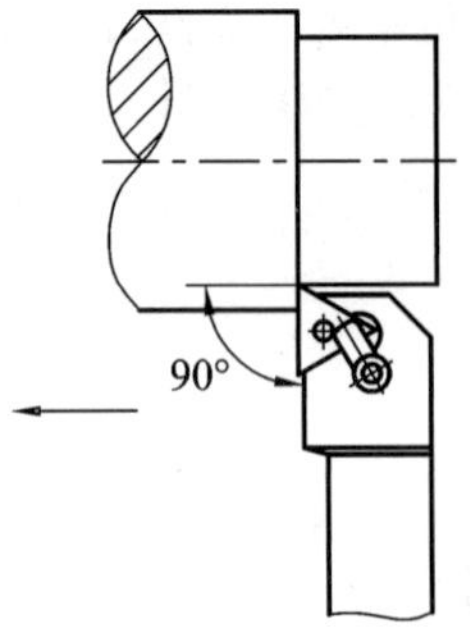

图 3-3-8   主偏角为 90° 外圆车刀

2．刀具大小的选择

选择刀具大小的原则如下：

(1) 尽可能选择大的刀具，因为刀具大则刚性高，刀片不易断，可以采用大的切削用量，提高加工效率，保证加工质量。

(2) 根据加工的背吃刀量选择刀具，背吃刀量越大，刀具刚性越大。

(3) 根据工件大小选择刀具，工件大的选大的刀具，反之选择小的刀具。

上面所述只是一般情况下的选择，具体加工时情况千变万化，要根据工件的材料性质、硬度、要求精度及刀具的具体情况进行选择。此外，对所选择的刀具，在使用前都需对刀具尺寸进行严格的测量，以获得精确的数据，并由操作者将这些数据输入控制系统，经程序调用并完成加工过程，再经反复调试，从而加工出合格的零件。

粗车时，要选择强度高、寿命长的刀具，以满足粗车时大背吃刀量、大进给量的要求；精车时，要选择精度高、寿命长的刀具，以保证加工精度的要求。此外，为减少换刀时间和方便对刀，应尽可能选择机夹刀具。夹紧刀片的方式要合理选择，刀片最好选择涂层硬质合金刀片。根据零件的材料种类、硬度及加工表面粗糙度的要求和加工余量等已知条件，来决定刀具的几何结构、进给量、切削速度和刀片牌号，各个生产厂家所生产的刀具质量不一，选择时最好根据厂家提供的标准选择。

3．数控车床外圆车刀的安装

数控车床外圆车刀可以正向安装，也可以反向安装，车刀靠垫刀块上的两只螺钉反向压紧。刀具轴向定位靠侧面，径向定位靠刀柄端面，将刀柄端面靠在刀架中心圆柱体上，刀具装拆以后仍能保持较高的定位精度。

数控车床车刀安装得正确与否，将直接影响切削能否顺利进行和工件加工质量。安装车刀时，应注意下列几个问题：

(1) 车刀安装在刀架上，伸出部分不宜太长，伸出量一般为刀杆高度的 1～1.5 倍。伸出过长会使刀杆刚性变差，切削时易产生振动，影响工件的表面粗糙度。

(2) 数控车床车刀垫铁要平整，数量要少，垫铁应与刀架对齐。车刀至少要用两个螺钉压紧在刀架上，并逐个轮流拧紧。

(3) 数控车床车刀刀尖应与工件轴线等高，否则会因基面和切削平面的位置发生变化而改变车刀工作时的前角和后角的数值。数控车床车刀刀尖高于工件轴线，使后角减少，加工程序调用刀具时，系统会自动补偿两个方向的刀偏量，从而准确控制每把刀的刀尖轨迹。

三、小余量台阶轴零件程序编制

1. 快速点定位指令 G00

使刀具从当前位置快速移动到终点位置,一般用于空行程运动,既可以单坐标运动,也可以两个坐标同时运动。

G00 指令格式:

    G00 X(U)_ Z(W)_;

G00 指令格式说明如下:

X、Z:刀具每次移动的终点坐标值(绝对坐标);

U、W:刀具每次移动的终点坐标相对于起点坐标的差值(相对/增量坐标)。

G00 指令的走刀轨迹如图 3-3-9 所示。

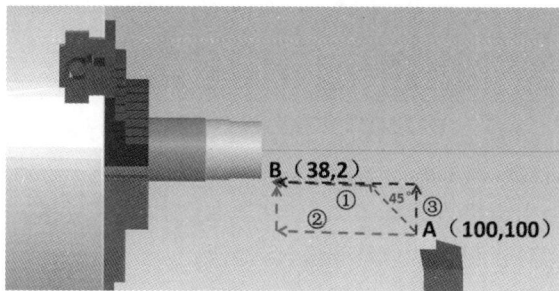

图 3-3-9 G00 指令的走刀轨迹

刀具从 A 点快速定位到 B 点的加工程序:

① X、Z 两个坐标同时走刀:

    G00 X38 Z2;　　(绝对坐标)

或

    G00 U-62 W-98;　　(相对/增量坐标)

对于 G00 指令的走刀轨迹,如果有两个坐标同时移动时,刀具先以 1∶1 步数 X、Z 坐标同时联动,然后再单坐标运动,即如图 3-3-9 所示第①种走刀轨迹。

② 单坐标走刀:先 Z 向走刀,再 X 向走刀,即如图 3-3-9 所示第②种走刀轨迹,加工程序指令如下:

    G00 Z2;　　(绝对坐标)

或

    G00 W-98;　(相对/增量坐标)

    G00 X38;　　(绝对坐标)

或

    G00 U-62;　　(相对/增量坐标)

③ 单坐标走刀:先 X 向走刀,再 Z 向走刀,即如图 3-3-9 所示第③种走刀轨迹,加工程序指令如下:

    G00 X38;　　　(绝对坐标)

或

　　　　G00 U-62;　　(相对/增量坐标)

　　　　G00 Z2;　　　　(绝对坐标)

或

　　　　G00 W-98;　　(相对/增量坐标)

根据以上两种单坐标走刀方式，从安全加工的角度考虑，选择第②种走刀方式更好一些，这样可以避免刀具和数控车床尾座之间的干涉。刀具到达 B 点位置如图 3-3-10 所示。

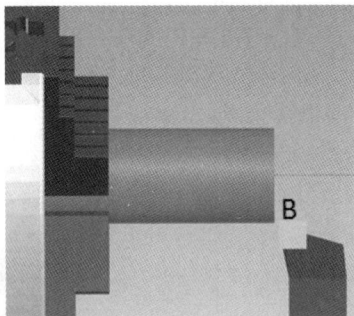

图 3-3-10　刀具快速定位到 B 点

注意事项：

(1) X(U)、Z(W)为指定终点坐标值，X、Z 一般为绝对坐标值，U、W 为增量坐标值，即刀具所到达的终点相对于起点的位移量(坐标差值)。

(2) 在数控加工程序中可用绝对坐标编写加工程序，也可用增量坐标编写加工程序，还可以用绝对坐标和增量坐标混合编程，根据实际情况选择编程方式。

(3) G00 指令不需指定进给速度，其进给速度由参数设定，受快速倍率的控制。

(4) G00 指令中单独指定 X 或 Z 轴时，刀具沿该轴运动，如果同时指定 X、Z 轴时，在不同的数控系统中，刀具从当前点到目标点的轨迹可能为直线，也可能为折线，刀具将先以 1∶1 步数两坐标联动，然后单坐标运动，编程时可采用单轴移动以防止干涉。

(5) G00 指令是指刀具在非加工状态下的快速移动，一般用于刀具快速靠近工件和远离工件的运动，这时进给速度 F 对 G00 指令无效。

(6) G00 指令为模态代码，可由 G01、G02、G03 或 G32 指令注销。

2. 直线插补指令 G01

G01 指令可将刀具按指定的进给速度沿直线移动到所需位置，一般作直线切削加工运动，既可单坐标(阶梯轴)运动，又可两坐标(锥面)同时插补运动。

G01 指令格式：

　　　　G01 X(U)_ Z(W)_ F_;

G01 指令指式说明如下：

X、Z：刀具每次移动的终点坐标值(绝对坐标)；

U、W：刀具每次移动的终点坐标相对于起点坐标的差值(相对/增量坐标)。

加工零件如图 3-3-1 所示，刀具走刀轨迹如图 3-3-11 所示。

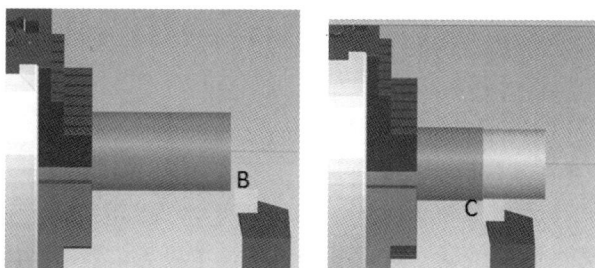

图 3-3-11　刀具从 B 点沿直线插补到 C 点轨迹

如图 3-3-11 所示，刀具从 B 点沿直线插补到 C 点的加工程序如下：

G01　X38 Z-35 F0.2;　　(绝对坐标)

G01　U0 W-37 F0.2;　　(相对/增量坐标，U0 可以省略不写)

注意事项：

(1) X(U)、Z(W)为指定终点坐标值。F 为进给速度，单位由 G98、G99 指令来指定，如用 G98 指令指定则 F 的单位为 mm/min，如用 G99 指令指定则 F 的单位为 mm/r。

(2) G01 指令的实际进给速度由 F 指定的值来设定，在实际加工中也可以通过进给倍率进行控制，如图 3-3-12 所示。F 是模态值，如果不改变的话可以省略不写。

$$F\ 实际进给速度 = F\ 设定进给速度 \times 进给倍率$$

图 3-3-12　进给倍率调整

(3) G01 指令为模态代码，可由 G00、G02、G03 或 G32 指令注销。

3. 完整加工程序

编制程序如下：

O0331;　　(程序号)

G97 S600 M03　G99 F0.2　T0101;

　主运动　　　进给运动　刀具

G00 X38 Z2;　　(刀具快速定位靠近工件)

G01 X38 Z-35;　　(刀具沿 Z 轴车削 $\phi38 \times 35$ 的台阶轴)

G01 X41 Z-35;　　(刀具沿 X 轴退刀至 $\phi41$ 处)

G00 X41 Z2;　　(刀具沿 Z 轴退刀至距端面 2 mm 处)

G00 X36 Z2;　　(刀具沿 X 轴进刀至 $\phi36$)

G01 X36 Z-20;　　(刀具沿 Z 轴车削 $\phi36 \times 20$ 的台阶轴)

G01 X38 Z-20;　　　(刀具沿 X 轴退刀至φ38 处)

G00 X100 Z100;　　　(刀具沿 X 轴、Z 轴同时退刀)

M30;　　　　　　　　(程序结束并返回)

%

　　注：由于 G00、G01 指令是模态代码，它除了在本段程序中有效，在没有新的同组别代码替代的情况下将一直有效，所以在下一个程序段中如果用的是同一种功能，可以省略不写。如果下个坐标没有改变的话，在下一个程序段中也可以省略不写。

　　以上程序段可简写为如下内容：

O0331;

G97 S600 M03 G99 F0.2 T0101;

G00 X38 Z2;

G01 Z-35;

X41;

G00 Z2;

X36;

G01 Z-20;

X38;

G00 X100 Z100;

M30;

%

四、小余量锥面零件程序编制

　　零件如图 3-3-13 所示，已知毛坯为φ45 mm × 100 mm 的 45# 钢，要求使用 G00、G01指令完成零件的程序编制与加工。

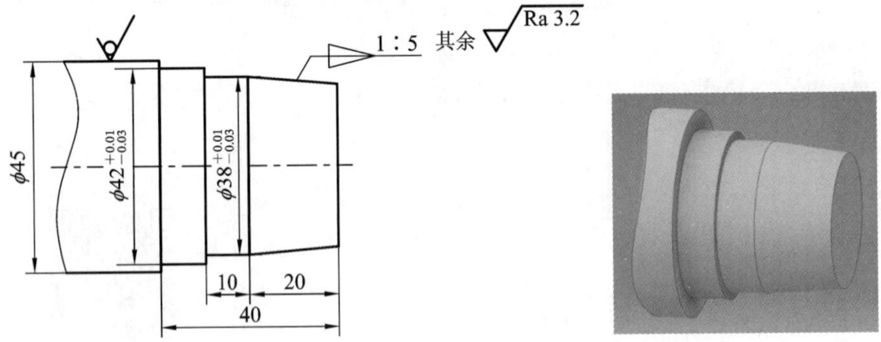

图 3-3-13　小余量锥面零件图

程序编制步骤如下：

1. 分析零件图样和工艺要求

(1) 从图 3-3-13 中可以看出该零件为轴类零件，选择在数控车床上进行加工。

(2) 在数控车床上使用三爪卡盘装夹工件，四工位刀架安装刀具。

(3) 从图 3-3-13 中可以看出该零件加工精度要求较低，只需要选择一把 90° 外圆车刀并安装在 1 号刀位，就可以完成零件的加工。

(4) 加工路线选择如下：

① 对刀建立工件坐标系，将工件坐标系设在工件的右端面与主轴轴线的交点处。

② 定位点或刀具的起刀点设置在 X 坐标为 42 mm、Z 向靠近工件端面 2～5 mm 的位置，选择 G00 X42 Z2，如图 3-3-14 所示。

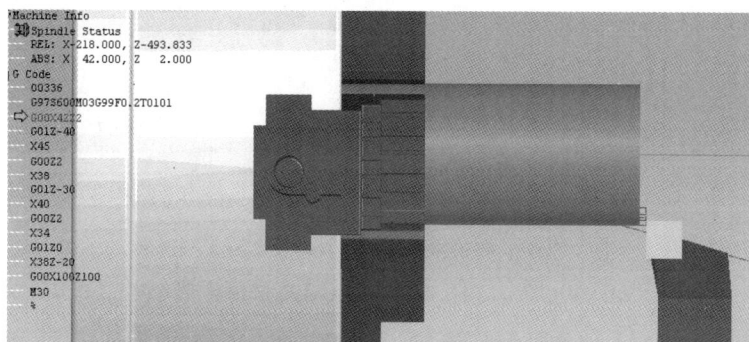

图 3-3-14　起刀点设置

③ 加工直径 ϕ42 mm、长 40 mm 的轴，选择如图 3-3-15 所示。

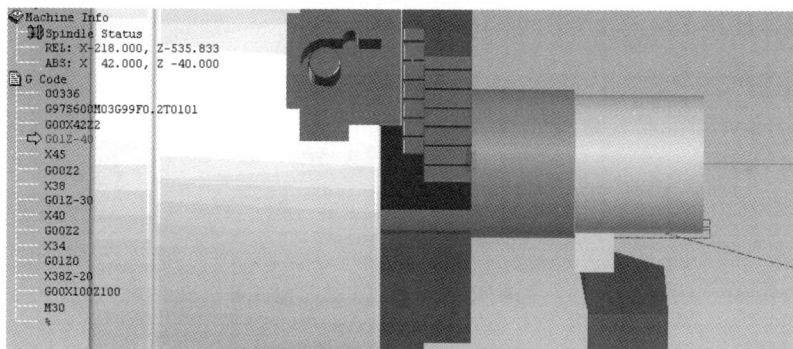

图 3-3-15　加工 ϕ42 × 40 的轴

④ 加工直径 ϕ38 mm、长 30 mm 的轴，选择如图 3-3-16 所示。

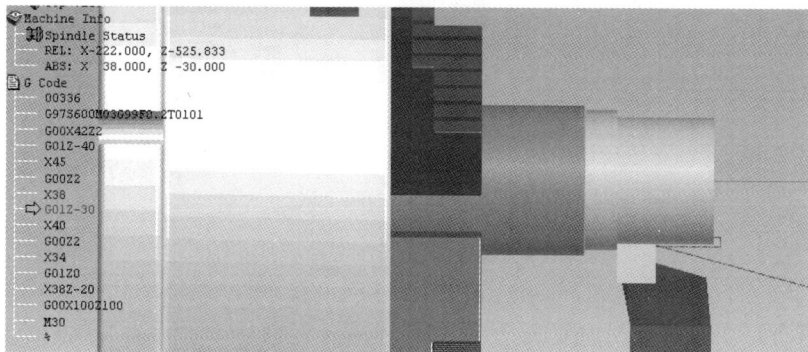

图 3-3-16　加工 ϕ38 × 30 的轴

⑤ 加工锥面，选择如图 3-3-17 所示。

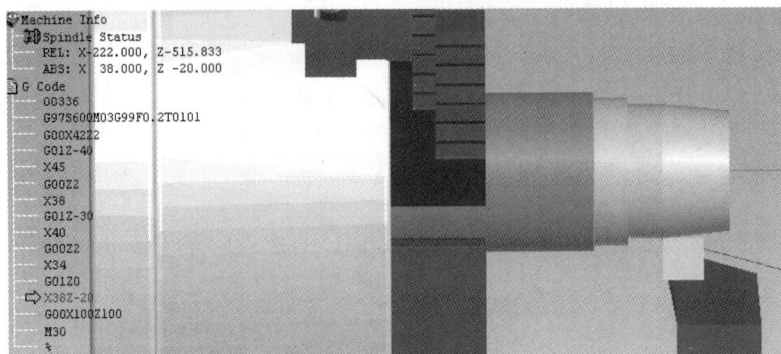

图 3-3-17　加工锥面

(5) 确定切削深度、进给速度、主轴转速等切削参数：

① 加工 $\phi 42$ mm × 40 mm 轴的切削深度 $a_p = 1.5$ mm，进给量 $f = 0.2$ mm/r，主轴转速 $n = 800$ r/min。

② 加工 $\phi 38$ mm × 30 mm 轴的切削深度 $a_p = 2$ mm，进给量 $f = 0.2$ mm/r，主轴转速 $n = 800$ r/min。

③ 加工锥面切削深度 $a_p = 1.5$ mm，进给量 $f = 0.2$ mm/r，主轴转速 $n = 800$ r/min。

(6) 由于零件加工余量较少，可以不使用冷却液。

2．数值计算

由图 3-3-13 可知锥面大端直径为 $d_{大} = 38$ mm，锥度为 1∶5，计算锥面小端直径 $d_{小}$。
根据锥度计算公式

$$锥度 = \frac{d_{大} - d_{小}}{L}$$

其中：$d_{大}$ 为锥面大端直径，$d_{小}$ 为锥面小端直径，L 为锥面长度，通过计算得出

$$\frac{1}{5} = \frac{38 - d_{小}}{20} \rightarrow d_{小} = 34 \text{ mm}$$

3．加工程序

编制程序如下：

```
O0336;
G97 S600 M03 G99 F0.2 T0101;
G00 X42 Z2;
G01 Z-40;
X45;
G00 Z2;
X38;
G01 Z-30;
X40;
G00 Z2;
```

X34;

G01 Z0;

X38 Z-20;

G00 X100 Z100;

M30;

%

4．输入程序

将程序通过控制面板输入 CNC 中，如图 3-3-18 所示。

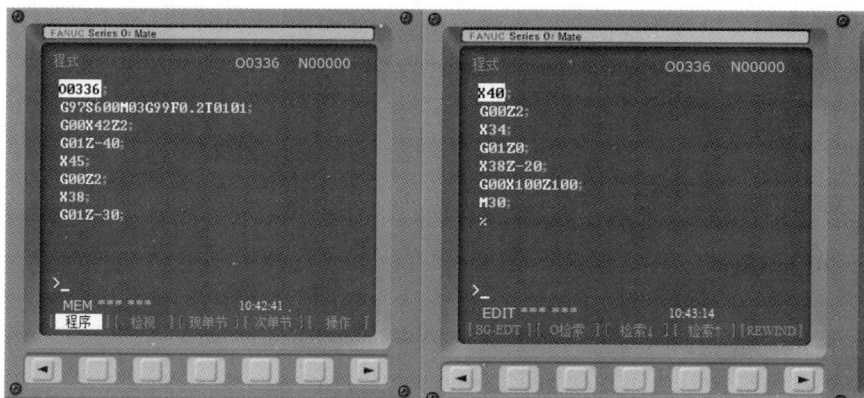

图 3-3-18　加工程序

5．程序校验

运行数控加工程序，模拟仿真加工，根据模拟轨迹判断加工路径是否正确，是否存在干涉现象，如图 3-3-19 所示。

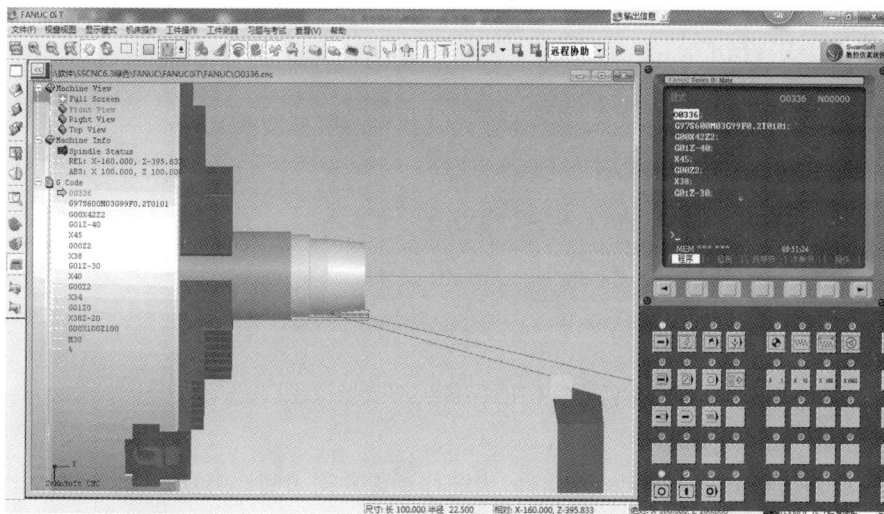

图 3-3-19　程序校验

【任务实施】

(1) 根据图 3-3-2 所示图纸要求，分组在数控车床仿真软件上完成零件的加工。

(2) 小组成员之间互相检查程序编写是否正确。

(3) 在 FANUC 数控车床上正确完成工件的装夹、刀具的安装、程序的输入、工件的加工及检测等。

(4) 能力拓展训练。零件如图 3-3-20 所示，已知毛坯为 $\phi 50$ mm × 100 mm 的 45# 钢，试用 G00、G01 指令完成零件的程序编制与加工。要求先在数控车床仿真软件上完成零件的模拟加工，然后到数控车床上完成零件的加工。

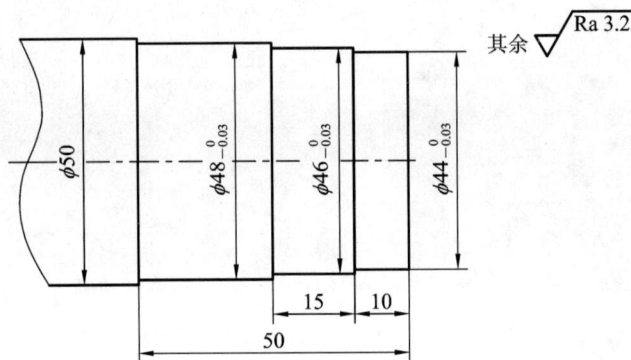

图 3-3-20　轴类零件

【任务评价】

一、个人、小组评价

(1) 分层次概括总结出你在本次任务实施过程中有哪些收获。

(2) 分组展示小组学习过程中的收获。

(3) 思考一下，学习本任务对今后学习有何帮助。

二、教师评价

教师对各小组任务完成情况分别作出评价，见表 3-3-1。

(1) 找出各组的优点进行点评。

(2) 对任务完成过程中各组存在的问题进行点评并提出解决方法。

(3) 对整个任务完成过程中出现的亮点和不足进行点评。

表 3-3-1 任务 3 评价表

组　　别			小组负责人			
成员姓名			班级			
课题名称			实施时间			
评价类别	评价内容	评价标准	配分	个人自评	小组评价	教师评价
学习准备	课前准备	资料收集、整理，自主学习	5			
学习过程	信息收集	能收集有效的信息	5			
	软件模拟	认真聆听老师讲解，了解常用 G00 指令代码的使用	15			
		了解 G01 指令代码的使用	15			
	问题探究	在指令的讲解中如何正确熟记 G00、G01 指令代码的格式及阶梯轴程序的编制	25			
	文明生产	服从管理，严格按照数控车床操作规程正确操作车床	5			
学习拓展	知识迁移	能实现前后知识的迁移	5			
	应变能力	能举一反三，提出改进建议或方案	5			
	创新程度	有创新建议提出	5			
学习态度	主动程度	主动性强	5			
	合作意识	能与同伴团结协作	5			
	严谨细致	认真仔细，不出差错	5			
总　　计			100			
教师总评(成绩、不足及注意事项)						
综合评定等级(个人 30%，小组 30%，教师 40%)						

任课教师：＿＿＿＿＿＿＿＿＿　　　　　年　　月　　日

练习与提高

1. 数控程序编制的概念及数控程序编制的步骤有哪些？
2. 写出 G00 指令的格式并说明使用该指令的注意事项。
3. 写出 G01 指令的格式并说明使用该指令的注意事项。
4. 如图 3-3-21 所示，已知毛坯为 $\phi 45$ mm × 100 mm 的 45# 钢，试用 G00、G01 指令

完成零件加工程序的编制。要求写出程序编制步骤，先在数控车床仿真软件上完成零件的模拟加工，然后到数控车床上完成零件的加工。评分表如表3-3-2所示。

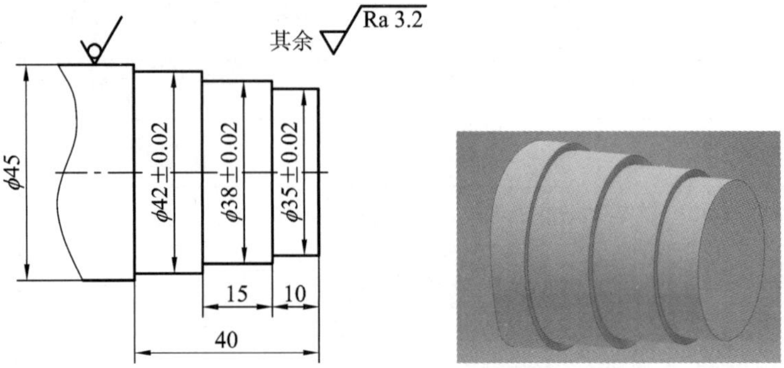

图 3-3-21　轴类零件 1

表 3-3-2　评 分 表 1

工件编号					总　得　分				
项目与配分		序号	技术要求	配分	评分标准	检测记录		得分	
						自检	互检	自评	师评
工件加工评分(100%)	外圆	1	ϕ35	10	尺寸错误全扣分				
		2	ϕ38	10	尺寸错误全扣分				
		3	ϕ42	10	尺寸错误全扣分				
		4	10	10	尺寸错误全扣分				
		5	15	10	尺寸错误全扣分				
		6	40	10	尺寸错误全扣分				
		7	Ra3.2 μm	10	每错一处扣1分				
	其他	8	工件按时完成	5	未按时完成全扣				
		9	工件无缺陷	5	缺陷一处扣3分				
		10	程序正确合理	10	每错一处扣1分				
		11	加工工序合理	10	不合理每处扣2分				
		12	机床操作规范	倒扣	出错一次扣2分				
		13	工量具选用正确	倒扣	出错一次扣2分				
安全文明生产(倒扣分)		14	安全操作	倒扣	因安全事故停止操作，酌情扣5~30分				
		15	机床整理	倒扣	不清扫机床扣10分				

5. 零件如图 3-3-22 所示，已知毛坯为 $\phi 45$ mm $\times 100$ mm 的 45# 钢，试用 G00、G01 指令完成零件加工程序的编制。要求写出程序编制步骤，先在数控车床仿真软件上完成零件的模拟加工，然后到数控车床上完成零件的加工。评分表见表 3-3-3。

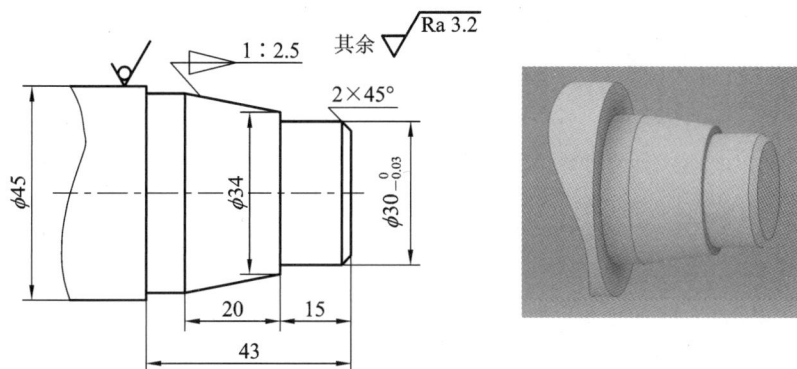

图 3-3-22　轴类零件 2

表 3-3-3　评　分　表　2

工件编号					总　得　分					
项目与配分		序号	技术要求	配分	评分标准	检测记录		得分		
						自检	互检	自评	师评	
工件加工评分(100%)	外圆	1	$\phi 30_{-0.03}^{0}$	10	尺寸错误全扣分					
		2	$2\times 45^{\circ}$	10	尺寸错误全扣分					
		3	$1:2.5$	10	尺寸错误全扣分					
		4	15	10	尺寸错误全扣分					
		5	20	10	尺寸错误全扣分					
		6	43	10	尺寸错误全扣分					
		7	Ra3.2 μm	10	每错一处扣 1 分					
	其他	8	工件按时完成	5	未按时完成全扣					
		9	工件无缺陷	5	缺陷一处扣 3 分					
		10	程序正确合理	10	每错一处扣 1 分					
		11	加工工序合理	10	不合理每处扣 2 分					
		12	机床操作规范	倒扣	出错一次扣 2 分					
		13	工量具选用正确	倒扣	出错一次扣 2 分					
安全文明生产(倒扣分)		14	安全操作	倒扣	因安全事故停止操作，酌情扣 5～30 分					
		15	机床整理	倒扣	不清扫机床扣 10 分					

任务 4　数控车削槽的程序编写

【任务描述】

本任务利用数控车床仿真软件模拟槽加工过程，通过学习，使学生学会制订槽加工工艺，正确选择切槽刀具，编写槽加工程序并在软件上完成模拟加工。

【任务分析】

从图 3-4-1 可以看出，图中四个零件的外圆加工可以用任务 3 所学的知识来完成，但对于槽部分用什么刀具完成零件的加工？如何编制加工程序呢？这正是本任务要重点学习的内容。

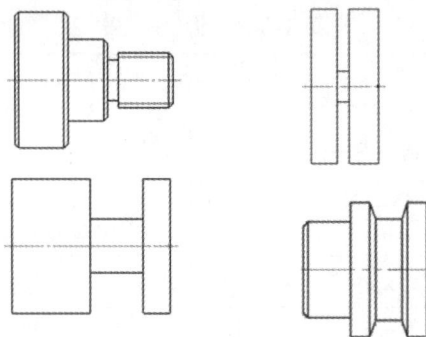

图 3-4-1　槽的种类

【任务目标】

(1) 掌握数控车床槽加工工艺。

(2) 掌握数控车床槽加工程序的编写方法。

(3) 认识切槽刀，会正确选用切槽刀。

(4) 提高对槽加工的工艺分析能力，养成严谨认真的工作态度。

【相关知识】

一、槽加工工艺分析

1. 工件的装夹

(1) 利用软卡爪并适当增加夹持面的长度，以保证定位准确、装夹稳固。

(2) 利用尾座及顶尖作辅助支承，采用一夹一顶方式装夹，最大限度地保证工件装夹的稳定性。

2．刀具的选择及安装

1) 刀具的选择

切槽刀是以横向进给为主，前端的切削刃为主切削刃，有两个刀尖，一个左刀尖，一个右刀尖，两侧为副切削刃，刀头窄而长，强度差，如图 3-4-2 所示；主切削刃太宽会引起振动，切断时浪费材料，太窄又削弱了刀头的强度，故刀具选择如下。

图 3-4-2　切槽刀

主切削刃宽度可以用如下经验公式计算

$$a \approx \frac{0.5 \sim 0.6}{\sqrt{d}}$$

式中：a 为主切削刃的宽度(mm)；d 为待加工工件表面直径(mm)。

刀头的长度可以用如下经验公式计算：

$$L = h + (2 \sim 3)$$

式中：L 为刀头长度(mm)；h 为被切工件的壁厚(mm)。

2) 刀具的安装

切槽刀的主切削刃应安装在与车床主轴轴线平行并等高的位置上，过高和过低都不利于切削。切削过程中如果出现切削平面呈凹凸形等，为避免切槽刀主切削刃磨损及"扎刀"，要注意调整车床主轴速度和进给量。

3．切削用量的选择

切槽加工一般安排在粗车和半精车之后、精车之前进行，若零件的刚性好或精度要求不高时也可以在精车后再切槽。切削用量确定如下：

1) 背吃刀量 a_p

当横向切削时，切槽刀的背吃刀量等于刀的主切削刃宽度，所以只需要确定切削速度和进给量。

2) 进给量 f

由于刀具刚性、强度及散热条件较差，所以应适当减少进给量。如果进给量太大，则容易使刀具折断；而进给量太小，则刀具与工件之间产生强烈摩擦会引起振动。一般用高速钢刀具车钢料时，f 取 0.05～0.1 mm/r；用高速钢刀具车铸铁时，f 取 0.1～0.2 mm/r；用硬质合金刀车钢料时，f 取 0.1～0.2 mm/r；用硬质合金刀车铸铁时，f 取 0.15～0.25 mm/r。

3) 切削速度v

切槽或切断时的实际切削速度随刀具的切入越来越低，因此切槽或切断时切削速度可选高一些。用高速钢车刀加工钢料时，v 取 30～40 m/min；加工铸铁时，v 取 15～25 m/min；用硬质合金刀车钢料时，v 取 80～120 m/min；加工铸铁时，v 取 60～100 m/min。槽加工切削用量参考表 3-4-1 所示。

表 3-4-1　槽加工切削用量参考表

切槽(切断)加工条件	进给量 f / (mm/r)	切削速度 v / (m/min)
高速钢刀具加工钢料	0.05～0.1	30～40
高速钢刀具加工铸铁	0.1～0.2	15～25
硬质合金刀具加工钢料	0.1～0.2	80～120
硬质合金刀具加工铸铁	0.15～0.25	60～100

4．切削液的选择

切槽过程中，为了解决切槽刀刀头面积小、散热条件差、易产生高温而降低刀片切削性能的问题，可以选择冷却性能较好的乳化类切削液进行喷注，使刀具充分冷却。

二、槽加工的特点

(1) **切削变形大**。当切槽时，由于切槽刀的主切削刃和左、右副切削刃同时参加切削，所以切屑排出时，受到槽两侧的摩擦、挤压作用，会导致切削变形增加。

(2) **切削力大**。切削过程中，由于切屑与刀具、工件的摩擦以及被切金属的塑性变形大，所以在切削用量相同的条件下，切槽时切削力比车外圆时的切削力大20%～25%。

(3) **切削热比较集中**。当切槽时，由于塑性变形大、摩擦剧烈，故产生的切削热也多，会加剧刀具的磨损。

(4) **刀具刚性差**。通常切槽刀主切削刃宽度较窄(一般为 2～6 mm)，刀头狭长，所以刀具的刚性差，切断过程中容易产生振动。

三、切槽(切断)加工方法

1．外沟槽加工

(1) 对于精度要求不高、宽度较窄的沟槽，可采用与槽等宽的切槽刀，采取横向直进法一次加工完成，如图 3-4-3 所示。

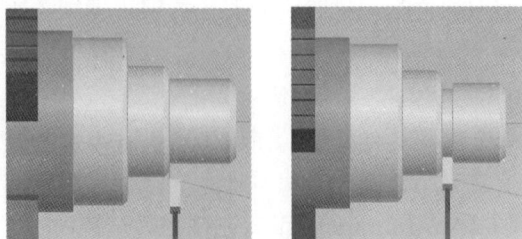

图 3-4-3　精度要求不高、宽度较窄的沟槽的加工

(2) 对于精度要求较高的窄槽，可采用粗车、精车二次进给切削完成，即第一次车削在槽的两边留有一定的精加工余量，第二次用等宽刀具修整，并采用 G04 延时暂停指令(该指令格式为 G04X_；X 为延时暂停的时间，单位为秒)，让刀具到达槽底暂停几秒，进行无进给光整加工，以提高槽底的加工精度，如图 3-4-4 所示。

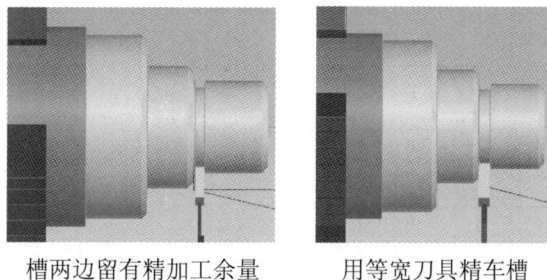

槽两边留有精加工余量　　　　用等宽刀具精车槽

图 3-4-4　精度要求较高的窄槽的加工

(3) 对于精度要求较高的宽槽，可以采用排刀法加工，先粗切槽，在槽底和槽的两侧留有一定的精加工余量，最后精车槽，如图 3-4-5 所示。

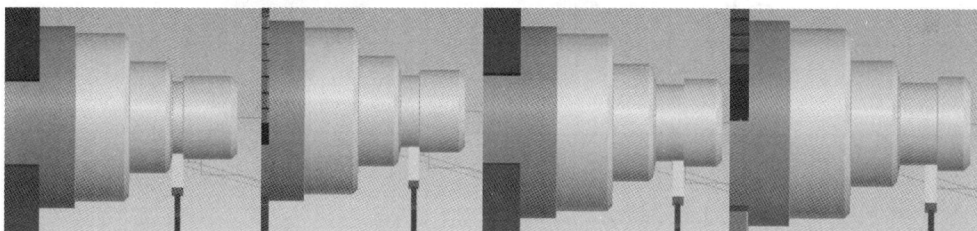

排刀法粗车槽

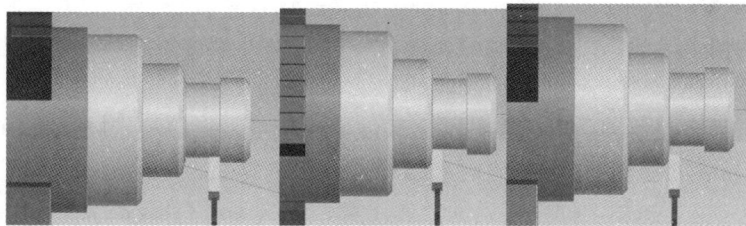

精车槽

图 3-4-5　精度要求较高的宽槽的加工

2．异形槽加工

对于异形槽，加工采取先加工直槽，然后修整轮廓的方法进行，如图 3-4-6 所示。

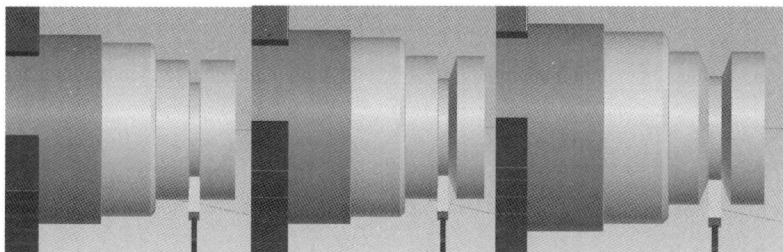

图 3-4-6　异形槽的加工

四、槽加工程序的编写

1. 外沟槽加工

图 3-4-7 所示为活塞零件图,已知外圆已加工完成,要求在数控车床上完成活塞槽程序的编制与加工。

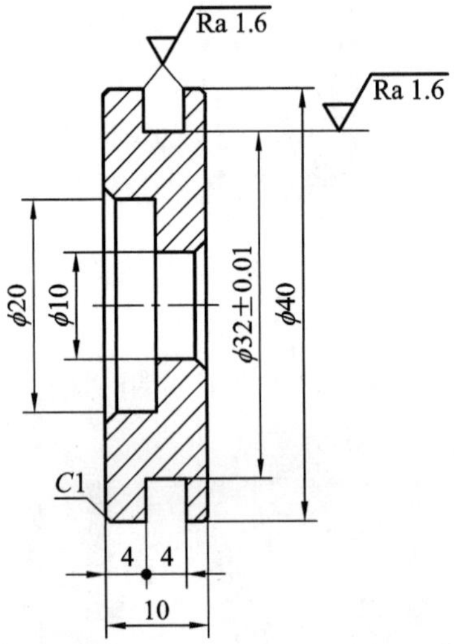

图 3-4-7   活塞

程序编制步骤如下。

1) 分析零件图样和工艺要求

(1) 从图 3-4-7 中可以看出该零件为轴类零件,选择在数控车床上进行加工;

(2) 在数控车床上使用三爪卡盘装夹工件,四工位刀架安装刀具,1 号刀位安装 90°外圆车刀,2 号刀位安装切槽刀。

(3) 从图 3-4-7 中可以看出该零件加工精度要求较低,只需要选择一把 90°外圆车刀、一把刀宽为 4 mm 的切槽刀、一个中心钻、一个 $\phi 10$ 的钻头、一把刀头厚度小于 10 mm 的内孔镗刀即可。由于孔加工程序在后面内容讲解,本次编程只需编写槽加工程序。

(4) 加工路线选择如下:

① 对刀建立工件坐标系,将工件坐标系设在工件的右端面与主轴轴线的交点处。

② 刀具定位点设置在 X 坐标为 42 mm、Z 向在靠近工件端面 2～5 mm 的位置,取 X42 Z2,切槽起刀点定位在 X42 Z-6 位置。

2) 编写槽加工程序

槽加工程序如下:

　　O0346;

　　S400 M03 F0.1 T0202;

　　G00 X42 Z2;

　　Z-6;

　　G01 X32;

G04 X3;

G01 X42;

G00 X100 Z100;

M30;

2．宽槽加工

1）图纸分析

图 3-4-8 所示为离合器零件，由图纸可知外圆加工精度较低，用前面所学指令即可完成零件程序的编制。该零件槽宽为 20 mm，槽底直径为 $\phi32\pm0.05$，槽底及两侧表面粗糙度 Ra 为 1.6，总体要求比较高。根据宽槽零件加工特点可以选择排刀法加工，由于槽比较宽，如选择切槽刀具宽度为 4 mm，需要多次才能完成零件的加工，这样给编程带来很多麻烦。为了简化编程，可以使用 G75 切槽复合循环指令编写槽加工程序。

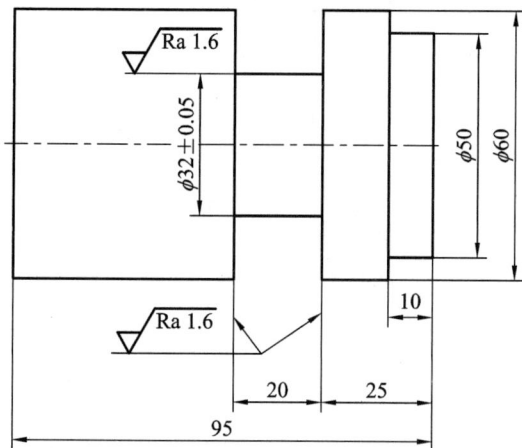

图 3-4-8 离合器

2）切槽复合循环指令G75

（1）使用场合：适合切削较宽和较深的槽。只要给出槽的起始点坐标和终点坐标、每次的切入量和退出量、Z 向的移动量等参数就可以把槽加工出来。

（2）指令格式如下：

G00 X_1—Z_1—；

G75 R_1—；

G75 X_2 (U)—Z_2 (W)— P— Q—R_2—F—；

（3）指令含义如下：

X_1：切槽刀起始点 X 方向坐标。

Z_1：切槽刀起始点 Z 方向坐标。

R_1：切槽过程中设定的刀具径向退刀量，该值为半径值，单位为 mm。

X_2：槽底直径，单位为 mm。

Z_2：切槽时 Z 方向终点坐标值。

注：根据切槽方向不同，Z 方向坐标值也不同，一般默认左刀尖为切槽刀的刀位点(确定刀具走刀位置的点)。如果从右向左切槽，刀具 Z 方向定位点坐标值应加上刀具的宽度；

如果从左向右切槽，刀具 Z 方向终点坐标值应加上刀具的宽度。

P：切槽过程中设定的刀具每次的径向切入量或 X 方向的进刀量，该值为直径值，单位为 mm。

Q：沿径向切完一个刀宽后，刀具沿 X 方向退出再沿 Z 方向的移动量(小于刀具的宽度)，单位为 mm。

R_2：刀具切到槽底后，在槽底沿 −Z 方向的退刀量(为避免刀具干涉一般设为 0)，单位为 mm。

F：切槽时的进给速度。

(4) 走刀轨迹模拟如图 3-4-9 所示。

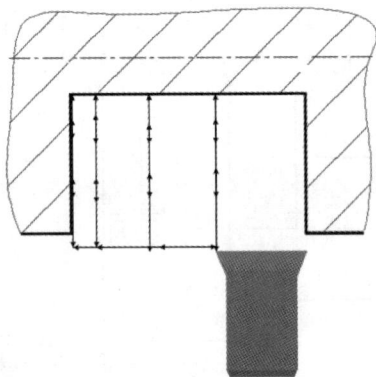

图 3-4-9　G75 指令的走刀轨迹

(5) 编写加工程序如下：

```
O0347;    (从右向左加工槽)
...
N1;       (粗加工槽)
S400 M03 T0202 F0.1;
G00 X61 Z2;
Z-29.2;
G75 R1;
G75 X32.2 Z-44.8 P5000 Q3800 R0;
G00 X100 Z100;
M05;
M00;
N2;       (精加工槽)
S800 M03 T0202 F0.08;
G00 X61 Z-29;
G01 X32;
Z-45;
X61;
G00 X100 Z100;
```

M05；

M30；

3．异形槽加工

1）图纸分析

零件如图 3-4-10 所示，该零件外圆加工可以通过所学习的 G01 指令完成零件加工程序的编制，在加工带轮槽时，可以选择刀宽为 4 mm 的切槽刀，使用 G75 指令编写加工程序，先加工 11.096 mm 直槽，然后再用切槽刀修整槽的两边。整个零件表面粗糙度没要求，槽底尺寸控制在 $\phi41.9\sim\phi42$ 之间即可。

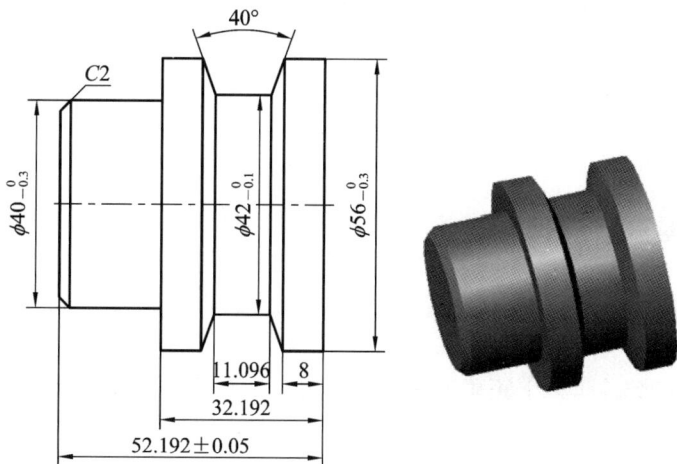

图 3-4-10　带轮

2）相关尺寸计算

从图 3-4-11 所示异形槽可以看出，该槽两侧对称，假设两侧宽度为 b，$\alpha=\dfrac{40}{2}=20°$，$c=\dfrac{56-42}{2}=7$ mm，根据三角函数关系，可知 $\tan\alpha=\dfrac{b}{c}$，$\tan\alpha=\tan20°=0.364$，可以计算出 $b=c\times\tan\alpha=7\times0.364=2.548$ mm。

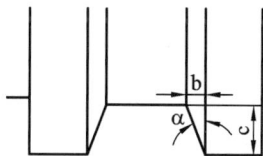

图 3-4-11　带轮槽局部视图

3）编写加工程序

加工程序如下：

O0349；　　　　　　　　　（从右向左加工带轮槽）

G97 S400 M03 G99 F0.05 T0202；　　　（刀宽 4 mm）

```
G00 X58 Z-21.644;

G75 R0.1;

G75 X42 Z-14.548 P2000 Q3500;

G00 Z-24.192;

G01 X56;

X42 W2.548;

X58;

Z-12;

G01 X56;

X42 W-2.548;

G00 X100;

Z100;

M30;
```

【任务实施】

(1) 根据图 3-4-8 所示要求，分组在数控车床仿真软件上完成零件的加工。

(2) 小组成员之间互相检查程序编写是否正确。

(3) 在 FANUC 数控车床上正确完成工件的装夹、刀具的安装、程序的输入、工件的加工及检测等。

(4) 能力拓展：

① 根据图 3-4-8 所示，试着从左向右完成槽粗、精加工程序的编制。要求先在数控车床仿真软件上完成零件的模拟加工，然后到数控车床上完成零件的加工。

② 根据图 3-4-10 所示，试着从左向右完成带轮槽加工程序的编制。要求先在数控车床仿真软件上完成零件的模拟加工，然后到数控车床上完成零件的加工。

【任务评价】

一、个人、小组评价

(1) 分层次概括总结出你在本次任务实施过程中有哪些收获。

(2) 分组展示小组学习过程中的收获。

(3) 思考一下，学习本任务对今后学习有何帮助。

二、教师评价

教师对各小组任务完成情况分别作出评价，见表 3-4-2。

(1) 找出各组的优点进行点评。

(2) 对任务完成过程中各组存在的问题进行点评并提出解决方法。

(3) 对整个任务完成过程中出现的亮点和不足进行点评。

表 3-4-2　任务 4 评价表

组　　别				小组负责人			
成员姓名				班级			
课题名称				实施时间			
评价类别	评价内容	评　价　标　准		配分	个人自评	小组评价	教师评价
学习准备	课前准备	资料收集、整理，自主学习		5			
学习过程	信息收集	能收集有效的信息		5			
	软件模拟	认真聆听老师讲解，掌握 G01 指令加工槽的程序编写		15			
		掌握 G75 指令代码的使用		15			
	问题探究	在指令的讲解中如何正确熟记 G75 指令代码的格式及相关参数的设置		25			
	文明生产	服从管理，严格按照数控车床操作规程正确操作车床		5			
学习拓展	知识迁移	能实现前后知识的迁移		5			
	应变能力	能举一反三，提出改进建议或方案		5			
	创新程度	有创新建议提出		5			
学习态度	主动程度	主动性强		5			
	合作意识	能与同伴团结协作		5			
	严谨细致	认真仔细，不出差错		5			
总　　计				100			
教师总评(成绩、不足及注意事项)							
综合评定等级(个人 30%，小组 30%，教师 40%)							

任课教师：_____　　　年　　月　　日

练习与提高

一、填空题

1. 切槽刀是以_____进给为主，前端的切削刃为_____，有_____刀尖，一个左刀尖，一个右刀尖，两侧为_____，刀头窄而长，强度_____。

2. 切槽刀的主切削刃应安装在与车床_____平行并等高的位置上，过高过低都不利于切削。

3. 切槽加工一般安排在_____和_____之后，_____之前。当零件的刚性好或精度要求不高时也可以在_____后再切槽。

4. 一般用高速钢刀具车钢料时，f 取_____mm/r；用高速钢刀具车铸铁时，f 取_____mm/r；用硬质合金刀车钢料时，f 取_____mm/r；用硬质合金刀车铸铁时，f 取_____mm/r。

5. 用高速钢车刀加工钢料时，v 取_____m/min；加工铸铁时，v 取_____m/min；用硬质合金刀加工钢料时，v 取_____m/min；加工铸铁时，v 取_____m/min。

二、编程题

1. 零件如图 3-4-12 所示，已知毛坯为 ϕ50 mm×100 mm 的 45#钢，试用 G00、G01 指令完成零件加工程序的编制与加工操作。要求写出加工工艺，先在数控车床仿真软件上完成零件的模拟加工，然后到数控车床上完成零件的加工。

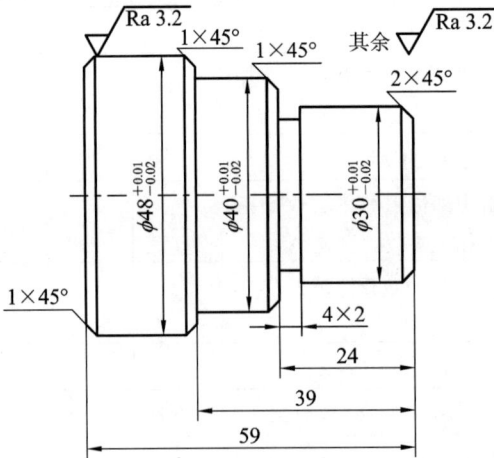

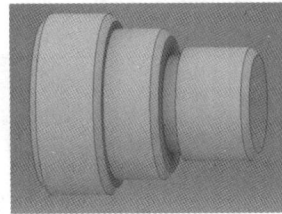

图 3-4-12　轴类零件的加工(窄槽)

2. 零件如图 3-4-13 所示，已知毛坯为 ϕ50 mm×100 mm 的 45#钢，试用 G75 指令完成宽槽加工程序的编制与加工操作。要求外圆加工程序同图 3-4-12，先在数控车床仿真软件上完成零件的模拟加工，然后到数控车床上完成零件的加工。

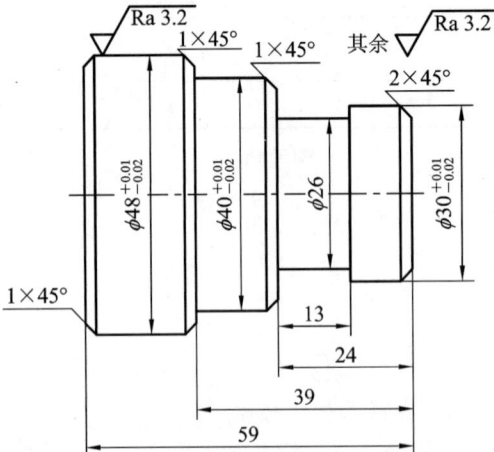

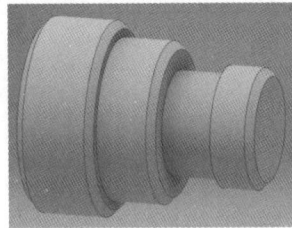

图 3-4-13　轴类零件的加工(宽槽)

3. 如图 3-4-14 所示，已知毛坯为 ϕ65 mm×100 mm 的 45#钢，试用 G00、G01 指令完成异形槽加工程序的编制与加工操作。先在数控车床仿真软件上完成零件的模拟加工，然后到数控车床上完成零件的加工。

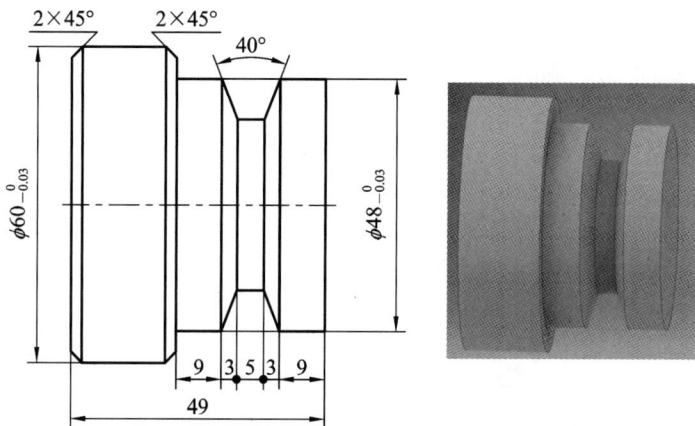

图 3-4-14 轴类零件的加工(异形槽)

任务 5 数控车削外三角螺纹的程序编写

【任务描述】

本任务是利用数控车床仿真软件模拟车削圆柱外三角螺纹(见图 3-5-1)的加工过程,通过学习,使读者学会制订圆柱外三角螺纹的加工工艺,合理选择螺纹车刀,编写螺纹加工程序,能用数控车床仿真软件加工螺纹并正确使用量具检测螺纹。

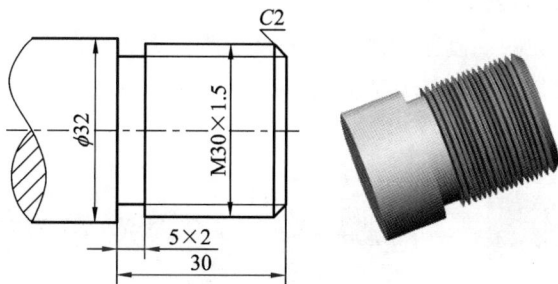

图 3-5-1 圆柱外三角螺纹

【任务分析】

从图 3-5-1 可以看出,零件的外圆和槽部分的加工,可以用任务 3 和任务 4 所学的知识来完成,但对于螺纹部分用什么刀具完成零件的加工且如何编制加工程序呢?这正是本任务要重点学习的内容。

【任务目标】

(1) 掌握数控车床程序编写步骤。

(2) 了解外三角螺纹的代号。

(3) 掌握外三角螺纹的参数计算方法。

(4) 掌握数控车床外三角螺纹程序的编写方法。

(5) 认识外三角螺纹车刀。

(6) 提高对外三角螺纹加工的工艺分析能力，养成严谨认真的工作态度。

【相关知识】

在数控车床上加工工件时往往会遇见各种各样的螺纹，螺纹加工在实际生产中的应用极为广泛，本任务主要介绍外三角螺纹的加工特点、工艺的确定、指令的应用、程序的编制等内容。

一、外三角螺纹加工工艺分析

利用数控车床加工外三角螺纹时，因为由数控系统控制螺距的大小与精度，不用手动更换挂轮，从而简化了计算，螺纹加工精度高且不会出现乱扣现象；螺纹切削回程期间车刀快速移动，大幅提高了切削效率。选择专用的数控外三角螺纹切削刀具，可以设定较高的切削速度，提高了螺纹的表面质量。

1. 工件的装夹

在螺纹的切削过程中，无论采用何种进刀方式，外三角螺纹切削刀具都通常由两个或两个以上的切削刃同时参加切削，这会产生较大的切削力，从而容易使工件产生松动和变形现象。因此，在装夹时可以采用软卡爪增大夹持面或采用一夹一顶的装夹方式，以保证在切削过程中不会出现因工件松动引起螺纹乱牙致使工件报废的现象。

2. 刀具的选择与进刀方式

常用外三角螺纹车刀的切削部分的材料分为硬质合金和高速钢两类，如图 3-5-2 所示。刀具类型有整体式、焊接式和机械夹固式三种。在数控车床上车削普通外三角形螺纹一般选用精密级机夹可转位不重磨螺纹车刀，使用时要根据螺纹的螺距选择刀片的型号，每种规格的刀片只能加工一个固定的螺距。

硬质合金螺纹刀片　　　　　　　　　　高速钢螺纹刀片

图 3-5-2　外三角螺纹车刀

螺纹加工的进刀方式主要有直进、斜进和分层切削三种。其选用的主要依据是：在切削过程中，应避免外三角螺纹牙型截面尺寸过大、切削深度较深的情况，这会导致多个刀刃同时参加切削而出现扎刀现象。

3. 螺纹车刀的装夹

(1) 装夹外三角螺纹车刀时，刀尖应对准工件的中心。

(2) 车刀刀尖角的对称中心线必须与工件轴线垂直，装刀时可用样板来对刀，如图 3-5-3 所示。

(3) 刀头伸出不要过长，一般为 20～25 mm(为刀杆高度的 1～1.5 倍)。

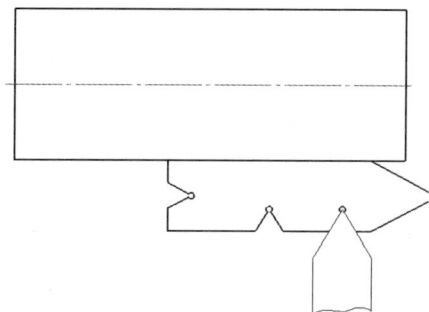

图 3-5-3　外三角螺纹车刀的装夹

4. 切削用量的选择

1) 主轴转速

螺纹加工时主轴转速可用下面的经验公式进行验算

$$n \leqslant \frac{1200}{P} - K$$

式中：P 为螺纹的螺距(mm)；K 为保险系数，一般取 80。

例如，P = 2 mm，则 n≤520 r/min，可取 n = 400 r/min；P = 1.5 mm，则 n≤720 r/min，可取 n = 500 r/min。

如果数控系统能够支持高速螺纹加工，则可采用相应的螺纹加工刀具，主轴转速按照线速度 v = 200 m/min 选取；而经济型数控车床如果采用高速主轴转速加工螺纹则会出现"乱牙"现象。

2) 进给速度

螺纹加工时数控车床主轴转速和刀架纵向进给量存在严格的数量关系，即主轴转一圈，刀架移动一个螺纹导程的距离。因此在加工程序中只要给定主轴转速和螺纹的导程，数控系统会自动运算并控制刀架纵向进给速度。

注：在编写螺纹加工程序时可以省略进给速度的设定，如果设定了进给速度，数控车床也不会按照该速度执行，即进给功能无效。

3) 背吃刀量

在螺纹加工中，背吃刀量 a_p 等于螺纹车刀切入工件表面的深度，相当于加工中每次的切深，要根据工件材料、刀具材料、刀具强度和工艺系统的刚性等因素，并依靠经验，通过试切来确定。如果螺纹牙型较深、螺距较大，则可采用分次进给方式进行加工。每次进给的背吃刀量是螺纹深度减去精加工背吃刀量所得的差按递减规律分配。常用螺纹切削的进给次数与背吃刀量的数量关系如表 3-5-1 所示。

表 3-5-1　常用螺纹切削的进给次数与背吃刀量的关系(公制螺纹)

螺距/mm		1.0	1.5	2.0	2.5	3.0	3.5	4.0
牙深/mm		0.649	0.974	1.299	1.624	1.949	2.273	2.590
切削进给次数及对应背吃刀量/mm	1	0.7	0.8	0.9	1.0	1.2	1.5	1.5
	2	0.4	0.6	0.6	0.7	0.7	0.7	0.8
	3	0.2	0.4	0.6	0.6	0.6	0.6	0.6
	4		0.16	0.4	0.4	0.4	0.6	0.6
	5			0.1	0.4	0.4	0.4	0.4
	6				0.15	0.4	0.4	0.4
	7					0.2	0.2	0.4
	8						0.15	0.3
	9							0.2

由表 3-5-1 可以看出，随着螺纹车刀的每次切入，背吃刀量在逐步增加。每次切深过小会增加走刀次数，影响切削效率同时加剧刀具磨损；过大又容易出现扎刀、崩尖等现象。为避免上述现象发生，螺纹加工的每次切深一般选择递减方式，即随着螺纹深度的加深，要相应地减小背吃刀量，在螺纹切削循环指令当中，同样也采用递减方式。

受螺纹牙型截面大小和深度的影响，螺纹切削的背吃刀量可能是非常大的，而这一点不是操作者和编程人员能够轻易改变的。要使螺纹加工切削用量的选择比较合理，必须合理地选择切削速度和进给量。

二、识别外三角螺纹的代号

外三角螺纹代号由螺纹代号、螺纹公差代号和螺纹旋合长度代号等组成，中间用"-"隔开。例如外三角螺纹 M20 × 1.5-5g6g-S-LH 的说明如图 3-5-4 所示。

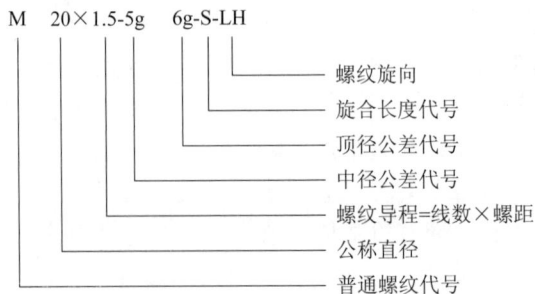

图 3-5-4　外三角螺纹的代号

关于螺纹标记的几点说明：

(1) 粗牙螺纹：螺距只有一种，例如 M16，无标注，通过查表 3-5-2 可得 P = 2 mm。

(2) 细牙螺纹：螺距有多种，使用时需标明。例如 M16 × 1.5，那么 P = 1.5 mm。

(3) 多线螺纹：采用"公称直径 × 导程"方式标注。例如：M30 × 3(P1.5) 表示普通三角螺纹公称直径是 30 mm，导程是 3 mm，螺距是 1.5 mm，根据公式：导程 = 螺距 × 线数，即 3 = Z × 1.5，通过上式可以推出该螺纹为双线螺纹。

(4) 对于左旋螺纹，应在旋合长度之后标记"LH"，右旋"RH"可以省略不写。

(5) 螺纹旋合长度可以分为三组，即短旋合长度(S)、中旋合长度(N)、长旋合长度(L)，一般螺纹都采用中旋合长度，N 可以省略不写。

表 3-5-2　粗牙普通螺纹直径与螺距的关系　　mm

螺纹规格	螺距	螺纹规格	螺距	螺纹规格	螺距
M3	0.5	M18	2.5	M42	4.5
M4	0.7	M20	2.5	M45	4.5
M5	0.8	M22	2.5	M48	5
M6	1	M24	3	M52	5
M8	1.25	M27	3	M56	5.5
M10	1.5	M30	3.5	M60	5.5
M12	1.75	M33	3.5	M64	6
M14	2	M36	4		
M16	2	M39	4		

三、外三角螺纹的相关尺寸计算

在用车削螺纹指令编程前，需要对螺纹的相关尺寸进行计算，以确定车削螺纹程序段中的有关参数。

1) 螺纹牙型高度的计算

车削螺纹时，车刀总的切削深度是牙型高度，即螺纹牙顶到牙底之间垂直于螺纹轴线的距离。根据《普通螺纹　基本尺寸》(GB/T 196—2003)规定：普通螺纹的牙型理论高度 H = 0.866P；实际加工时，由于螺纹车刀刀尖圆弧半径的影响，螺纹牙型高度为

$$h = H - 2\left(\frac{H}{8}\right) = 0.6495P$$

式中：H 为螺纹牙型理论高度(mm)；h 为螺纹牙型实际高度(mm)；P 为螺纹的螺距(mm)。

2) 外三角螺纹的顶径和底径计算

在螺纹切削时，由于刀具的挤压使得最后加工出来的顶径塑性膨胀，从而影响螺纹的装配和正常使用，考虑到这个问题，在螺纹切削前的圆柱加工中，先多切除一部分材料，

将外圆柱车小一些,可根据如下经验公式计算。

外螺纹牙顶直径: $\qquad d_{顶} = d - (0.11 \sim 0.13)P$

外螺纹牙底直径: $\qquad d_{底} = d - 2h = d - 2 \times 0.6495P = d - 1.3P$

式中:d 为螺纹的公称直径(mm);P 为螺纹的螺距(mm)。

3) 螺纹加工的轴向尺寸的确定

在加工螺纹时,沿螺距方向(Z 向)刀具进给速度与主轴转速有严格的匹配关系。由于螺纹加工开始有一个加速过程,结束有一个减速过程,在加(减)速过程中主轴转速保持不变,因此,在这两段距离内螺距是变化的,如图 3-5-5 所示。车削螺纹时,为了避免在进给机构加(减)速过程中出现车削螺纹"乱牙"现象,应留有一定的升速进刀距离 δ_1 和减速退刀距离 δ_2,其数值与进给系统的动态特性、螺纹精度和螺距有关,一般 δ_1 不小于 2 倍导程,δ_2 不小于 1~1.5 倍导程(注意螺纹刀在车削过程中不要碰到工件)。刀具实际 Z 向行程(δ)包括螺纹有效长度 L 以及升、降速段距离 δ_1、δ_2。

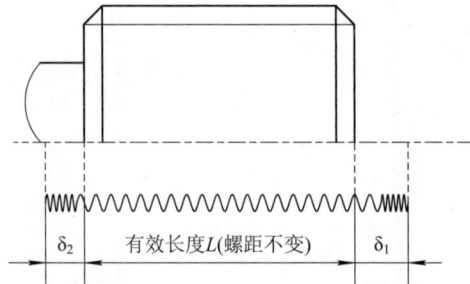

图 3-5-5　螺纹加工的轴向尺寸

四、车削螺纹时的注意事项

(1) 在保证生产效率和正常切削的情况下,选择较低的主轴转速。

(2) 一般车削螺纹时,从粗车到精车是按相同螺距进行的,且每次的背吃刀量是逐渐递减的。

(3) 从粗车到精车螺纹时,主轴的转速一般不能改变,当主轴速度变化时,螺纹切削会出现乱牙现象。

(4) 由于伺服系统的滞后,在螺纹切削开始及结束部分,螺纹导程会出现不规则现象,所以必须设置升速进刀段 δ_1 和降速退刀段 δ_2,其数值与工件的螺距和转速有关。

(5) 当主轴脉冲发生器(编码器)所规定的允许工作转速超过车床所规定的主轴最大转速时,可选择高一些的主轴转速。

(6) 测量螺纹时,应将工件和量具擦干净后再测量,否则将影响测量精度。

五、外三角螺纹加工程序的编写

1．G32——等螺距螺纹车削指令

用 G32 指令可以加工公制或英制的直螺纹、锥螺纹和端面螺纹。

1) 指令格式

G32 指令格式:

G32   X(U)__ Z(W)__ F(I) ;

G32 指令各参数含义如下：

X、Z——螺纹终点的绝对坐标值；

U、W——螺纹终点相对于起点的增量值，Z(W) 省略时为端面螺纹切削；

F——公制螺纹的导程，F = 螺距 × 线数；

I——英制螺纹的导程。

G32 指令走刀轨迹如图 3-5-6 所示。

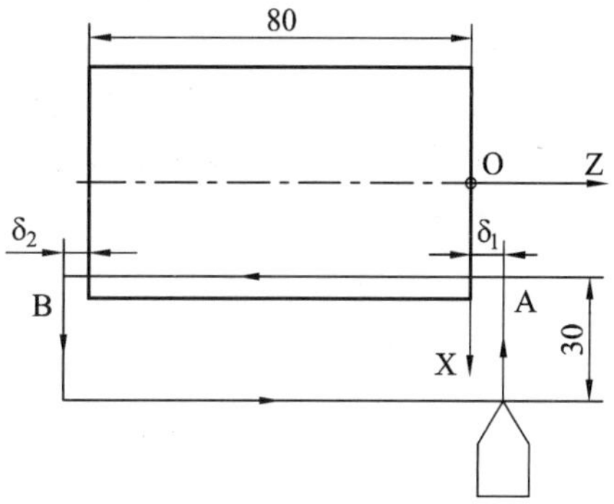

2) 应用举例

如图 3-5-6 所示，已知外三角螺纹导程为 2 mm，$\delta_1 = 5$ mm，$\delta_2 = 2$ mm，试写出从 A 点到 B 点的加工程序。

图 3-5-6   G32 指令走刀轨迹

加工程序如下：

G00 U-60;

G32 W-87 F2;   (从 A 点到 B 点)

G00 U60;

W87;

3) 能力拓展

已知毛坯为 ϕ 40 mm × 100 mm，试用所学指令完成如图 3-5-7 所示的圆柱外三角螺纹 (M30 × 2) 的加工程序的编写，螺纹升速进刀段和降速退刀段自定。

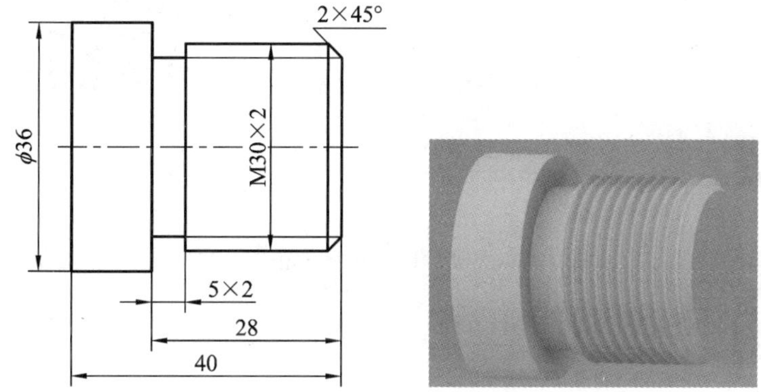

图 3-5-7   圆柱外三角螺纹

4) 程序编写步骤

(1) 分析零件图样和工艺要求。

① 从图 3-5-7 可以看出该零件为轴类零件，选择在数控车床上进行加工。

② 在数控车床上使用三爪卡盘装夹工件，四工位刀架安装刀具，1 号刀位安装 90° 外圆车刀，2 号刀位安装切槽刀，3 号刀位安装 60° 外螺纹车刀。

③ 从图 3-5-7 可以看出该零件加工精度要求较低，只需要选择一把 90° 外圆车刀、一把刀宽为 5 mm 的切槽刀、一把外三角螺纹车刀即可，由于外圆和槽加工程序在项目 3 和项目 4 中已讲解，本次编程只需编写螺纹加工程序。

④ 加工路线选择如下：

a. 对刀，建立工件坐标系，将工件坐标系设在工件的右端面与主轴轴线的交点处。

b. 刀具定位点设置在 X 坐标(大于螺纹的公称直径)，取 X 为 32 mm，升速进刀段(δ_1=5)即 Z 向为 5 mm，降速退刀段(δ_2 = 2)即 Z 向为 $-(23+2)$ = -25，螺纹车刀的起刀点定位在 X32 Z5 位置。

(2) 编写外三角螺纹加工程序。

① 主轴转速确定：

由公式 $n \leqslant \dfrac{1200}{P} - K$，得 $n \leqslant \dfrac{1200}{2} - 80$，推出 $n \leqslant 520$ r/min，取 $n = 500$ r/min。

② 计算外螺纹牙顶直径 $d_{顶}$、牙底直径 $d_{底}$：

$$d_{顶} = d - 0.13P = 30 - 0.13 \times 2 = 29.74 \text{ mm}$$
$$d_{底} = d - 1.3P = 30 - 1.3 \times 2 = 27.4 \text{ mm}$$

③ 分配背吃刀量(按递减规律)：

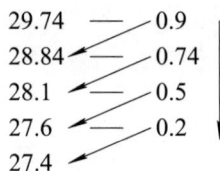

```
29.74 ——— 0.9
28.84 ——— 0.74
28.1  ——— 0.5
27.6  ——— 0.2
27.4
```

④ 外三角螺纹加工程序：

```
O0356;
G97 S500 M03 T0303;
G00 X32 Z5;
X28.84;              (第一刀车螺纹，切深 0.9 mm)
G32 Z-25 F2;
G00 X32;
Z5;
X28.1;               (第二刀车螺纹，切深 0.74 mm)
G32 Z-25 F2;
G00  X32;
Z5;
X27.6;               (第三刀车螺纹，切深 0.5 mm)
G32 Z-25 F2;
G00 X32;
Z5;
X27.4;               (第四刀车螺纹，切深 0.2 mm)
G32 Z-25 F2;
G00 X32;
Z5;
X27.4;               (第五刀车螺纹，修整螺纹)
```

G32 Z-25 F2;

G00 X32;

X100 Z100;

M30;

2. G92——螺纹切削固定循环指令

G92 指令用于对圆柱内外螺纹和锥螺纹的公制、英制螺纹的加工。

1) 指令格式

圆柱内外三角螺纹格式：

　　G00 X_ Z_；(定位点坐标)

　　G92 X(U)_ Z(W)_ F_;

圆锥内外三角螺纹格式：

　　G00 X_ Z_；(定位点坐标)

　　G92 X(U)_ Z(W)_ R_ F_;

G92 指令各参数的含义如下：

X、Z——螺纹车削终点绝对坐标值；

U、W——螺纹车削终点相对定位点的坐标增量；

R——考虑升速进刀段和降速退刀段时，螺纹车削起点和终点的半径差值；

F——螺纹导程 P_n，P_n = 螺距 × 线数。

2) 走刀轨迹

(1) 单一走刀轨迹。

G92 指令单一走刀轨迹见图 3-5-8。图中，①为 X 向定位(G00 指令)；②为 Z 向切削(G32 指令)；③为 X 向退刀(G00 指令)；④为 Z 向退刀(G00 指令)。

(2) 综合走刀轨迹。

G92 指令综合走刀轨迹见图 3-5-9。

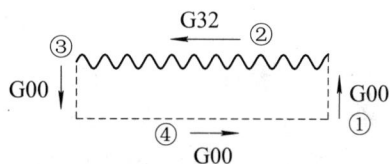

图 3-5-8　G92 指令单一走刀轨迹

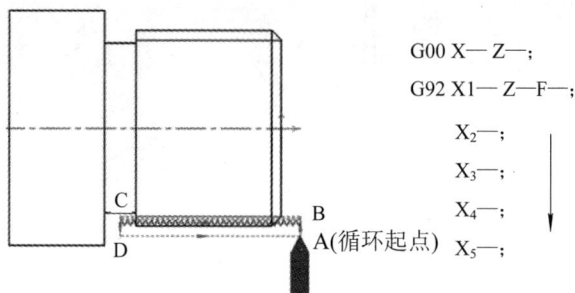

图 3-5-9　G92 指令综合走刀轨迹

从图 3-5-9 中可以看出 G92 指令的综合走刀轨迹，刀具从循环起点位置(起点 X 方向比公称直径大 1～2 mm，Z 方向为升速进刀段δ_1)，按照顺序 A、B、C、D 移动，每加工完一个程序段，刀具都回到循环起点位置，再执行下一个程序段。

3) 应用举例

如图 3-5-7 所示，要求用 G92 指令编写圆柱外三角螺纹的加工程序，在数控车床仿真软件上模拟仿真加工后，再到数控车床上完成零件的加工。

(1) 螺纹加工步骤同 G32 指令(略)。

(2) G92 指令加工程序如下：

```
O0357;
G97 S500 M03 T0303;
G00 X32 Z5;              (循环起点)
G92 X29.74 Z-25 F2;     (第一刀车螺纹)
X28.84;                  (第二刀车螺纹)
X28.1;                   (第三刀车螺纹)
X27.6;                   (第四刀车螺纹)
X27.4;                   (第五刀车螺纹)
X27.4;                   (第六刀精车螺纹)
G00 X100 Z100;
M30;
```

从 G32 和 G92 指令编写螺纹加工程序可以看出，G32 指令只是单一的螺纹加工，使用 G32 指令每车一次螺纹都要写四个语句(X 向进刀 G00→Z 向车螺纹 G32→X 向退刀 G00→Z 向退刀 G00)，如果加工大螺距螺纹，将增加编程量。G92 指令是固定循环指令，只需要确定好循环起点，分配好背吃刀量，一个语句就可以完成 G32 指令的四个语句动作，因此为了简化程序编写，在螺纹编程中优先选用 G92 指令。

4) 能力拓展

已知毛坯为 $\phi32$ mm × 100 mm，试用所学指令完成如图 3-5-10 所示的圆柱外三角螺纹 (M24 × 1.5)的加工程序的编写，螺纹升速进刀段和降速退刀段自定。

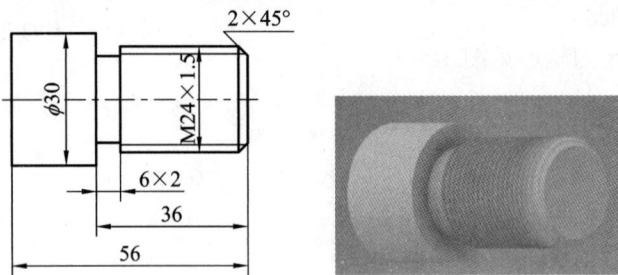

图 3-5-10　圆柱外三角螺纹

5) 程序编写步骤

(1) 分析零件图样和工艺要求。

① 从图 3-5-10 中可以看出该零件为轴类零件，选择在数控车床上进行加工。

② 在数控车床上使用三爪卡盘装夹工件，四工位刀架安装刀具，1 号刀位安装 90°外圆车刀，2 号刀位安装切槽刀，3 号刀位安装 60°外螺纹车刀。

③ 从图 3-5-10 中可以看出该零件加工精度要求较低，只需要选择一把 90°外圆车刀、

一把刀宽为 4 mm 的切槽刀，一把外三角螺纹车刀即可。由于外圆和槽加工程序在任务 3 和任务 4 中已讲解，本次编程只需编写螺纹加工程序。

④ 加工路线选择如下：

a. 对刀，建立工件坐标系，将工件坐标系设在工件的右端面与主轴轴线的交点处。

b. 刀具定位点设置在 X 坐标(大于螺纹的公称直径)上，取 X 为 26 mm、升速进刀段($\delta_1 = 4$)即 Z 为 4 mm 和降速退刀段($\delta_2 = 2$)即 Z 为 $-(30 + 2) = -32$，螺纹车刀的起刀点定位在 X26 Z4 位置。

(2) 编写外三角螺纹加工程序。

① 主轴转速的确定：

由公式 $n \leqslant \dfrac{1200}{P} - K$，得 $n \leqslant \dfrac{1200}{1.5} - 80$，推出 $n \leqslant 720$ r/min，取 $n = 600$ r/min。

② 计算外螺纹牙顶直径 $d_{顶}$、牙底直径 $d_{底}$：

$$d_{顶} = d - 0.13p = 24 - 0.13 \times 1.5 = 23.805 \text{ mm}$$
$$d_{底} = d - 1.3p = 24 - 1.3 \times 1.5 = 22.05 \text{ mm}$$

③ 分配背吃刀量(按递减规律)：

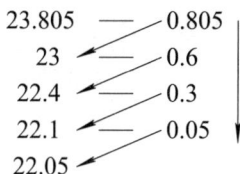

$$
\begin{array}{ccc}
23.805 & \!\!\!\diagdown & 0.805 \\
23 & \!\!\!\diagup & 0.6 \\
22.4 & \!\!\!\diagup & 0.3 \\
22.1 & \!\!\!\diagup & 0.05 \\
22.05 & &
\end{array}
$$

④ 外三角螺纹加工程序如下：

```
O0359;
G97 S600 M03 T0303;
G00 X26 Z4;
G92 X23.805 Z-32 F1.5;
X23;
X22.4;
X22.1;
X22.05;
X22.05;
G00 X100 Z100;
M30;
```

(3) 完成程序编制与零件加工。

将程序输入数控车床仿真软件上完成程序的编制，再到数控车床上完成零件的加工。

(4) 零件测量。

外三角螺纹可用外螺纹千分尺、螺纹环规来测量，如图 3-5-11 所示。外螺纹千分尺主要测量的是外螺纹的中径，如果所测尺寸在中径公差范围内，则螺纹合格，反之不合格。螺纹千分尺允许误差对照表见表 3-5-3。螺纹环规分为通规(T)和止规(Z)两个，使用螺纹环规测量螺纹时，先用通规测量，如果通规能顺利通过，并且止规不能通过，则螺纹合格，即"通规通，止规止"。

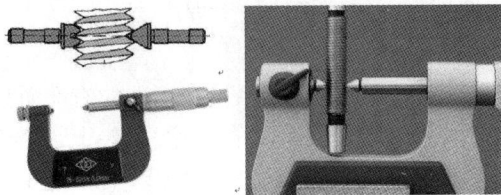

外螺纹千分尺

螺纹环规

图 3-5-11　测量圆柱外三角螺纹量具

表 3-5-3　螺纹千分尺允许误差对照表

螺距/mm	测量范围/mm					
	0～25	25～50	50～75	75～100	100～125	125～150
	综合误差/($\pm\mu$m)					
0.4～0.5	10	—				
0.6～0.8		13				
1～1.5	12	15	17	17	18	20
1.75～2.5	14	17	19	19	20	23
3～4	16	19	21	21	23	25
4.5～6	—	21	23	23	25	28

【任务实施】

(1) 根据图 3-5-1 所示要求，分组在数控车床仿真软件上完成零件的加工后，再到数控车床上完成零件的加工，保证加工精度的要求。

(2) 小组成员之间互相检查程序编写是否正确。

(3) 在 FANUC 数控车床上正确完成工件的装夹、刀具的安装、程序的输入、工件的加工及检测等。

(4) 能力拓展。已知毛坯为ϕ45 mm×150 mm，试用所学指令编写图 3-5-12 所示零件的加工程序。外三角螺纹用 G92 指令编写加工程序，螺纹升速进刀段和降速退刀段自定。要求先在数控车床仿真软件上完成零件的模拟加工，然后到数控车床上完成零件的加工。评分表见表 3-5-4。

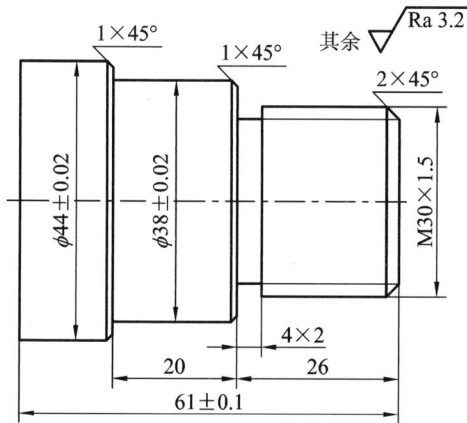

图 3-5-12　螺纹轴

表 3-5-4　评　分　表

工件编号			总　得　分				
项目与配分	序号	技术要求	配分	评分标准	检测记录		得分	
					自检	互检	自评	师评
工件加工评分 (100%)	1	$\phi 38 \pm 0.02$	8	超差全扣				
	2	$\phi 44 \pm 0.02$	8	超差全扣				
	3	退刀槽 4×2	10	超差全扣				
	4	M30 × 1.5	10	超差全扣				
	5	20	8	超差全扣				
	6	26	8	超差全扣				
	7	61 ± 0.1	8	超差全扣				
	8	Ra3.2 μm	10	每错一处扣 1 分				
	9	工件按时完成	5	未按时完成全扣				
	10	工件无缺陷	5	缺陷一处扣 3 分				
	11	程序正确合理	10	每错一处扣 1 分				
	12	加工工序合理	10	不合理每处扣 2 分				
	13	机床操作规范	倒扣	出错一次扣 2 分				
	14	工量具选用正确	倒扣	出错一次扣 2 分				
安全文明生产 (倒扣分)	15	安全操作	倒扣	因安全事故停止操作，酌情扣 5～30 分				
	16	机床整理	倒扣	不清扫机床扣 10 分				

说明: 表中"外圆"对应序号 1～8，"其他"对应序号 9～14。

▷ 【任务评价】

一、个人、小组评价

(1) 分层次概括总结出你在本次任务实施过程中有哪些收获。
(2) 说出 G32、G92 指令的区别。
(3) 分组展示小组学习过程中的收获。
(4) 思考一下，学习本任务对今后学习有何帮助。

二、教师评价

教师对各小组任务完成情况分别作出评价，见表 3-5-5。
(1) 找出各组的优点进行点评。
(2) 对任务完成过程中各组存在的问题进行点评并提出解决方法。
(3) 对整个任务完成过程中出现的亮点和不足进行点评。

表 3-5-5　任务 5 评价表

组　　别				小组负责人			
成员姓名				班级			
课题名称				实施时间			
评价类别	评价内容	评 价 标 准		配分	个人自评	小组评价	教师评价
学习准备	课前准备	资料收集、整理，自主学习		5			
学习过程	信息收集	能收集有效的信息		5			
	软件模拟	认真聆听老师讲解，掌握 G32、G92 指令加工外三角螺纹程序的编写		15			
		掌握 G92 指令代码的使用		15			
	问题探究	在指令的讲解中如何正确熟记 G92 指令代码的格式及相关参数的含义		25			
	文明生产	服从管理，严格按照数控车床操作规程正确操作车床		5			
学习拓展	知识迁移	能实现前后知识的迁移		5			
	应变能力	能举一反三，提出改进建议或方案		5			
	创新程度	有创新建议提出		5			

评价类别	评价内容	评 价 标 准	配分	个人自评	小组评价	教师评价
学习态度	主动程度	主动性强	5			
	合作意识	能与同伴团结协作	5			
	严谨细致	认真仔细，不出差错	5			
总　计			100			
教师总评 (成绩、不足及注意事项)						
综合评定等级(个人 30%，小组 30%，教师 40%)						

任课教师：＿＿＿＿＿＿　　　年　月　日

练习与提高

一、填空题

1. 螺纹加工在工件装夹时可以采用＿＿＿＿增大夹持面或采用＿＿＿＿的装夹方式，以保证在切削过程中不会出现因工件松动导致＿＿＿＿，使工件报废的现象。

2. 在数控车床上车削普通外三角形螺纹一般选用＿＿＿＿＿＿＿＿＿＿螺纹车刀，使用时要根据螺纹的＿＿＿＿选择刀片的型号，每种规格的刀片只能加工一个＿＿＿＿的螺距。

3. 在螺纹切削过程中，无论采用何种进刀方式，外三角螺纹切削刀具都经常由＿＿＿＿或＿＿＿＿的切削刃同时参加切削，会产生较大的切削力，容易使工件产生＿＿＿＿和＿＿＿＿现象。

4. 常用外三角螺纹刀具的切削部分的材料分为＿＿＿＿和＿＿＿＿两类。

5. 螺纹车刀刀具类型有＿＿＿＿、＿＿＿＿和＿＿＿＿三种。

6. 外三角螺纹代号由＿＿＿＿、＿＿＿＿和＿＿＿＿三部分组成，中间用"－"隔开。

二、简答题

1. 如何安装螺纹车刀？

2. 螺纹加工时为什么要采用递减规律分配背吃刀量？

3. 说出 M24 × 3(P1.5)-5g6g-N 螺纹代号的含义。

4. 螺纹加工时，为什么要设置升速进刀距离δ_1和减速退刀距离δ_2？

5. 已知螺纹螺距 P = 2.5 mm，试计算螺纹的牙顶直径 $d_顶$、牙底直径 $d_底$和螺纹的转速。

6. 螺纹加工注意事项有哪些？

三、编程题

1. 零件如图 3-5-13 所示，已知毛坯为ϕ45 mm × 100 mm 的 45# 钢，试用所学指令完成零件加工的程序编制与加工操作。要求写出加工工艺，先在数控车床仿真软件上完成零件的模拟加工，然后到数控车床上完成零件的加工。

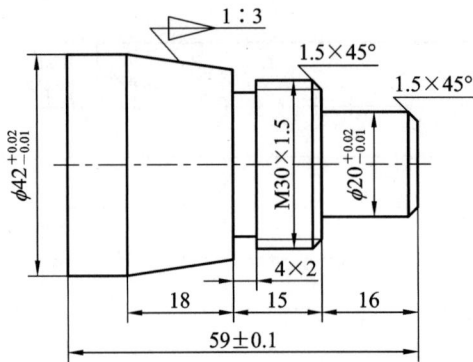

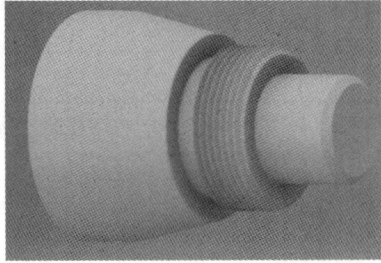

图 3-5-13　螺纹轴 1

　　2. 零件如图 3-5-14 所示，已知毛坯为 ϕ50 mm × 150 mm 的 45# 钢，试用所学指令完成零件的程序编制与加工。要求写出加工工艺，先在数控车床仿真软件上完成零件的模拟加工，然后到数控车床上完成零件的加工。

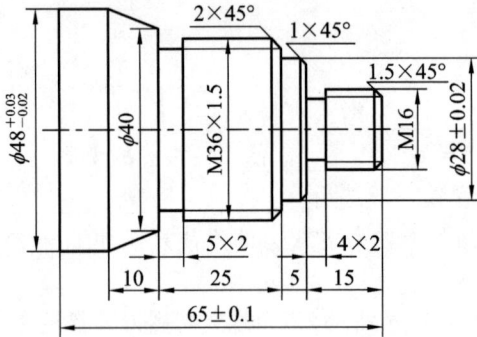

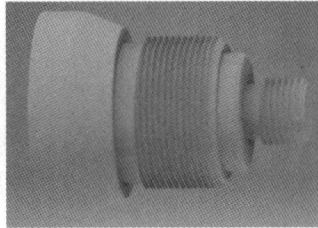

图 3-5-14　螺纹轴 2

项目四　数控车床车削加工技术训练

任务 1　数控车床控制面板按钮的操作

【任务描述】

数控车床控制面板如图 4-1-1 所示，本任务主要介绍数控车床控制面板的操作，通过学习，使学生了解面板上各按钮的功能，会正确操作数控车床。

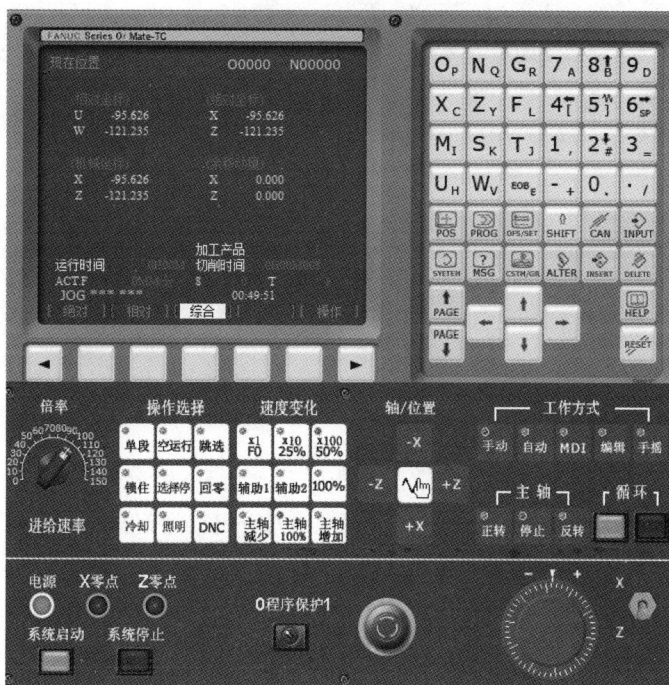

图 4-1-1　数控车床控制面板

【任务分析】

本任务主要介绍了数控车床的基本操作方法。通过对这些知识点的学习，能够掌握数控车床的正确操作方法，实现安全文明操作，同时为今后进行数控车床编程与加工打下良好的知识基础，养成正确的数控车床操作习惯。

【任务目标】

(1) 了解数控车床控制面板的结构。

(2) 掌握数控车床控制面板按钮的操作方法。

(3) 培养自己的动手能力，树立吃苦耐劳、爱岗敬业的工作态度。

【相关知识】

FANUC 数控系统操作面板如图 4-1-2 所示。

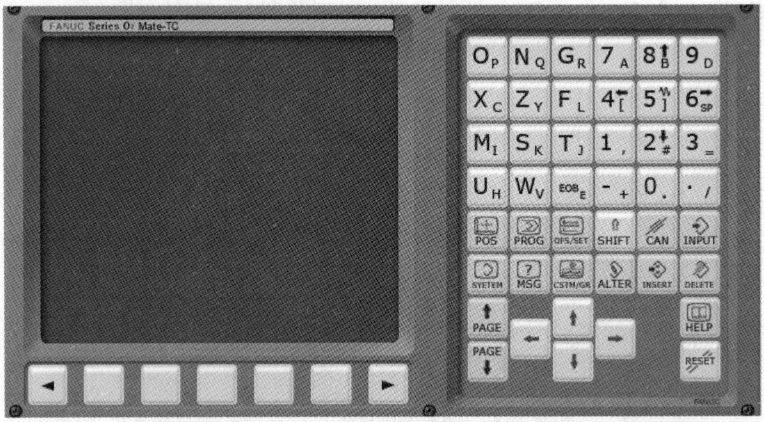

图 4-1-2　数控系统操作面板

一、面板说明

1．LCD

显示区采用 320×240 点阵式蓝底液晶(LCD)，CCFL 背光。

2．液晶画面的亮度调整

按"POS"键(必要时按"PAGE"键)进入"现在位置(相对坐标)"页面，即以 U 和 W 坐标来显示当前位置的界面，按 U 或 W 键使页面中的 U 或 W 闪烁，接下来反复进行以下操作：

CURSOR 光标上移键每按一次，液晶逐渐变暗；

CURSOR 光标下移键每按一次，液晶逐渐变亮。

3．编辑键盘区

编辑键及功能如表 4-1-1 所示。

表 4-1-1　编辑键及功能

序号	名称	功能键图标	功能说明
1	复位键(RESET)	RESET	按此键，系统复位，进给、输出停止
2	地址、数字键	OP NQ GR 7 8 9 / XC ZY FL 4 5 6 / MI SK TJ 1 2 3 / UH WV EOBE - + 0 .	按此类键进行地址、数字输入
3	替换键(ALTER)	ALTER	用于程序编辑时程序字段的修改、替换
4	插入键(INSERT)	INSERT	用于程序编辑时程序字段的插入
5	删除键(DELETE)	DELETE	用于程序编辑时程序字段的删除
6	换行键(EOB)	EOB E	用于程序段的结束
7	取消键(CAN)	CAN	在编辑方式时，用于消除输入到缓冲器中的内容，由 LCD 显示，按一次该键消除一个字符
8	输入键(INPUT)	INPUT	用于输入参数、补偿量等数据，通信文件的输入
9	光标移动键	↑←→↓	控制光标在操作区上、下、左、右移动，在修改程序或参数时使用
10	翻页键(PAGE)	PAGE↑ PAGE↓	用于同一显示方式下页面的转换、程序的翻页

4.页面显示方式区

页面显示键及功能如表 4-1-2 所示。

表 4-1-2　页面显示键及功能

序号	名称	功能键图标	功能说明	备　注
1	坐标键 (POS)	POS	按此键可进入位置页面	通过翻页可转换坐标方式显示
2	程序键 (PROG)	PROG	按此键可进入程序页面	进入程序、程序目录、MDI显示页面
3	刀补键 (OFS/SET)	OFS/SET	按此键可进入刀补页面	进入刀补量设置页面
4	报警信息键 (OPR ALARM)	MSG	按此键可进入报警页面	进入报警信息显示页面
5	图形模拟键 (AUX GRAPH)	CSTM/GR	按此键可进入图形模拟页面	进入图形设置显示页面，可进行加工图形的模拟
6	系统参数键 (SYETEM)	SYETEM	按此键可进入系统参数页面	进入系统参数页面，可修改系统参数，请严格按厂家说明书要求修改

二、车床控制键及功能

数控车床控制面板如图 4-1-3 所示。

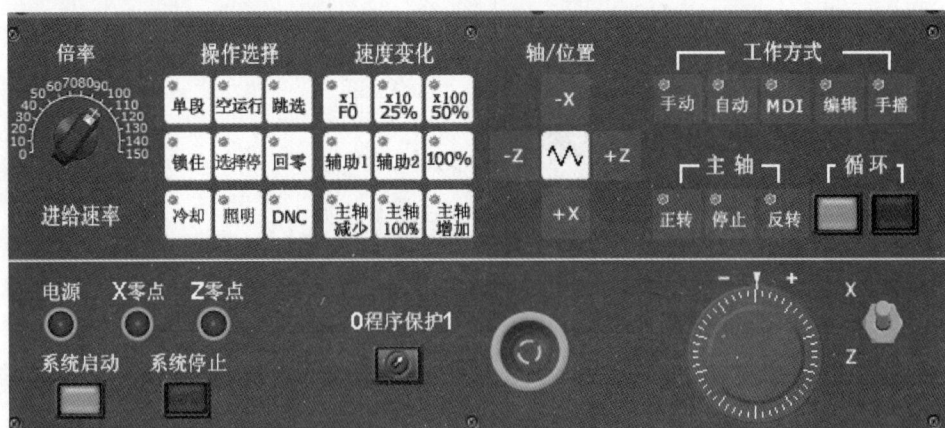

图 4-1-3　数控车床控制面板

车床控制键及功能如表 4-1-3 所示。

表 4-1-3 车床控制键及功能

序号	名称	功能键图标	功能说明	备 注
1	手动	手动	按此键可对车床进行手动操作	先按"X"或"Z"再按"+"或"−"号可向 X 方向或 Z 方向移动，速度调整由 MM/脉冲倍率调整
2	自动	自动	按此键可对车床进行自动加工操作	当程序输入完成后，将旋钮放在该位置按循环启动键，数控车床可以执行程序自动完成零件的加工
3	MDI	MDI	按此键可对车床进行立即执行操作	在该方式下输入加工程序，每输一段语句，按循环启动键，数控车床就执行一段语句
4	编辑	编辑	按此键可对数控车床进行程序编辑	
5	手摇	手摇	按此键可对车床进行手轮操作	先选"X"或"Z"键再摇手轮，顺时针是向 X 或 Z 正方向走，逆时针是向 X 或 Z 负方向走
6	单段	单段	按此键系统单段执行	
7	锁住	锁住	按此键车床进给锁住	
8	选择停	选择停	按此键 M01 指令起作用	
9	回零	回零	按此键可对车床进行回零操作	机械回零要先回"+X"，再回"+Z"
10	冷却	冷却	按此键可执行冷却液开、关	
11	DNC	DNC	按此键可与计算机连接进行程序传输	程序传输必须将计算机和数控车床连接，连接接口采用 RS232 接口
12	正转	正转	按此键主轴开始正转	
13	反转	反转	按此键主轴开始反转	
14	停止	停止	按此键主轴停止旋转	
15	手动进给倍率	倍率 进给速率	自动运行时可增大或减小进给速率，手动时选择连续进给速率	

序号	名称	功能键图标	功能说明	备　注
16	循环启动	「循环」	按此键，程序自动运行	
17	循环停止	「循环」	按此键，系统停止自动运行	
18	急停		在紧急情况下使用此键	

【任务实施】

一、开机前的准备

必须认真阅读车床使用说明书、数控系统编程与操作使用说明书，掌握车床各个操作键的功能和编程规定，熟悉图 4-1-1 所示数控车床操作面板。

开机前，要仔细检查数控车床各传动及运动副是否得到充足的润滑，并在每班开机前对车床提供一次润滑；检查动力电源电压是否与车床电气的电压相符、接地是否正确可靠；检查 X、Z 方向的定位行程撞块是否松动和缺损等。检查无误后，启动车床操作各控制按钮检查车床运转是否正常，检查 X、Z 轴的两个运动方向是否正确无误。

二、数控车床开机

打开车床总电源开关，接通车床电源，按下面板上的"系统启动"开关，系统上电，CRT 显示初始页面，系统进入自检查状态；旋起"急停"开关，系统进入待机状态，此时可以进行操作。

三、数控车床关机

按下"急停"开关以减少电流对系统硬件的冲击；按下车床面板上的"系统停止"开关，让系统断电；关闭车床总电源。

四、手动方式(广州数控 980TA 车床有此功能)

1. 刀架连续或点动运行

(1) 按"手动"键，进入手动运行方式。分别按"-X""+X""-Z""+Z"键，可以使刀架按相应的方向运动。运动速度的快慢可以通过"进给倍率"开关调节，倍率为 0～150%。

(2) 按住"快进"键 ⋀ 同时分别按住"-X""+X""-Z""+Z"键，则可以使刀架快速移动，移动的速度可以通过手摇倍率开关来选择，倍率有 F0、25%、50%、100%。

2. 手动换刀

(1) 单个选刀时是在"手动"方式下，按"换刀"键，按下后刀座逆时针转动 90°，同时换过一把刀。

(2) 连续选刀时是一直按住"换刀"键，当刀座转动到所需要的刀位时，松开按键，即可进行连续选刀。

五、手轮方式

刀架的运动可以通过手轮来实现，在微动、对刀、精确移动刀架等操作中使用此功能。通过"X+手摇""Z+手摇"选择要移动的轴，通过手摇脉冲发生器的转动使刀架移动。

操作步骤如下：

(1) 按下"X"向或"Z"向键，选择合适的倍率，转动手轮则刀架移动，移动的方向靠手轮的转动方向控制，顺时针旋转手轮，坐标轴向正方向移动；逆时针旋转手轮，刀架向负方向移动。

(2) 移动速度的快慢可以通过面板上的 0、25%、50%、100% 进行调节，这 4 个倍率按键分别对应 0.001 mm、0.01 mm、0.1 mm 和 1 mm 的移动速度(1 s)。

六、使用 MDI 模式开启与停止主轴旋转

按下车床操作面板上的"MDI"功能键，选择手动数据输入操作方式，然后按下系统控制面板上的"PROG"键，液晶屏幕显示"MDI"字样。输入主轴转速(例如 S500)→输入 M03/M04。按"循环启动"键，当赋以系统转速后，方可进行主轴正、反转及停止操作。

(1) 按"主轴正转"键即可让主轴以规定的转速正转。

(2) 按"主轴停止"键即可让主轴停止。

(3) 按"主轴反转"键即可让主轴以规定的转速反转。当赋以系统一定转速后，还可以通过"主轴倍率"开关修调主轴转速，修调范围在 50%~120% 之间。

七、急停功能

在加工过程中，若出现危险情况或故障，按下车床操作面板上的"急停"按钮，车床将立即停止运动。将故障排除后，顺时针方向旋转"急停"按钮即可解除急停。

八、超程解除

在车床操作过程中，可能由于某种原因会使车床的溜板在某方向的移动位置超出设定的安全区域，则数控系统会发出报警并停止移动。此时应沿着超程的相反方向移动溜板，直至释放被压住的限位开关，解除急停状态。

九、程序的输入、编辑与运行

1. 新程序的建立与输入

(1) 按下编辑方式键 编辑，选择编辑工作模式。

(2) 按下程序键 PROG，显示程序编辑画面或程序目录画面。

(3) 输入新程序名(如 O0001)，按下插入键 INSERT。

(4) 按下 EOB E 键，然后按下插入键 INSERT，换行并开始输入程序内容。

注意： 在建立新程序时，新程序的程序号必须是存储器中没有的程序号。

2．程序的调用

(1) 按下编辑方式键 编辑，选择编辑工作模式。

(2) 按下程序键 PROG，显示程序编辑画面或程序目录画面。

(3) 输入要调用的程序号(如 O0002)，按下光标向下移动键 ↓，即可调出该程序。

3．程序的删除

(1) 按下编辑方式键 编辑，选择编辑工作模式。

(2) 按下程序键 PROG，显示程序编辑画面或程序目录画面。

(3) 输入要删除的程序名，按下删除键 DELETE，即可把该程序删除。

删除所有程序的方法：输入 O-9999，再按删除键 DELETE，便可以删除系统中的全部程序。

4．程序字的插入

(1) 按下编辑方式键 编辑，选择编辑工作模式。

(2) 按下程序键 PROG，显示程序编辑画面或程序目录画面。

(3) 使用光标移动键，将光标移动至要插入程序字的位置，输入要插入的字，然后按下插入键 INSERT，即可完成。

5．程序字的替换

(1) 按下编辑方式键 编辑，选择编辑工作模式。

(2) 按下程序键 PROG，显示程序编辑画面或程序目录画面。

(3) 使用光标移动键，将光标移动至要替换的程序字的位置，输入要替换的字，然后按下替换键 ALTER，即可完成。

6．程序字的删除

(1) 按下编辑方式键 编辑，选择编辑工作模式。

(2) 按下程序键 PROG，显示程序编辑画面或程序目录画面。

(3) 使用光标移动键，将光标移动至要删除的程序字的位置，按下删除键 DELETE，即可完成删除。

7．程序的运行

程序输入完成并检查无误后，在对刀完成后即可运行程序进行数控加工。

(1) 按下自动运行键 自动，选择自动运行模式。

(2) 按下程序键 PROG，显示程序。

(3) 确定光标在程序开头，按下循环启动键 循环，即可运行程序。

【任务评价】

一、个人、小组评价

(1) 分层次概括总结出你在本次任务实施过程中有哪些收获。

(2) 分组展示小组学习过程中的收获。

(3) 思考一下，学习本任务对今后学习有何帮助。

二、教师评价

教师对各小组任务完成情况分别作出评价，见表 4-1-4。

(1) 找出各组的优点进行点评。

(2) 对任务完成过程中各组存在的问题进行点评并提出解决方法。

(3) 对整个任务完成过程中出现的亮点和不足进行点评。

表 4-1-4　任务 1 评价表

组　　别				小组负责人		
成员姓名				班级		
课题名称				实施时间		
评价类别	评价内容	评价标准	配分	个人自评	小组评价	教师评价
学习准备	课前准备	资料收集、整理，自主学习	5			
学习过程	信息收集	能收集有效的信息	5			
	软件模拟	认真聆听老师讲解，了解数控车床控制面板结构	20			
		掌握数控车床控制面板按钮的操作方法	25			
	问题探究	在操作的讲解中如何正确熟记操作过程	10			
	文明生产	服从管理，遵守校规、校纪和安全操作规程	5			
学习拓展	知识迁移	能实现前后知识的迁移	5			
	应变能力	能举一反三，提出改进建议或方案	5			
	创新程度	有创新建议提出	5			
学习态度	主动程度	主动性强	5			
	合作意识	能与同伴团结协作	5			
	严谨细致	认真仔细，不出差错	5			
总　　计			100			
教师总评(成绩、不足及注意事项)						
综合评定等级(个人 30%，小组 30%，教师 40%)						

任课教师：_____　　　年　　月　　日

练习与提高

1. 怎样建立一个新程序号?
2. 怎样调用一个程序?
3. 怎样使用 MDI 模式开启与停止主轴旋转?
4. 超程解除怎样使用?

任务 2　数控车床回零的操作

【任务描述】

本任务主要介绍数控车床的回零操作,通过学习,使学生能正确完成数控车床的 X 轴和 Z 轴回零操作。数控车床回零显示如图 4-2-1 所示。

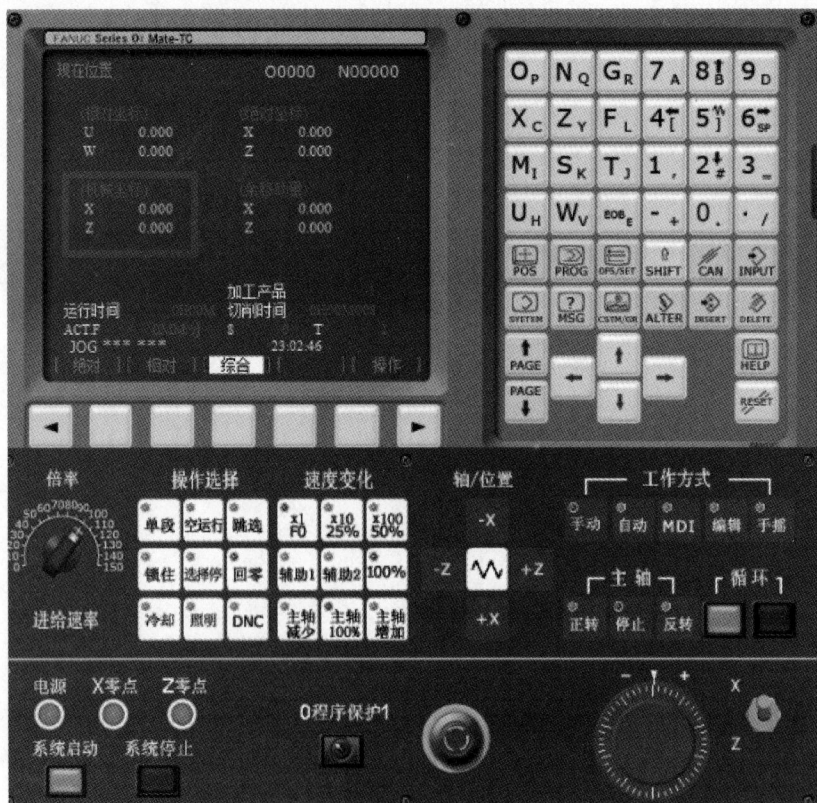

图 4-2-1　数控车床回零显示

【任务分析】

数控装置上电时并不知道数控车床零点位置，为了在数控车床工作时正确地建立数控车床坐标系，通常在每个坐标轴的移动范围内设置一个数控车床参考点(测量起点)，数控车床启动时，通常要进行 MDI 方式回零或手动方式回参考点，以建立数控车床坐标系。

【任务目标】

(1) 了解数控车床机械回零的目的。
(2) 会手动和自动完成数控车床机械回零操作。
(3) 增强规范操作机床的意识，养成严谨认真的工作态度。

【相关知识】

★数控车床参考点

数控车床参考点是机床上的一个特殊位置点，通常位于数控车床溜板正向移动的极限点位置，它由生产厂家测量并输入系统中，用户不得随意更改。数控车床参考点可以与机床原点重合，也可以不重合。它是相对于机床原点的一个可以设定的参数值(见图 4-2-2)，数控车床回到了参考点位置，也就知道了坐标轴的原点位置，找到所有坐标轴的参考点，系统也就建立起了数控车床坐标系。因此，数控车床参考点是用于对数控车床运动进行检测和控制的固定位置点。

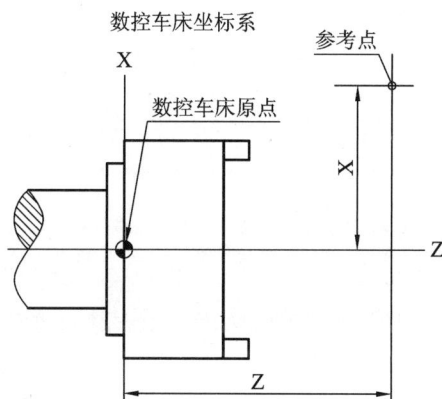

图 4-2-2　机床参考点

【任务实施】

开机后，需进行回参考点(回零)操作。回参考点的目的是建立数控车床坐标系。具有断电记忆功能绝对编码器的车床不用进行回参考点操作。

1. FANUC 系统数控车床回零操作步骤

(1) 回零模式选择"MDI"方式。

(2) 按下系统控制面板上的"PROG"键，液晶屏幕显示"MDI"字样。键入"G28 U0; G28 W0;"。

(3) 按下"循环启动"键。

2. GSK980TA 系统数控车床回零操作步骤

(1) 按下"回零"键，然后按"+X"键，刀架向 X 正方向移动，CRT 上坐标参数显示变化。待 X 轴回零指示灯亮了，表明该轴已回到参考点。

(2) 待 X 轴回零指示灯亮后，按下"+Z"键，刀架向 Z 正方向移动，CRT 上坐标参数显示变化。待 Z 轴回零指示灯亮了，表明该轴已回到参考点。

3. 车床回零操作注意事项

(1) 当车床工作台或主轴当前位置已处于参考点位置、接近车床零点或处于超程状态时，应采用手动模式，将工作台或主轴移至各轴行程中间位置，否则无法完成回零操作。

(2) 车床正在执行回零动作时，不允许旋转操作模式旋钮，否则回零操作失败。

回零操作完成后将操作模式旋钮旋至手动模式，依次按住各轴选择键"–X""–Z"，给车床回退一段约 100 mm 的距离。

(3) 有的车床 X、Z 两坐标轴可同时回参考点，有的车床则需每个轴单独回零，未到达参考点前不可松开坐标轴点动方向键。

(4) 当数控车床出现以下几种情况时，应重新回到车床参考点：

① 车床关机以后重新接通电源开关；

② 车床解除紧急停止状态以后；

③ 车床超程报警信号解除之后；

④ 车床锁紧解除之后。

【任务评价】

一、个人、小组评价

(1) 分层次概括总结出你在本次任务实施过程中有哪些收获。

(2) 分组展示小组学习过程中的收获。

(3) 思考一下，学习本任务对今后学习有何帮助。

二、教师评价

教师对各小组任务完成情况分别作出评价，见表 4-2-1。

(1) 找出各组的优点进行点评。

(2) 对任务完成过程中各组存在的问题进行点评并提出解决方法。

(3) 对整个任务完成过程中出现的亮点和不足进行点评。

表 4-2-1　任务 2 评价表

组　别				小组负责人			
成员姓名				班级			
课题名称				实施时间			
评价类别	评价内容	评价标准		配分	个人自评	小组评价	教师评价
学习准备	课前准备	资料收集、整理，自主学习		5			
学习过程	信息收集	能收集有效的信息		5			
	软件模拟	认真聆听老师讲解，了解数控车床回零的意义		20			
		掌握数控车床回零的操作步骤		25			
	问题探究	在车床回零讲解中如何正确熟记车床回零操作注意点		10			
	文明生产	服从管理，遵守校规、校纪和安全操作规程		5			
学习拓展	知识迁移	能实现前后知识的迁移		5			
	应变能力	能举一反三，提出改进建议或方案		5			
	创新程度	有创新建议提出		5			
学习态度	主动程度	主动性强		5			
	合作意识	能与同伴团结协作		5			
	严谨细致	认真仔细，不出差错		5			
总　计				100			
教师总评(成绩、不足及注意事项)							
综合评定等级(个人 30%，小组 30%，教师 40%)							

任课教师：_____　　年　月　日

练习与提高

1. 简述 FANUC 系统数控车床回零操作的步骤。
2. 简述 GSK980TA 系统数控车床回零操作的步骤。
3. 简述什么是机床参考点。
4. 当数控机床出现何种情况时，应重新回机床参考点？

任务 3　数控车床的对刀操作

【任务描述】

通常零件的编程和加工是分开进行的。数控编程人员根据零件的设计图纸，建立一个方便编程的坐标系及原点，称为工件坐标系和工件坐标系原点。工件坐标系一旦建立，在该工件的加工过程中便一直有效，直到被新的工件坐标系代替。

【任务分析】

从理论上讲工件坐标系原点在零件上的任何一点都可以，但实际上，为了使换算尺寸尽可能简便，减少尺寸误差，应选择一个合理的工件坐标系原点。在选择工件坐标系原点时，应尽可能将原点选择在工艺定位基准上，工件坐标系中各轴的方向应该与所使用的数控机床的坐标轴方向一致，这对保证加工精度是有利的。对数控车床而言，工件坐标系原点一般选择在工件的回转中心与左端面或右端面的交点上。

【任务目标】

(1) 了解数控车床工件坐标系。
(2) 能够通过对刀建立工件坐标系。
(3) 培养自己的职业素养，养成认真严谨的工作态度。

【相关知识】

一、对刀目的和对刀方法

加工一个零件往往需要几把不同的刀具，而每把刀具在安装时是根据普通车床装刀要求安放的，它们在转至切削方位时，其刀尖所处的位置并不相同；而数控系统要求在加工一个零件时，无论使用哪一把刀具，其刀尖位置在切削前应处于同一点，否则，零件加工程序很难编制。为了使零件加工程序不受刀具安装位置的影响，必须在加工程序执行前调整每把刀的刀尖位置，使刀架在转位后，每把刀的刀尖位置都重合在同一点，这一过程称为对刀。所以在进行零件加工前，首先要进行对刀，对刀的目的是建立工件坐标系，确定工件坐标系原点相对于机床坐标系的位置。

外圆车刀对刀操作步骤如下。

1. X 轴对刀

X 轴对刀操作如下：

(1) 在"MDI"方式下，按下系统控制面板上的"PROG"键，液晶屏幕显示"MDI"

字样，键入主轴转速"M03 S500"，按下"系统启动"键。

(2) 将所需刀具调至工作位置。"MDI"方式下，按下"PROG"键，输入"T0101"，按下"系统启动"键，1号刀转到当前加工位置。

(3) 将刀具靠近工件(在手动状态下)。

(4) 用刀具切削工件外圆(在手动状态下切削长度只要够测量即可，切削深度到能使工件车圆为止)。

(5) 刀具沿Z轴正方向退出，X轴向勿动，主轴停转，用千分尺测量工件直径。

(6) 按"刀补键(OFS/SET)"，然后再按"补正"及"形状"软键，显示如图4-3-1所示的刀具偏置参数窗口。移动光标键，选择与刀具号对应的刀补参数，输入所测的工件直径，按"测量"键，X轴向刀具偏置参数即自动存入。

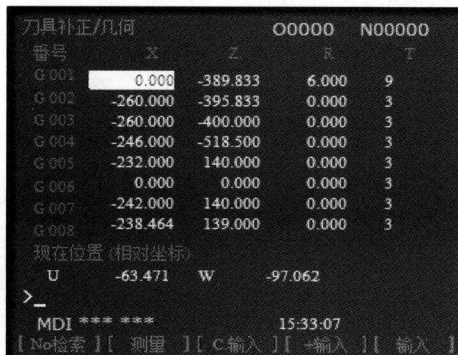

图 4-3-1　刀具偏置参数窗口

2. Z轴对刀

Z轴对刀操作如下：

(1) 在"MDI"方式下，按下系统控制面板上"PROG"键，液晶屏幕显示"MDI"字样。键入主轴转速"M03 S500"，按下"循环启动"键。

(2) 将所需刀具调至工作位置。"MDI"方式下，按下"PROG"键，输入"T0101"，按下"循环启动"键，1号刀转到当前加工位置。

(3) 将刀具靠近工件(在手动状态下)。

(4) 用刀具切削工件端面(在手动状态下将端面车平为止)。

(5) Z轴不动，沿X轴正方向退出工件。

(6) 按"刀补键(OFS/SET)"，然后再按"补正"及"形状"软键，移动光标，如是一号刀则将光标移至"G01"行中输入"Z0"，按"测量"键，Z向刀具偏置参数即自动存入。

二、对刀注意事项

对刀时应注意以下几点：

(1) 外圆车刀、切断刀、螺纹车刀装刀要正确，车刀左外侧面要与刀架左侧平面对齐贴平。

(2) 1号基准刀将基准端面、外圆车好后，2号刀、3号刀等不必再车端面和外圆，在对刀时轻轻对准外圆和端面，然后输入相应数据即可。

三、刀具磨损补偿值的输入

当使用带有刀具补偿值的车刀加工工件时，如果测得加工后的工件外圆尺寸比图纸要求的尺寸大，说明刀具磨损了，应对原刀具补偿值进行修改，以便加工出合格的零件。例如：加工 $\phi 25$ mm 外圆后，测量工件直径为 25.1 mm，即实际尺寸比图纸要求尺寸大了 0.1 mm，此时在原刀具 X 轴方向补偿值的基础上，应再补偿 −0.1 mm。操作如下：

(1) 按下"OFS/SET"键，在 CRT 屏幕上显示刀具补偿画面。

(2) 点击"补正"键。

(3) 点击"磨耗"键，然后移动光标至选择的刀具位置(例如 W01)，如图 4-3-2 所示为刀具补偿参数窗口。

(4) 输入 X、Z、R 及 T 各自的数值(例如：X−0.1)然后按下"+输入"键。

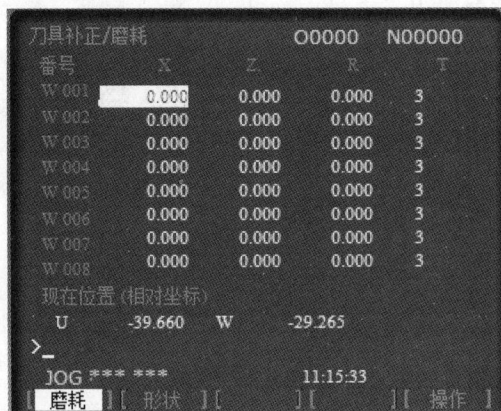

图 4-3-2　刀具补偿参数窗口

【任务实施】

一、准备工作

(1) 工件：材料为 45# 钢，毛坯尺寸为 $\phi 40$ mm × 60 mm。

(2) 设备：FANUC 系统数控车床。

(3) 工、量、刃具：外径千分尺、外圆车刀。

二、加工方案的制订

1．确定工件坐标系

以工件右端面与对称中心线的交点为工件坐标系原点，建立工件坐标系。采用手动试切对刀方法进行对刀。

2．装夹方式

采用三爪自定心卡盘夹紧定位，一次加工完成。工件伸出长度为 65 mm，以便于切断加工操作。

3．工件旋转、换刀

分别对外圆刀、螺纹刀、切槽刀和切断刀进行试切法对刀，参照外圆车刀对刀方法与步骤进行。

【任务评价】

一、个人、小组评价

(1) 分层次概括总结出你在本次任务实施过程中有哪些收获。

(2) 分组展示小组学习过程中的收获。

(3) 思考一下，学习本任务对今后学习有何帮助。

二、教师评价

教师对各小组任务完成情况分别作出评价，见表 4-3-1。

(1) 找出各组的优点进行点评。

(2) 对任务完成过程中各组存在的问题进行点评并提出解决方法。

(3) 对整个任务完成过程中出现的亮点和不足进行点评。

表 4-3-1　任务 3 评价表

组　　别				小组负责人		
成员姓名				班级		
课题名称				实施时间		
评价类别	评价内容	评 价 标 准	配分	个人自评	小组评价	教师评价
学习准备	课前准备	资料收集、整理，自主学习	5			
学习过程	信息收集	能收集有效的信息	5			
	软件模拟	认真聆听老师讲解，了解数控车床的机床坐标系统和工件坐标系	20			
		能够合理确定工件坐标系	25			
	问题探究	如何熟练掌握对刀过程	10			
	文明生产	服从管理，遵守校规、校纪和安全操作规程	5			
学习拓展	知识迁移	能实现前后知识的迁移	5			
	应变能力	能举一反三，提出改进建议或方案	5			
	创新程度	有创新建议提出	5			
学习态度	主动程度	主动性强	5			
	合作意识	能与同伴团结协作	5			
	严谨细致	认真仔细，不出差错	5			
总　　计			100			
教师总评(成绩、不足及注意事项)						
综合评定等级(个人 30%，小组 30%，教师 40%)						

任课教师：＿＿＿＿＿＿　　　　年　　月　　日

练习与提高

1. 外圆车刀的对刀操作步骤有哪些?
2. 刀具磨损补偿值怎样输入?
3. 简述工件坐标系原点的选择原则。
4. 简述对刀的目的。

任务 4　在数控车床上加工台阶轴

【任务描述】

零件如图 4-4-1 所示,已知毛坯为 $\phi 40$ mm × 100 mm 的 45#钢,请分别试用 G90 和 G71、G70 指令完成零件的加工程序编制与加工操作。

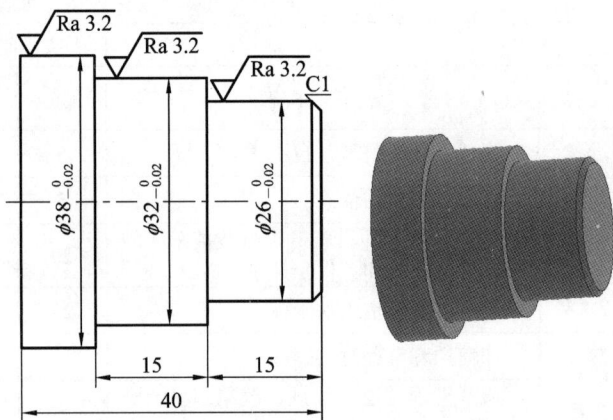

图 4-4-1　台阶轴

【任务分析】

本任务加工过程中,加工余量较多,若采用 G00 或 G01 指令进行编程,必然导致程序冗长,编程与输入出错概率增加;而采用固定循环指令编程可以简化编程,使编写的加工程序简洁明了。本任务可使用外圆切削循环指令 G90 和外径切削循环指令 G71 进行简单圆柱的加工程序的编制与加工。

【任务目标】

(1) 会编写台阶轴加工程序。

(2) 学会分析图纸，正确选择加工刀具。

(3) 学会确定切削参数，编制加工工艺卡片。

(4) 能够完成台阶轴零件粗、精加工。

(5) 养成吃苦耐劳，爱岗敬业的工作态度。

【相关知识】

一、外径、内径切削循环指令 G90

在数控车床编程过程中，最常用的指令有外径、内径切削循环指令。

指令格式如下：

  G90 X(U)_ Z(W)_ R_ F_

其中：X、Z 为绝对值编程时，切削终点的坐标值；U、W 为增量编程时，切削终点相对循环起点的增量坐标值；车圆锥时，R 为锥体大小端面的半径差值，车圆柱时，R＝0 可省略；F 为进给量。

注意事项：

(1) 在固定循环切削过程中，M、S、T 等功能都不能改变，如需改变，必须在 G00 或 G01 指令下变更，然后再使用固定循环指令。

(2) G90 指令循环每一步吃刀到加工结束后刀具均返回起刀点。

(3) G90 指令循环第一步移动为沿 X 轴方向移动。

二、外径、内径粗车循环指令 G71

在数控车床编程过程中，最常用的指令有外径、内径粗车循环指令 G71。

指令格式如下：

  G71 U(Δd) R(e)；

  G71 P(ns) Q(nf) U(Δu) W(Δw) F_____ S_____ T_____；

其中：Δd 为径向背吃刀量，半径值，不带正负号；e 为退刀量(无符号)；ns 为精加工中，轨迹中的第一个程序段号；nf 为精加工中，轨迹中的最后一个程序段号；Δu 为径向(X)的精车余量(该尺寸为直径值)；Δw 为轴向(Z)的精车余量。

三、精车循环加工指令 G70

当用 G71、G72、G73 指令粗车工件后，用 G70 指令来指定精车循环，切除精加工余量。

指令格式如下：

  G70 P(ns) Q(nf)；

其中：ns 为精加工程序段的第一个段号；nf 为精加工程序段的最后一个段号。

在精车循环指令 G70 状态下，ns 至 nf 程序段中指定的 F、S、T 有效；如果 ns 至 nf 程序段中不指定 F、S、T，则粗车循环中指定的 F、S、T 有效。在使用 G70 指令精车循环时，要特别注意快速退刀路线，防止刀具与工件发生干涉。

【任务实施】

一、加工准备

本例选用的机床为 FANUC 系统的数控车床，采用一次装夹工件完成三个圆柱面的加工，先用 G90 指令分层粗车圆柱面，再用 G01 指令按轮廓完成三个表面的精加工。加工中使用的工具、量具、夹具见表 4-4-1。

表 4-4-1　工具、量具、夹具清单

序号	名称	规　格	精度	数量	备注
1	游标卡尺	0～150	0.02	1	
2	千分尺	0～25、25～50、50～75	0.01	各 1	
3	其他	铜棒、铜皮、毛刷等常用工具			
4		计算机、计算器、编程用书等			选用

二、数控加工刀具卡

数控加工刀具卡见表 4-4-2。

表 4-4-2　数控加工刀具卡

刀具号	刀具规格	材料	数量	主轴转速 /(r/min)	进给量 /(mm/r)	加工内容
T01	93°外圆粗车刀	YT15	1	600	0.2	粗车工件外轮廓
T02	93°外圆精车刀	YT15	1	1200	0.1	精车工件外轮廓

三、参考程序

选择右端面与回转中心线的交点作为编程原点，选择的刀具为 T01 外圆粗车刀、T02 外圆精车刀，其加工程序见表 4-4-3 和表 4-4-4。

表 4-4-3　台阶轴加工样例参考程序(G90 指令)

程　序	程序说明
O0441;	程序号
G97 G99 M03 S600 T0101 F0.2;	主轴正转，换 T01 外圆粗车刀 600 r/min，0.2 mm/r
G00 X42 Z2 M08;	刀具快速定位至循环起始位置
G90 X38.5 Z-40;	台阶轴粗加工
X36 Z-30;	
X34;	
X32.5;	
X30 Z-15;	
X28;	
X26.5	
G00 X100 Z100;	快速移至安全位置
M05;	主轴停转
M00;	程序暂停(测量工件尺寸)
G99 M03 S1200 T0202 F0.1;	提升转速，降低进给量，换精车刀
G00 X24 Z2;	
G01 Z0;	台阶轴精加工
X26 Z-1;	
Z-15;	
X32;	
Z-30;	
X38;	
Z-40;	
X41;	
G00 X100 Z100;	刀具回换刀点
M09;	冷却液停
M30;	程序结束并返回程序开头

表 4-4-4   台阶轴加工样例参考程序(G71、G70 指令)

程　序	程 序 说 明
O0441;	程序号
G97 G99 M03 S600 T0101 F0.2;	主轴正转，换 T01 外圆粗车刀，转速为 600 r/min，进给量为 0.2 mm/r
G00 X41 Z2 M08;	刀具快速定位至循环起始位置
G71 U1 R1;	设置粗加工参数
G71 P10 Q20 U0.5 W0;	
N10 G0 X24;	外轮廓粗加工
G1 Z0;	
X26 Z-1;	
Z-15;	
X32;	
W-15;	
X38;	
N20 Z-40;	
G00 X100 Z100;	快速移至安全位置
M05;	主轴停转
M00;	程序暂停(测量工件尺寸)
G99 M03 S1200 T0202 F0.1;	提升转速，降低进给量，换精车刀
G00 X40 Z2;	快速定位至精加工循环起始位置
G70 P10 Q20;	轮廓精加工
G00 X100 Z100;	刀具回换刀点
M09;	冷却液停
M30;	程序结束并返回程序开头

【任务评价】

教师根据各小组任务完成情况进行评价并填写如表 4-4-5 所示的评分表。

表 4-4-5 评 分 表

工件编号				总 得 分					
项目与配分		序号	技术要求	配分	评分标准	检测记录		得分	
						自检	互检	自评	师评
工件加工评分(95%)	外形轮廓	1	$\phi 38^0_{-0.02}$	15	超差全扣				
		2	$\phi 32^0_{-0.02}$	15	超差全扣				
		3	$\phi 26^0_{-0.02}$	15	超差全扣				
		4	2-15	2×5	超差全扣				
		5	40	10	超差全扣				
		6	Ra3.2 μm	3×5	超差全扣				
		7	工件按时完成	5	未按时完成全扣				
		8	工件无缺陷	5	缺陷一处扣5分				
		9	程序正确合理	5	每错一处扣1分				
		10	加工工序合理	5	不合理每处扣2分				
	其他	11	机床操作规范	倒扣	出错一次扣2分				
		12	工量具选用正确	倒扣	出错一次扣2分				
安全文明生产(倒扣分)		13	安全操作	倒扣	因安全事故停止操作,酌情扣5~30分				
		14	机床整理	倒扣	不清扫机床扣10分				

练习与提高

1. 零件如图 4-4-2 所示,已知毛坯为 $\phi 50mm \times 100\ mm$ 的 45#钢,试用 G90、G71 和 G70 指令完成零件的加工程序编制与加工操作。要求先编制出程序,然后在数控车床上完成零件的加工。

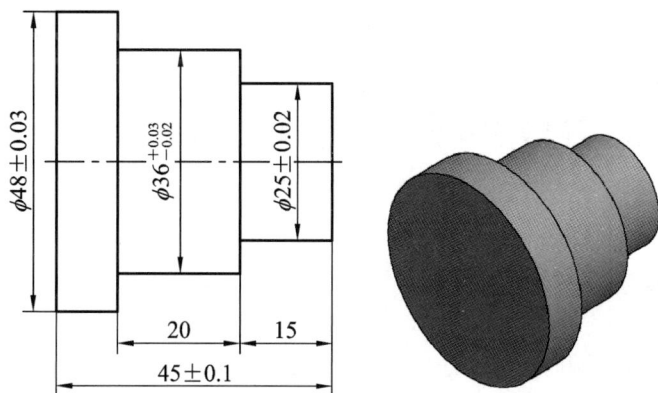

图 4-4-2 台阶轴 1

2. 零件如图 4-4-3 所示，已知毛坯为 ϕ50mm × 100 mm 的 45# 钢，试用 G90 和 G71、G70 指令完成零件的加工程序编制与加工操作。要求先编制出程序，然后在数控车床上完成零件的加工。

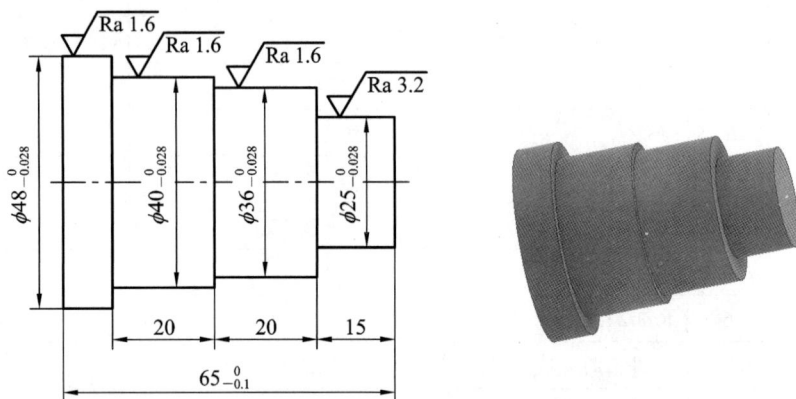

图 4-4-3　台阶轴 2

3. 零件如图 4-4-4 所示，已知毛坯为 ϕ35 mm × 100 mm 的 45#钢，试用 G90、G00、G01和 G71、G70 指令完成零件的加工程序编制与加工操作。要求先编制出程序，然后在数控车床上完成零件的加工。

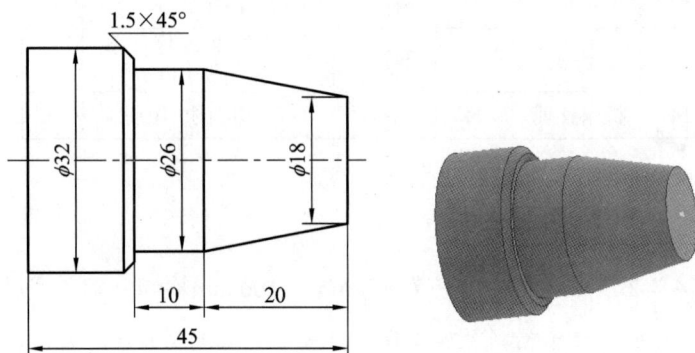

图 4-4-4　锥度轴

任务 5　在数控车床上加工圆弧类零件

【任务描述】

圆弧加工主要包括顺时针圆弧加工和逆时针圆弧加工。本任务是要使读者能够掌握 G02、G03 指令，并能结合 G73 指令熟练编出带有圆弧轮廓的零件(如图 4-5-1 所示的印章)的加工程序。

图 4-5-1　印章

【任务分析】

零件如图 4-5-2 所示，毛坯为 $\phi40$ mm × 200 mm 红胶棒料。本任务中，零件外轮廓带有圆弧形状，可以先用单一循环指令 G90 快速地去除余量，然后用固定形状粗车循环指令 G73 进行编程加工，圆弧轮廓编程中含有 G02、G03 指令，可以进一步训练学生圆弧编程与加工能力。请试用 G90、G02、G03、G73、G70 等指令完成零件的加工程序编制与加工操作。

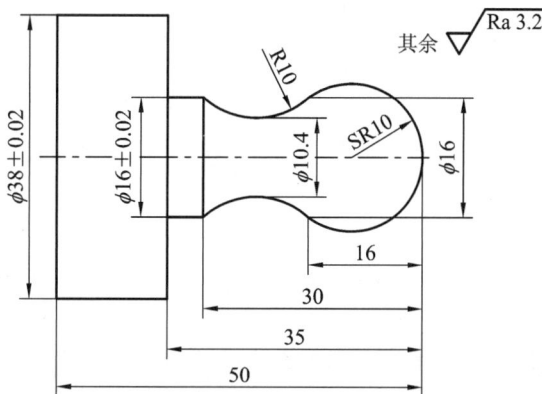

图 4-5-2　印章图

【任务目标】

(1) 掌握 G02、G03、G73 指令编程格式并会运用。
(2) 会编写带有圆弧零件的加工程序。
(3) 学会分析图纸，正确选择加工刀具。
(4) 会确定切削参数，编制工艺卡片。
(5) 培养自己思虑周全、细致缜密的职业素养。

【相关知识】

一、圆弧插补指令 G02/G03

G02/G03 指令可将刀具按指定的进给速度沿圆弧插补到所需位置，一般作为切削加工运动指令，两坐标同时插补运动。

G02/G03 指令格式如下:

    G02(G03) X(U) __Z(W)__ R__ F__;

或

    G02(G03) X(U) __Z(W)__ I__ K__ F__。

G02/G03 指令参数含义如下:

G02: 顺时针圆弧插补。

G03: 逆时针圆弧插补。

说明: 该指令使刀具沿顺时针/逆时针方向从圆弧起点移动到圆弧终点。圆弧顺、逆方向的判断方法是, 处在圆弧所在平面(如 XZ 平面)的另一个坐标轴(Y 轴)的正方向看该圆弧, 顺时针方向圆弧为 G02, 逆时针方向圆弧为 G03, 如图 4-5-3 所示。

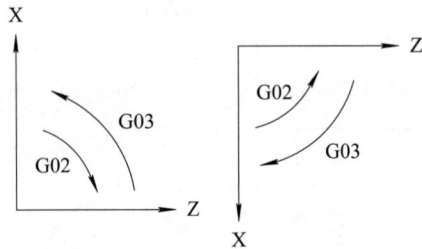

图 4-5-3　G02/G03 插补方向

X、Z: 圆弧终点的绝对坐标值。

U、W: 圆弧终点相对圆弧起点的增量坐标值。

R: 圆弧半径。

I、K: 圆心在 X、Z 轴方向上相对圆弧起点的增量坐标值(等于圆心坐标减去圆弧起点的坐标), 如图 4-5-4 所示。

F: 进给速度。

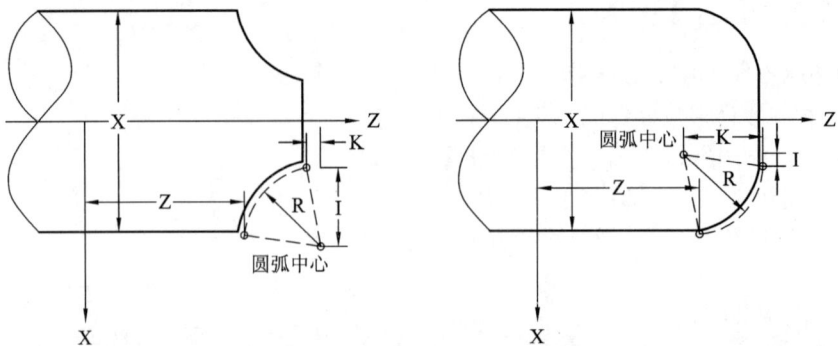

图 4-5-4　指定圆心的圆弧插补

圆弧中心除用 I、K 指定外, 还可以用半径 R 来指定, 如下所示:

G02 X_Z_R_F_;

G03 X_Z_R_F_;

说明：当用半径 R 指定圆心位置时，在同一半径 R 的情况下，从圆弧起点到终点有两个圆弧的可能性(如图 4-5-5 所示)。为区别二者，规定圆心角小于或等于 180°时 R 值为正，圆心角大于 180°时 R 值为负。在数控车床上，一般不会加工圆心角大于 180°的圆弧。

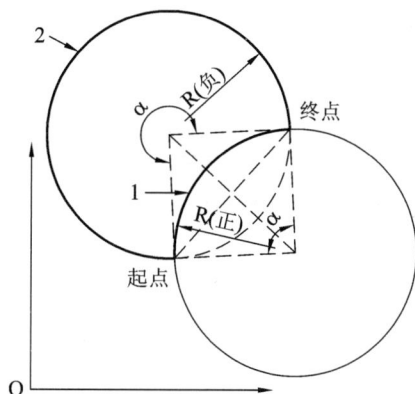

图 4-5-5 指定半径的圆弧插补

二、固定形状粗车循环指令 G73

G73 指令适用于毛坯轮廓形状与零件轮廓形状基本接近的锻造毛坯件。

G73 指令的格式如下：

G73 UΔi   WΔk   Rd;

G73 Pns   Qnf   UΔu   WΔw   F__ S__ T__;

G73 指令参数含义如下：

Δi：粗切时径向切除的总余量(半径值)；

Δk：粗切时轴向切除的总余量；

d：循环次数；

ns：精加工程序段的第一个程序段段号；

nf：精加工程序段的最后一个程序段段号；

Δu：X 轴方向的精加工余量(直径值指定)；

Δw：Z 轴方向的精加工余量；

F、S、T：粗加工中，ns 至 nf 程序段中指定的 F、S、T 无效，在 G73 指令的程序段中地址 F、S、T 才有效，在精车循环 G70 状态下，ns 至 nf 程序段中指定的 F、S、T 有效。

G73 指令的走刀轨迹如图 4-5-6 所示。

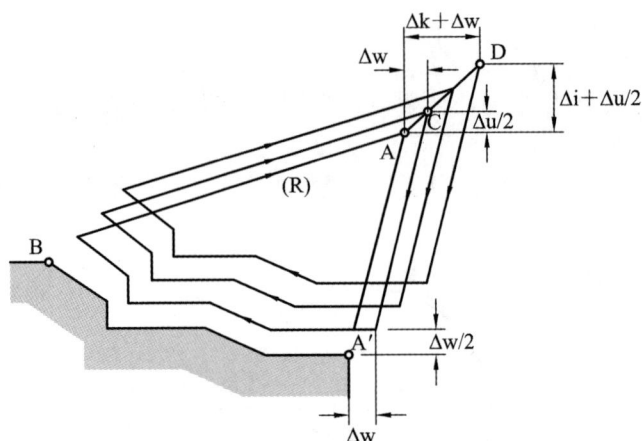

图 4-5-6　固定形状粗车循环(G73)走刀轨迹

【任务实施】

一、加工准备

本例选用的机床为 FANUC 系统的数控车床，采用一次装夹工件完成圆弧面加工，先用 G90 指令分层车削圆柱面，再用 G73、G70、G02、G03 指令完成圆弧表面轮廓及外圆的粗精加工。加工中使用的工具、量具、夹具见表 4-5-1。

表 4-5-1　工具、量具、夹具清单

序号	名称	规　格	精度	数量	备注
1	游标卡尺	0~150	0.02	1	
2	千分尺	0~25、25~50、50~75	0.01	各1	
3	其他	铜棒、铜皮、毛刷等常用工具			
4		计算机、计算器、编程用书等			选用

二、数控加工刀具卡

数控加工刀具卡见表 4-5-2。

表 4-5-2　数控加工刀具卡

刀具号	刀具规格	材料	数量	主轴转速/(r/min)	进给量/(mm/r)	加工内容
T01	93°外圆车刀	YT15	1	600	0.2	车削工件阶梯轮廓
T02	35°外圆菱形车刀	YT15	1	600	0.15	车削工件圆弧及外圆轮廓

三、参考程序

选择右端面与回转中心线的交点作为编程原点，选择的刀具为 T01 外圆车刀、T02 35°外圆菱形车刀，其加工程序见表 4-5-3。

表 4-5-3　台阶轴加工样例参考程序

程　　序	程　序　说　明
O0452;	程序号
G97 G99 M03 S600 T0101 F0.2;	主轴正转，换 T01 外圆车刀，转速为 600 r/min，进给量为 0.2 mm/r
G00 X40 Z2　M08;	刀具快速定位至循环起始位置
G90 X38.5 Z-50;	
X35 Z-35;	
X32;	
X29;	用 G90 指令去除余量
X26;	
X23;	
X20.5;	
G00 X100 Z100;	取消 G90 指令，回到安全位置
M05;	主轴停转
M00;	程序暂停(测量尺寸，修改磨耗)
G99 M03 S1200 T0101 F0.1;	设置精加工切削参数
G00 X40 Z2;	刀具快速定位至循环起始位置
G90 X38 Z-50;	精加工 ϕ38 外圆至尺寸
G00 X100 Z100;	取消 G90 指令，回到安全位置
M05;	主轴停转
M00;	程序暂停(测量尺寸，如有需要可再次修改磨耗)
G99 M03 S600 T0202 F0.15;	换刀
G00 X25 Z2;	
G73 U10 R10;	
G73 P10 Q20 U0.5 W0;	设置固定形状粗车循环切削参数
N10 G00 X0;	
G01 Z0;	
G03 X16 Z-16 R10;	
G02 X16 Z-30 R10;	精加工轮廓
G01 Z-35;	
N20 X22;	
G00 X100 Z100;	回到安全位置

续表

程　　序	程　序　说　明
M05;	主轴停转
M00;	程序暂停(测量尺寸，修改磨耗)
G99 M03 S1200 T0202 F0.1;	设置精加工切削参数
G00 X23 Z2;	刀具快速定位至循环起始位置
G70 P10 Q20;	精加工轮廓
G00 X100 Z100;	回到安全位置
M30;	程序结束，并返回至程序开头

【任务评价】

教师根据各小组任务完成情况进行评价并填写如表 4-5-4 所示的评分表。

表 4-5-4　评　分　表

工件编号				总　得　分					
项目与配分		序号	技术要求	配分	评分标准	检测记录		得分	
						自检	互检	自评	师评
工件加工评分(95%)	外形轮廓	1	$\phi 38 \pm 0.02$	20	超差全扣				
		2	$\phi 16 \pm 0.02$	20	超差全扣				
		3	50	5	超差全扣				
		4	R10	5	超差全扣				
		5	SR10	5	超差全扣				
		6	35	5	超差全扣				
		7	Ra3.2 μm	4×5	超差全扣				
		8	工件按时完成	5	未按时完成全扣				
		9	工件无缺陷	5	缺陷一处扣5分				
		10	程序正确合理	5	每错一处扣1分				
		11	加工工序合理	5	不合理每处扣2分				
	其他	12	机床操作规范	倒扣	出错一次扣2分				
		13	工量具选用正确	倒扣	出错一次扣2分				
安全文明生产(倒扣分)		14	安全操作	倒扣	因安全事故停止操作，酌情扣5～30分				
		15	机床整理	倒扣	不清扫机床扣10分				

练习与提高

1. 零件如图 4-5-7 所示，已知毛坯为 $\phi 40\,mm \times 100\,mm$ 的 45#钢，试用 G71、G70、

G02、G03 等指令完成零件的加工程序编制与加工操作。要求先编制出程序，然后在数控车床上完成零件的加工。

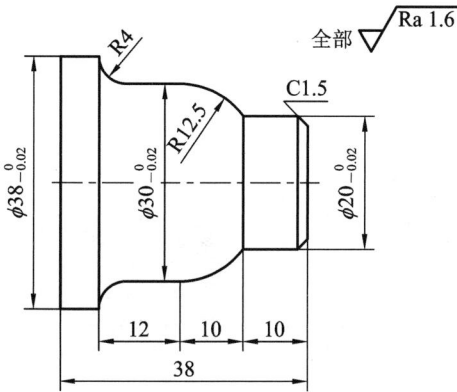

图 4-5-7 圆弧轴 1

2. 零件如图 4-5-8 所示，已知毛坯为 $\phi 40$ mm × 100 mm 的 45# 钢，试用 G71、G70、G02、G03 等指令完成零件的加工程序编制与加工操作。要求先编制出程序，然后在数控车床上完成零件的加工。

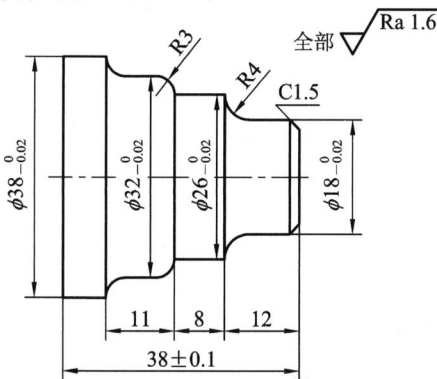

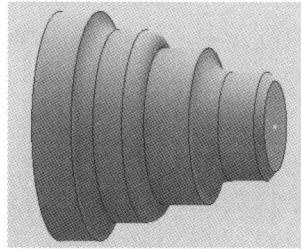

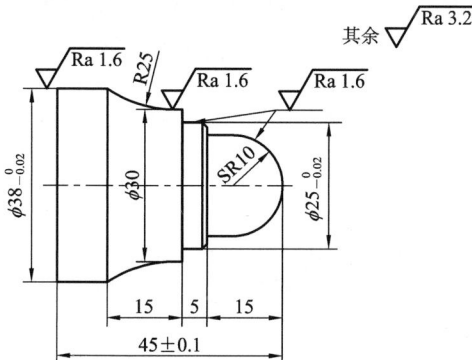

图 4-5-8 圆弧轴 2

3. 零件如图 4-5-9 所示，已知毛坯为 $\phi 40$ mm × 100 mm 的 45# 钢，试用 G71、G70、G02、G03 等指令完成零件的加工程序编制与加工操作。要求先编制出程序，然后在数控车床上完成零件的加工。

图 4-5-9 圆弧轴 3

4. 零件如图 4-5-10 所示，已知毛坯为 $\phi 40$ mm × 100 mm 的 45# 钢，试用 G71、G70、G02、G03 等指令完成零件的加工程序编制与加工操作。要求先编制出程序，然后在数控车床上完成零件的加工。

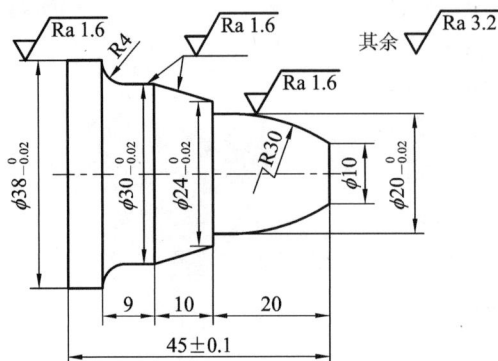

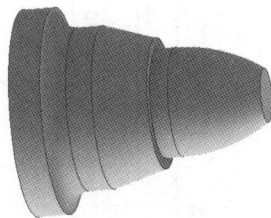

图 4-5-10　圆弧轴 4

任务 6　在数控车床上加工螺纹轴

【任务描述】

零件如图 4-6-1 所示，已知毛坯为 $\phi 40$ mm × 150 mm 的 45# 钢，试用 G92 等指令编写其加工程序并进行加工。

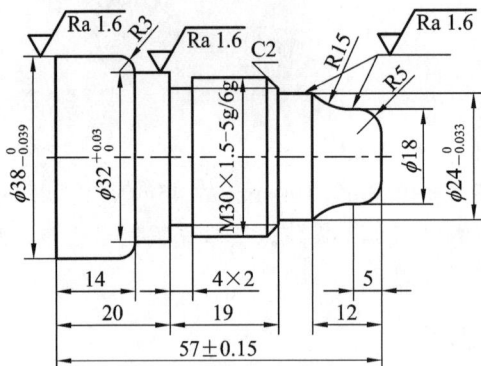

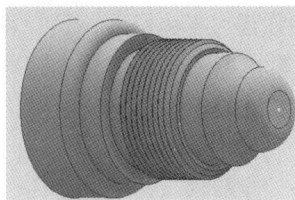

图 4-6-1　螺纹轴

【任务分析】

本任务中，零件外轮廓形状较为复杂，用单一循环指令 G90 无法完成，为了更快捷地去除余量，复合循环指令 G71 和 G70 进行编程加工，外螺纹用 G92 指令编程加工。通过实践进一步训练学生编程与加工的综合能力。

【任务目标】

(1) 会编写螺纹轴的加工程序。

(2) 会选用加工刀具。

(3) 学会分析图纸。

(4) 学会确定切削参数，编制工艺卡片。

(5) 锻炼车削外三角螺纹的动手能力，养成严谨认真的工作态度。

【相关知识】

一、车螺纹前直径尺寸的确定

车外螺纹时，由于受车刀挤压会使螺纹大径尺寸变大，所以车螺纹前大径一般应车得比公称直径小 0.2～0.4 mm(约 0.13P)，车好螺纹后牙顶处有 0.125P 的宽度(P 为螺距)。可采用下列近似公式计算：

$$d_{底} = d_{小} \approx d - 1.3P$$
$$d_{顶} = d_{大} \approx d - 0.13P$$

式中：$d_{底}$ 为螺纹底径，$d_{顶}$ 为螺纹顶径，d 为螺纹公称直径，P 为螺距。

二、三角形螺纹车削刀具及其装夹方法

机夹式螺纹车刀如图 4-6-2 所示，分为外螺纹车刀和内螺纹车刀两种。

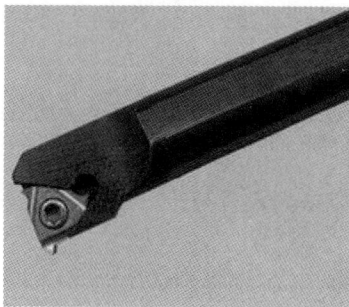

(a) 外螺纹车刀　　　　　　　　　　　(b) 内螺纹车刀

图 4-6-2　机夹式螺纹车刀

装夹外螺纹车刀时，刀尖位置一般应对准工件中心，车刀刀尖角的对称中心线必须与工件轴线垂直，装刀时可用样板来对刀，刀头伸出不要过长，一般为刀杆厚度的 1.5 倍左右。装夹内螺纹车刀时，必须严格按照样板找正刀尖角，刀杆伸出长度稍大于螺纹长度，刀装好后应在孔内移动刀架至终点检查是否有碰撞。螺纹车刀对刀如图 4-6-3 所示。

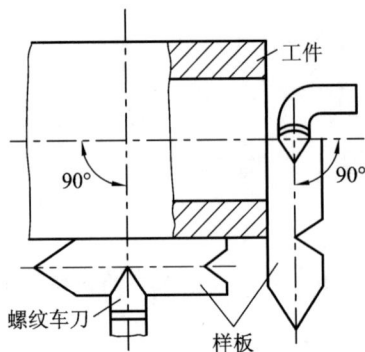

图 4-6-3   螺纹车刀对刀

三、常用螺纹车削方法

在数控车床上常用的螺纹切削方法主要有直进法、斜进法和交错切削法等几种。

1．直进法

直进法车螺纹时，螺纹刀刀尖及两侧刀刃都参加切削，每次进刀只作径向进给，随着螺纹深度的增加，进刀量需相应减小，否则容易产生"扎刀"现象。这种切削方法可以得到比较正确的牙型，适用于螺距小于 2 mm 和脆性材料的螺纹车削，在数控车床上可采用 G92 指令来实现。

2．斜进法

斜进法指车螺纹时螺纹车刀沿着与牙型一侧平行的方向斜向进刀至牙底处。采用这种加工方法加工螺纹时，螺纹车刀始终只有一个侧刃参加切削，从而使排屑比较顺利，刀尖的受力和受热情况有所改善，在车削中不易引起"扎刀现象"。在数控车床上可采用 G76 指令来实现。

3．交错切削法

交错切削法指车螺纹时螺纹车刀分别沿着与左、右牙型一侧平行的方向交错进刀，直至牙底。

四、螺纹加工指令

螺纹加工指令 G92、G76 格式如下：

G92   X(U)__   Z(W)__   F__ ;   (单一固定循环加工螺纹)

G76   P(m)(r)(a)   Q(Δd min)   R(d);   (复合固定循环加工螺纹)

G76   X(U)__   Z(W)__   R(i)   P(k)   Q(Δd)   F__ ;

【任务实施】

一、加工准备

本例选用的机床为 FANUC 系统的数控车床，加工中使用的工具、量具、夹具参照表

4-6-1 进行配置。

表 4-6-1　工具、量具、夹具清单

序号	名　称	规　格	数量	备注
1	游标卡尺	0～150	1	
2	千分尺	0～25、25～50、50～75	各 1	
3	螺纹环规	M30×1.5	1	
4	其他	铜棒、铜皮、毛刷等常用工具		
5		计算机、计算器、编程用书等		选用

二、数控加工刀具卡

数控加工刀具卡见表 4-6-2。

表 4-6-2　数控加工刀具卡

刀具号	刀具规格	材料	数量	主轴转速 /(r/min)	进给量 /(mm/r)	加工内容
T01	93°外圆粗车刀	YT15	1	600	0.2	粗车工件外轮廓
T02	93°外圆精车刀	YT15	1	1200	0.1	精车工件外轮廓
T03	切槽刀	YT15	1	400	0.05	切退刀槽
T04	外螺纹刀	YT15	1	400		切削 M30×1.5 外螺纹

三、参考程序

加工程序见表 4-6-3。

表 4-6-3　参 考 程 序

加工外圆程序	程序说明
O0461；	程序号
G97 G99 M03 S600 T0101 F0.2；	主轴正转，换刀
G00 X40 Z2 M08；	定位
G71 U1 R1；	切削参数设置
G71 P10 Q20 U0.5；	
N10 G00 X8；	精加工程序段
G01 Z0；	
G03 X18 Z-5 R5；	
G02 X24 Z-12 R15；	
G01 Z-18；	
X26；	

加工外圆程序	程 序 说 明
X29.8 Z-20;	精加工程序段
W-17;	
X32;	
W-6;	
G03 X38 W-3 R3;	
G01 Z-57;	
N20 X41;	
G00 X100 Z100;	
M05;	主轴停转
M00;	程序暂停
G99 M03 S1200 T0202 F0.1;	提高转速,降低进给速度,换精车刀
G00 X40 Z2;	
G70 P10 Q20;	轮廓精加工
G00 X100 Z100;	
M05;	主轴停转,程序暂停,测量工件,根据测量结果修正磨耗
M00;	
G99 M03 S400 T0303 F0.05;	切槽(刀宽为 4 mm)
G00 X35　Z-37;	
G01 X26;	
G00 X100;	
Z100;	
M05;	
M00;	
M03 S400 T0404;	换螺纹刀
G00 X35 Z-13;	
G92 X29 Z-35　F1.5;	粗、精车螺纹
X28.5;	
X28.2;	
X28.05;	
X28.05;	
G00 X100 Z100;	刀具回换刀点
M09;	冷却液停
M30;	程序结束并返回程序开头

【任务评价】

教师根据各小组任务完成情况进行评价并填写如表 4-6-4 所示的评分表。

表 4-6-4 评 分 表

工件编号				总 得 分						
项目与配分		序号	技术要求	配分	评分标准	检测记录		得分		
						自检	互检	自评	师评	
工件加工评分(95%)	外形轮廓	1	$\phi 38^{0}_{-0.039}$	10	超差全扣					
		2	$\phi 32^{+0.03}_{0}$	10	超差全扣					
		3	$\phi 24^{0}_{-0.033}$	10	超差全扣					
		4	M30 × 1.5	10	超差全扣					
		5	退刀槽 4 × 2	5	超差全扣					
		6	12	2	超差全扣					
		7	19	2	超差全扣					
		8	14	2	超差全扣					
		9	20	2	超差全扣					
		10	57±0.15	10	超差全扣					
		11	Ra1.6 μm	3 × 5	每错一处扣 5 分					
		12	倒角	2	每少一处扣 2 分					
		13	工件按时完成	5	未按时完成全扣					
		14	工件无缺陷	5	缺陷一处扣 3 分					
		15	程序正确合理	5	每错一处扣 2 分					
		16	加工工序合理	5	不合理每处扣 2 分					
	其他	17	机床操作规范	倒扣	出错一次扣 2 分					
		18	工量具选用正确	倒扣	出错一次扣 2 分					
安全文明生产(倒扣分)		19	安全操作	倒扣	因安全事故停止操作,酌情扣 5~30 分					
		20	机床整理	倒扣	不清扫机床扣 10 分					

练习与提高

1. 零件如图 4-6-4 所示,已知毛坯为 $\phi 35$ mm × 100 mm 的 45# 钢,试用 G71、G70、G92 等指令完成零件加工的程序编制与加工操作。要求先编制出程序,然后在数控车床上完成零件的加工。

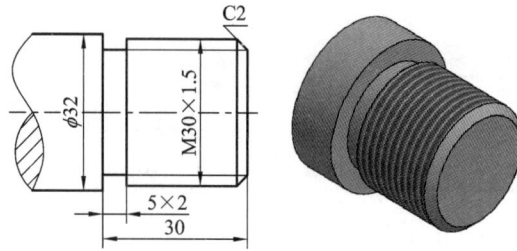

图 4-6-4　螺纹轴 1

2. 零件如图 4-6-5 所示，已知毛坯为 ϕ30 mm × 47 mm 的 45#钢，试用 G71、G70、G92 等指令完成零件加工的程序编制与加工操作。要求先编制出加工工艺和程序，然后在数控车床上完成零件的加工。

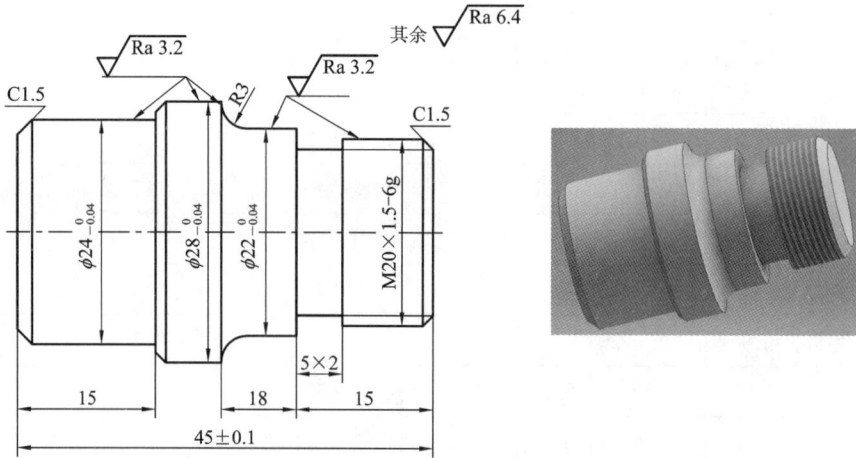

图 4-6-5　螺纹轴 2

3. 零件如图 4-6-6 所示，已知毛坯为 ϕ50 mm × 84 mm 的 45#钢，试用 G71、G73、G70、G92 等指令完成零件加工的程序编制与加工操作。要求先编制出加工工艺和程序，然后在数控车床上完成零件的加工。

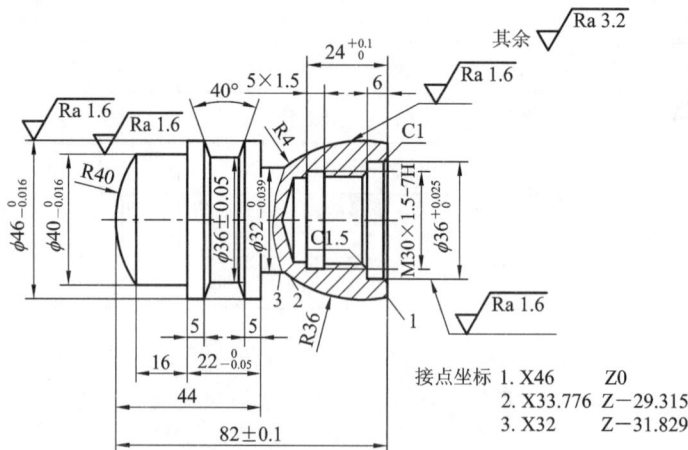

接点坐标 1. X46　　Z0
2. X33.776　Z−29.315
3. X32　　Z−31.829

技术要求：
1. 不得用锉刀砂布修饰工件表面；
2. 锐边倒钝 C0.3。

图 4-6-6　零件图 1

4. 零件如图 4-6-7 所示，毛坯为 $\phi 50$ mm × 92 mm 的 45# 钢，请综合运用所学指令完成零件加工的程序编制与加工操作。要求先编制出加工工艺和程序，然后在数控车床上完成零件的加工。

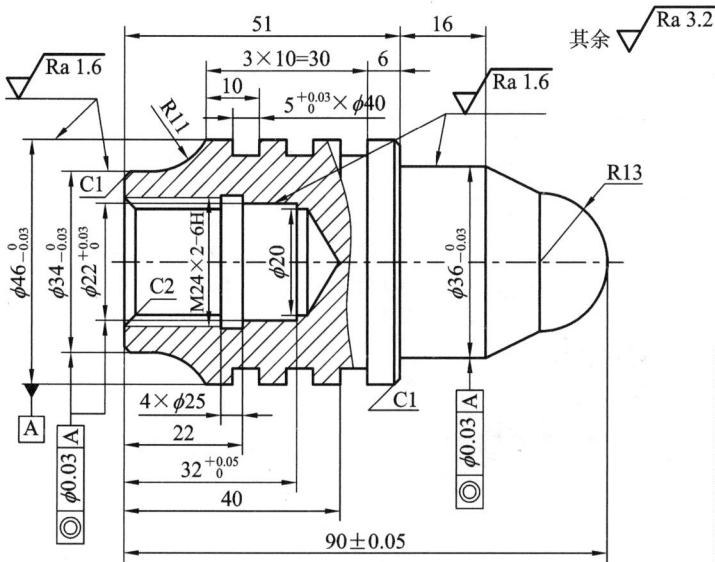

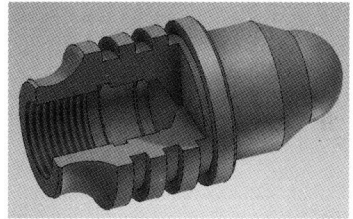

图 4-6-7　零件图 2

5. 零件如图 4-6-8 所示，已知毛坯为 $\phi 50$ mm × 97 mm 的 45#钢，请综合运用所学指令完成零件加工的程序编制与加工操作。要求先编制出加工工艺(填入表 4-6-5 中)和程序，然后在数控车床上完成零件的加工。

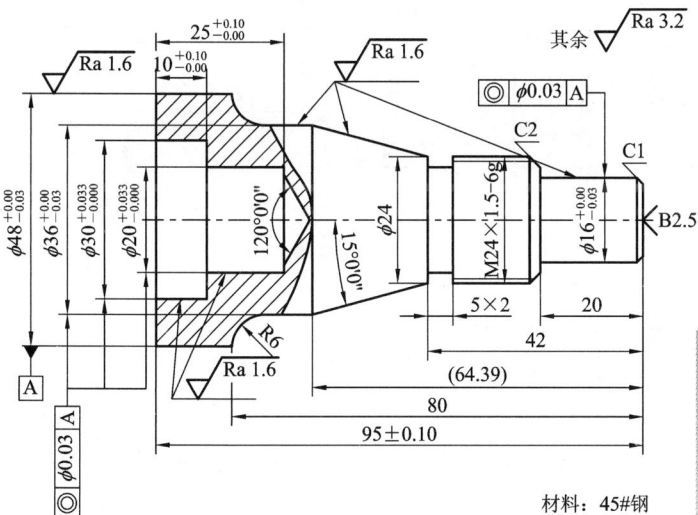

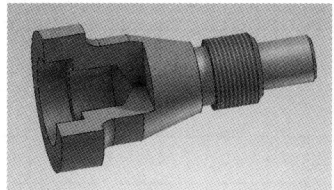

材料：45#钢

图 4-6-8　零件图 3

表 4-6-5　数控加工工艺卡

工序	加工内容	刀具号	主轴转速 /(r/min)	背吃刀量 /mm	进给量 /(mm/r)	备　注

6. 零件如图 4-6-9 所示，已知毛坯为 $\phi 50mm \times 85\ mm$ 的 45#钢，请综合运用所学指令完成零件加工的程序编制与加工操作。要求先编制出加工工艺(填入表 4-6-6 中)和程序，然后在数控车床上完成零件的加工。

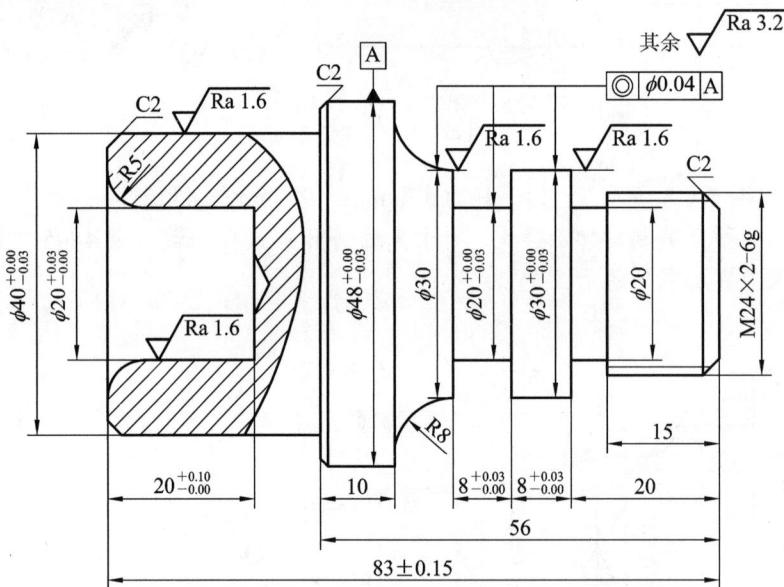

图 4-6-9　零件图 4

表 4-6-6　数控加工工艺卡

工序	加工内容	刀具号	主轴转速 /(r/min)	背吃刀量 /mm	进给量 /(mm/r)	备　注

7. 零件如图 4-6-10 所示，已知毛坯为 ϕ60 mm × 82 mm 的 45#钢，请综合运用所学指令完成零件加工的程序编制与加工操作。要求先编制出加工工艺(填入表 4-6-7 中)和程序，然后在数控车床上完成零件的加工。

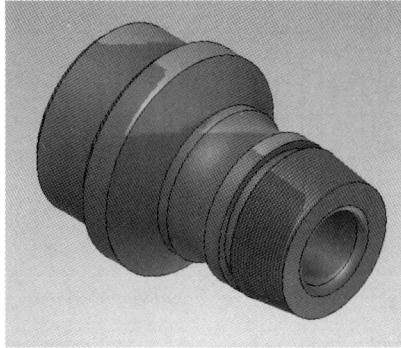

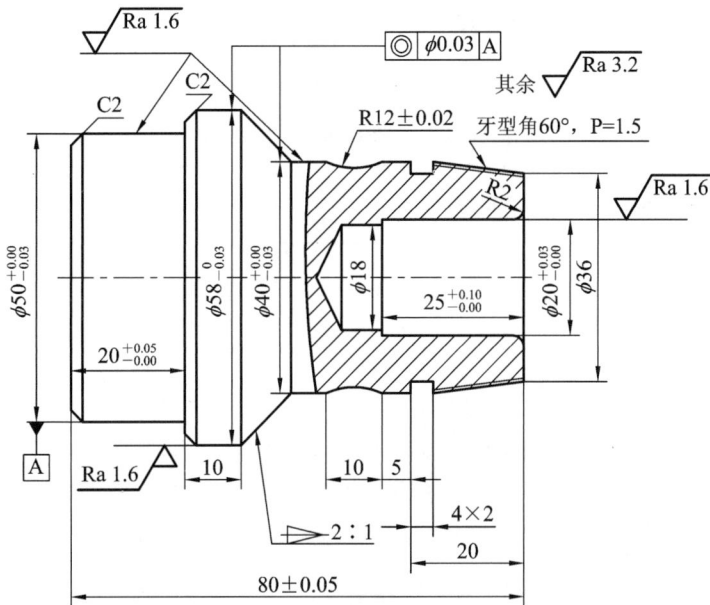

图 4-6-10　零件图 5

表 4-6-7　数控加工工艺卡

工 序	加工内容	刀具号	主轴转速 /(r/min)	背吃刀量 /mm	进给量 /(mm/r)	备　注

8. 零件如图 4-6-11 所示，已知毛坯为 ϕ50 mm × 80 mm 的 45# 钢，请综合运用所学指令完成零件加工的程序编制与加工操作。要求先编制出加工工艺(填入表 4-6-8 中)和程序，然后在数控车床上完成零件的加工。

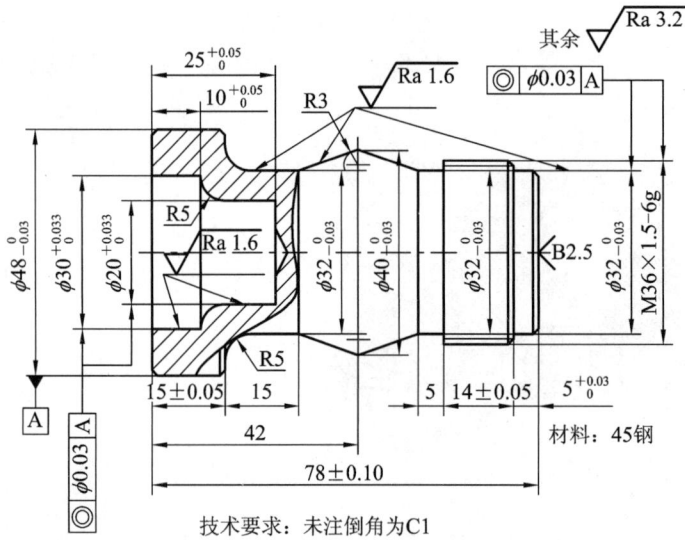

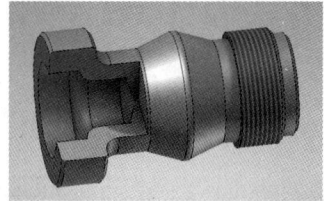

图 4-6-11　零件图 6

表 4-6-8　数控加工工艺卡

工序	加工内容	刀具号	主轴转速 /(r/min)	背吃刀量 /mm	进给量 /(mm/r)	备　注

项目五 数控铣床的编程技术训练

任务 1 学习数控铣床编程指令

【任务描述】

本任务主要介绍数控铣床编程指令，通过学习，使读者了解数控铣床编程常用的准备功能、辅助功能、主轴功能指令的作用及各指令代码的格式。图 5-1-1 所示为程序输入界面和执行程序界面。

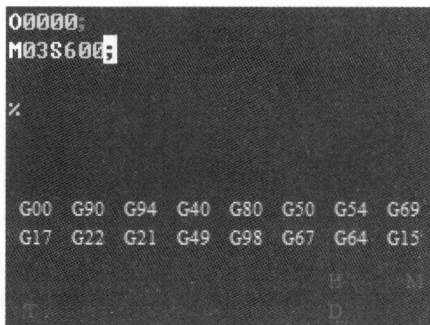

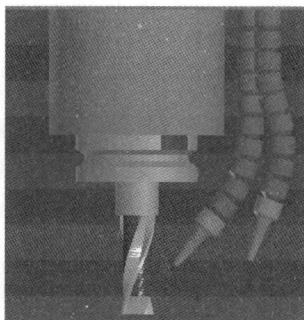

(a) 程序输入界面   (b) 执行程序界面

图 5-1-1 程序输入界面和执行程序界面

【任务分析】

通过任务描述我们知道如果想要数控铣床按要求进行加工，必须给铣床对应的指令，也就是给出数控铣床能够识别的"语言"——程序。而数控铣床的程序又是由多个简单的指令组成的，所以掌握好单个指令的功能和使用方法是编程的基础。

【任务目标】

(1) 掌握常用的准备功能指令及其指令格式。

(2) 掌握常用的辅助功能指令及其指令格式。

(3) 掌握常用指令的功能和应用场合。

(4) 培养自己的自主学习能力，养成严谨认真的工作态度。

【相关知识】

数控铣床的运动是由程序控制的，而准备功能指令和辅助功能指令是程序段的重要组成部分，也是程序编制过程中用到的重要指令。要让数控铣床能够自动运行离不开这些指令，下面介绍数控铣床的常用指令。

一、主轴功能 S、进给功能 F、刀具功能 T

1. 主轴功能(S 功能)

主轴功能也称主轴转速功能即 S 功能，它是用来指定机床主轴转速(切削速度)的功能。S 是模态指令，S 功能一经指定就一直有效，直到被一个新的地址 S 取代为止。S 功能只有在主轴速度可调节时有效，借助操作面板上的倍率按键，S 可在一定范围内进行倍率修调。

2. 进给功能(F 功能)

进给功能 F 表示刀具中心运动时的进给速度，由地址码 F 和若干位数字构成，其进给的方式有每分钟进给和每转进给两种。

(1) 每分钟进给即刀具每分钟走的距离，单位为 mm/min(或 inch/min)，与主轴转速快慢无关。这种方式用 G94(每分进给)指令实现，在指定 G94 以后，刀具每分钟的进给量由 F 之后的数值直接指定。例如：G94 F200 表示刀具每分钟向进给方向移动 200 mm 的距离。G94 是模态代码，一旦 G94 被指定，在 G95(每转进给)指定前一直有效。在电源接通时，默认设置为每分钟进给方式。

(2) 每转进给即铣床主轴每转 1 圈，刀具向进给方向移动的距离，单位为 mm/r(或 inch/r)，其进给速度随主轴转速的变化而变化。这种方式用 G95(每转进给)指令实现，在指定 G95 后，F 后面的数值直接指定主轴每转一圈刀具的进给量。如：G95 F0.3 表示主轴每转 1 圈，刀具向进给方向移动 0.3 mm。G95 是模态代码，一旦指定 G95，直到 G94 指定之前一直有效。借助操作面板上的倍率按键，F 可在一定范围内进行倍率修调，倍率值为 0～150%。详细情况见机床制造厂的有关说明书。另外，F 功能数值的指定范围要参照数控系统说明书中所规定的数值范围进行设定，不可超出指定的范围。

3. 刀具功能(T 功能)

刀具功能 T 用于选刀，它是由地址 T 和后续的数字构成的。在一个程序段中只能指定一个 T 代码，关于地址 T 可指定的位数以及 T 代码对应的机床动作，详见机床厂家的说明书。

加工中心具有自动换刀装置，自动换刀指令是 M06。在加工中心上执行 T 指令的过程：刀库转动，选择所需的刀具，然后等待，直到 M06 指令作用自动完成换刀。通常选刀和换刀分开进行，换刀动作必须在主轴停转条件下进行。换刀完毕启动主轴转动后，方可执行下面程序段的加工动作。

二、准备功能

准备功能也叫 G 功能或 G 指令，G 指令由 G 及其后面的一位或两位数字组成，它用来规定刀具和工作台的相对运动轨迹、机床坐标系、坐标平面、刀具补偿、坐标偏置等多种加工操作。G 功能有非模态 G 功能和模态 G 功能之分。

(1) 非模态 G 功能：只在所规定的程序段中有效，程序段结束时即被注销。

(2) 模态 G 功能：为一组可相互注销的 G 功能，这些功能一旦被执行则一直有效，直到被同一组的 G 功能注销为止。模态 G 功能组中包含一个缺省 G 功能，上电时将被初始化为该功能。不同组的 G 代码可以放在同一程序段中，而且与顺序无关。

虽然 G 代码有国际上的标准和国内的标准，但是现在不同厂家的数控系统，甚至同一厂家生产的不同版本的系统，同一个 G 代码也赋予了不同的功能。不同数控系统的编程差异较大，故必须按照所用数控系统的说明书中的具体规定使用。FANUC 系统的常用 G 功能见表 5-1-1。

表 5-1-1　FANUC 系统常用 G 功能

G 指令	组群	功　能	G 指令	组群	功　能
*G00	01	快速点定位	G54	14	第一工件坐标系设定
G01		直线插补	G55		第二工件坐标系设定
G02		顺时针方向圆弧插补	G56		第三工件坐标系设定
G03		逆时针方向圆弧插补	G57		第四工件坐标系设定
G04	00	暂停指令	G58		第五工件坐标系设定
G10		设定程序偏移值	G59		第六工件坐标系设定
* G15	17	极坐标系取消	G65	00	自设程序(宏程序)
G16		极坐标系设定	G68	16	坐标系旋转
* G17	02	XY 平面设定	G69		坐标系旋转取消
G18		XZ 平面设定	G73	09	深钻孔循环
G19		YZ 平面设定	G74		左螺纹攻螺纹循环
G20	06	英制单位设定	G76		精镗孔循环
* G21		公制单位设定	* G80		固定循环取消
G22	04	软体极限设定	G81		钻孔循环
G23		软体极限设定取消	G82		盲孔钻孔循环
G27	00	机床原点回归检测	G83		钻孔循环
G28		自动经中间点回归机床原点	G84		右螺纹攻螺纹循环
G29		自动从机床原点经中间点至参考点	G85		铰孔循环
* G40	07	刀具半径补偿取消	G86		镗孔循环
G41		刀具半径左补偿	G87		反镗孔循环
G42		刀具半径右补偿	G88		手动退刀盲孔镗孔循环
G43	08	刀具长度正向补偿	G89		盲孔铰孔循环
G44		刀具长度负向补偿	G90	03	绝对值坐标系
* G49		刀具长度补偿取消	G91		增量值坐标系
G45	00	刀具位置增加一倍补偿值	G92	00	工件坐标系设定
G46		刀具位置减少一半补偿值	G98	10	返回固定循环起始点
G47	00	刀具位置增加一半补偿值	G99		返回固定循环参考点(R 点)

说明：标记"*"号的 G 代码是通电时的初始状态。对于 G01 和 G00，通电时的初始状态由参数决定。在同一程序段中可以使用多个不同组的 G 代码。如果在同一程序段使用了多个同组 G 代码，仅执行最后的 G 代码。

1．进给控制功能指令 G00、G01、G02/G03 的格式及应用

G00、G01、G02/G03 属于基本移动指令，分别是快速移动指令、直线插补指令和圆弧插补指令。

1) 快速移动指令G00

G00 指令：刀具相对于工件以各轴预先设定的速度，从当前位置快速移动到程序段指定的定位目标点。G00 指令中的快速移动速度，一般用于加工前快速定位或加工后快速退刀，由机床参数"快移进给速度"对各轴最大速度分别设定，G00 快移速度可由面板上的快速倍率旋钮调节，不能用 F_指定。

(1) 指令格式：

　　G00 IP_；

IP_：绝对值指令时，是终点的坐标值；增量值指令时，是刀具移动的距离。

注意：在执行 G00 指令时，由于各轴以各自速度移动，不能保证各轴同时到达终点，因而联动直线轴的合成轨迹不一定是直线。操作者必须格外小心，避免刀具与工件发生碰撞。常见的做法是将 Z 轴移动到安全高度，再执行 G00 指令。

(2) 举例：如图 5-1-2 所示，刀具从 A 点快速定位到 B 点，其程序如下：

　　绝对值编程　G00　　G90 X300 Y200；
　　相对值编程　G00　　G91 X200 Y130；

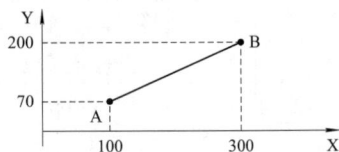

图 5-1-2　快速定位

2) 直线插补指令 G01

G01 指令：刀具以联动的方式，按 F 指定的进给速度，从当前位置按线性路线(联动直线轴的合成轨迹为直线)移动到程序段指令的终点。F 指定的进给速度直到新的值被指定之前一直有效，因此无须对每个程序段都指定 F。

(1) 指令格式：

　　G01 IP_ F_；

IP_：绝对值指令时，是终点的坐标值；增量值指令时，是刀具移动的距离。

F_：刀具的进给速度(进给量)。

(2) 举例：如图 5-1-3 所示，刀具从 A 点以 150 mm/min 的速度直线切削到 B 点，其程序如下：

　　绝对值编程　G01　　G90 X450 Y300 F150；
　　相对值编程　G01　　G91 X300 Y200 F150；

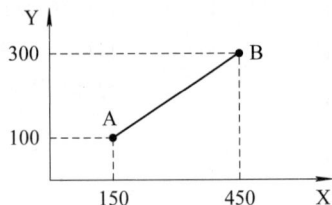

图 5-1-3　直线插补

3) 圆弧插补指令 G02/G03

G02/G03 指令：刀具沿圆弧轮廓从起点运行到终点。

运行的方向由 G 功能定义：G02 为顺时针圆弧插补；G03 为逆时针圆弧插补。

判别方法：顺时针或逆时针判断是从垂直于圆弧所在平面的坐标轴的正方向朝负方向看，顺时针用 G02，逆时针用 G03。在坐标系中的具体判断如图 5-1-4 所示。

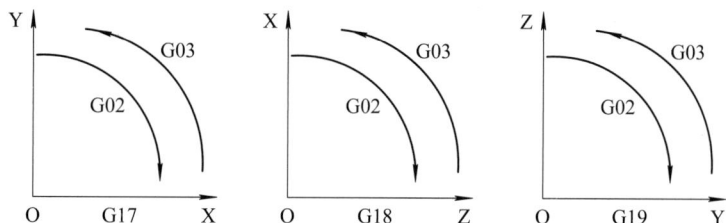

图 5-1-4　圆弧的判断

(1) 指令格式：

$$G17\begin{Bmatrix}G02\\G03\end{Bmatrix}X\_Y\_\begin{Bmatrix}I\_J\_\\R\_\end{Bmatrix}F\_$$

$$G18\begin{Bmatrix}G02\\G03\end{Bmatrix}X\_Z\_\begin{Bmatrix}I\_K\_\\R\_\end{Bmatrix}F\_$$

$$G19\begin{Bmatrix}G02\\G03\end{Bmatrix}Y\_Z\_\begin{Bmatrix}J\_K\_\\R\_\end{Bmatrix}F\_$$

说明：

G02：顺时针圆弧插补。

G03：逆时针圆弧插补。

G17：XY 坐标平面。

G18：ZX 坐标平面。

G19：YZ 坐标平面。

X、Y、Z：用绝对坐标(G90)时，为圆弧终点在工件坐标系中的坐标；用相对坐标(G91)时，为圆弧终点相对于圆弧起点的位移量。

I、J、K：I、J、K 后的数值是从起点向圆弧中心看的矢量分量，不管是 G90 编程还是 G91 编程，I、J、K 总是增量值，I、J、K 必须根据方向指定其符号(正或负)；也等于圆心的坐标减去圆弧起点的坐标(带符号)，如图 5-1-5 所示。

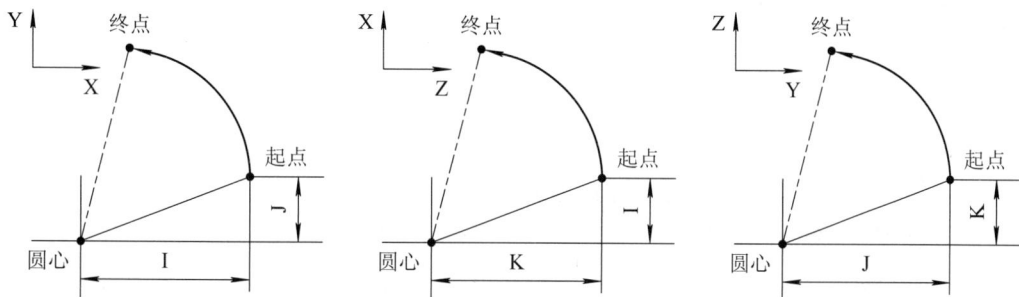

图 5-1-5　I、J、K 示意图

R：圆弧半径，当圆弧圆心角小于 180°时，R 为正值，否则 R 为负值；当圆弧圆心角等于 180°时，R 可为正值也可为负值。

F：进给速度。

注意：

• 机床启动时默认的加工平面是 G17。如果程序中刚开始时所加工的圆弧属于 XY 平面，则 G17 可省略，一直到有其他平面内的圆弧加工时才指定相应的平面设置指令；如再返回到 XY 平面内加工圆弧时，则必须指定 G17。如果指令了不在指定平面的轴时，显示报警。

• 当圆弧圆心角小于 180°时，R 为正值，当圆弧圆心角大于 180°时，R 为负值。

• 整圆编程时，不可以使用 R，只能用 I、J、K。

• 同时编入 R 与 I、J、K 时，R 有效。

• I0、J0 和 K0 可以省略。当 X、Y 和 Z 都省略(终点与起点相同)，用 I、J 和 K 指定时，是 360°的圆弧(整圆)。例：G02 I20 表示一个半径为 20 mm 的整圆。

(2) 举例：如图 5-1-6 所示，使用 G03 指令对所示圆弧①和圆弧②编程。

如图 5-1-6 所示，刀具从起点分别经①和②两条路径到达终点，其程序如下：

圆弧①：

绝对编程：G90 G03 X0 Y20.0 R20.0;

增量编程：G91 G03 X-20.0 Y20.0 R20.0;

圆弧②：

绝对编程：G90 G03 X0 Y20.0 R-20.0;

增量编程：G91 G03 X-20.0 Y20.0 R-20.0;

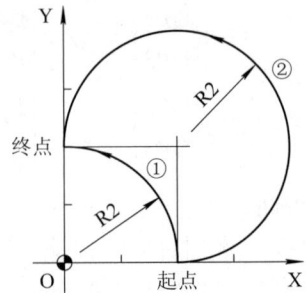

图5-1-6　圆弧插补

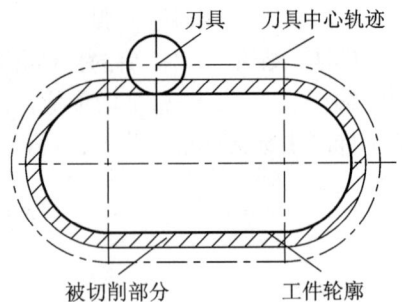

4) 刀具补偿功能指令(G41、G42、G40)

刀具补偿功能是用来补偿刀具实际刀尖圆弧半径与理论编程位置之差的一种功能，如图 5-1-7 所示。所谓刀具半径补偿的建立，就是刀具从无半径补偿运动到所要求的刀具半径补偿起点的过程，而刀具半径补偿取消则恰好与此相反。使用刀具补偿功能后，如需改变刀具，只要改变刀具半径补偿值，而不必改变零件加工程序。

(1) 编程格式：

图 5-1-7　刀具半径偏置

$$\begin{Bmatrix} G17 \\ G18 \\ G19 \end{Bmatrix} \begin{Bmatrix} G41 \\ G42 \\ G40 \end{Bmatrix} \begin{Bmatrix} G00 \\ G01 \end{Bmatrix} X\_Y\_Z\_D\_$$

G41 为刀具半径左补偿，沿刀具运动方向向前看，刀具位于工件左侧(如图 5-1-8(a)所示)。

G42 为刀具半径右补偿，沿刀具运动方向向前看，刀具位于工件右侧(如图 5-1-8(b)所示)。

G40 为撤销刀具半径补偿指令。

D 为控制系统存放刀具半径补偿量寄存器单元的代码(称为刀补号)。

G41、G42、G40 都是模态代码，可相互注销，G40 为缺省值。

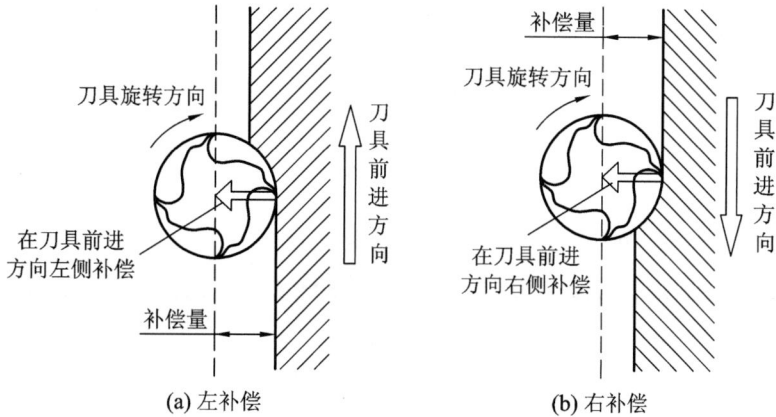

(a) 左补偿　　　　　　　　　　(b) 右补偿

图 5-1-8　刀具半径补偿

注意:

• 刀具半径补偿平面的切换必须在补偿取消方式下进行。

• 刀具半径补偿值由操作者输入刀具补偿寄存器中。

• 刀具半径补偿的建立与取消只能用 G00 或 G01 指令，不能用 G02 或 G03 指令。

(2) 结合图 5-1-9 和表 5-1-2 加工程序，了解刀具半径补偿的建立和取消过程(按增量方式编程)。

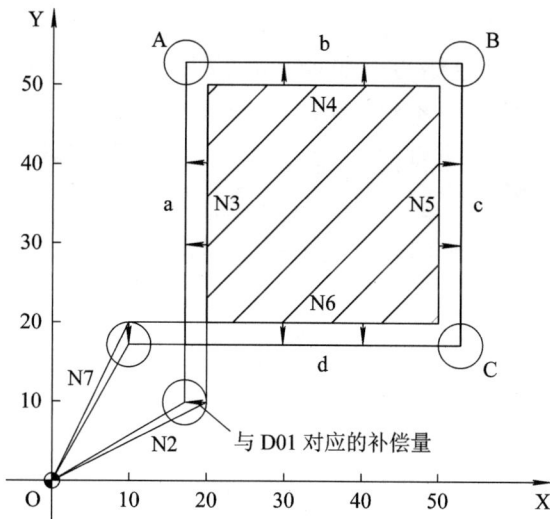

图 5-1-9　刀补的过程

表 5-1-2 加 工 程 序

程 序 内 容	说　　明
O0001;	程序号
N1 G91 G17 G00 M03 S1000;	由 G17 指定刀补平面
N2 G41 X20.0 Y10.0 D01;	刀补启动
N3 G01 Y40.0 F100;	⎫
N4 X30.0;	⎪
N5 Y-30.0;	⎬ 刀补状态
N6 X-40.0;	⎪
N7 G00 G40 X-10.0 Y-20.0 M05;	解除刀补
N8 M30;	程序结束

刀补动作分析如下:

① **启动阶段**。当 N2 程序段中写上 G41 和 D01 指令后,运算装置即同时先行读入 N3、N4 两段,在 N2 段的终点(N3 段的始点)作出一个矢量,该矢量的方向是与下一段的前进方向垂直向左,大小等于刀补值(即 D01 的值)。刀具中心在执行 N2 段时,就移向该矢量终点。在该段中,动作指令只能用 G00 或 G01 指令,不能用 G02 或 G03 指令。

② **刀补状态**。从 N3 开始进入刀补状态,在此状态下,G01、G00、G02、G03 指令都可使用,也是每段都先行读入两段,自动按照启动阶段的矢量做法,做出每个沿前进方向左侧加上刀补的矢量路径。像这种在每段开始都先行读入两段、计算出其交点、使刀具中心移向交点的方式称之为交点运算方式。

③ **取消刀补**。当 N7 程序段中用到 G40 指令时,则在 N6 段的终点(N7 段的始点)作出一个矢量,它的方向是与 N6 段前进的方向垂直朝左,大小为刀补值。刀具中心就停止在这一矢量的终点,然后从这一位置开始,一边取消刀补一边移向 N7 段的终点,此时也只能用 G01 或 G00 指令,而不能用 G02 或 G03 指令等。

在这里需要特别注意的是,在启动阶段开始后的刀补状态中,如果存在有两段以上的没有移动指令或存在非指定平面轴的移动指令段,则有可能产生进刀不足或进刀超差现象。后面再举例说明。

三、辅助功能 M 代码

辅助功能由地址字 M 及其后面的两位数字组成,主要用于控制零件加工程序的走向以及数控机床中的辅助装置的开关动作或状态,如主轴启动,主轴停止,冷却液开、关等。M 功能有非模态 M 功能和模态 M 功能两种形式。

(1) **非模态 M 功能**(当前段有效代码):只在编写了该代码的程序段中有效。

(2) **模态 M 功能**(持续有效代码):一组可相互注销的 M 功能,这些功能在被同一组的另一个功能注销前一直有效。

模态 M 功能组中包含一个缺省功能,系统上电时将被初始化为该功能。数控装置常用 M 代码及功能如表 5-1-3 所示(标记有"*"的为缺省值)。

表 5-1-3　常用 M 代码及功能

代码	模　态	功能说明	代码	模　态	功能说明
M00	非模态、后作用	程序停止	M03	模态、前作用	主轴正转启动
M01	非模态	选择停止	M04	模态、前作用	主轴反转启动
M02	非模态、后作用	程序结束	M06	非模态、后作用	换刀
*M05	模态、前作用	主轴停止转动	M08	模态、前作用	切削液打开
M30	非模态、后作用	程序结束并返回回程序起点	*M09	模态、后作用	切削液停止
M98	非模态	调用子程序	M99	非模态	子程序结束

其中：M00、M02、M30 用于控制零件加工程序的走向，是 CNC 内定的辅助功能，不由机床制造商设计决定，即与 PLC 程序无关。其余 M 代码用于机床各种辅助功能的开关动作控制，其功能不由 CNC 内定而是由 PLC 程序指定，所以有可能因机床制造厂不同而有差异(表内为标准 PLC 指定的功能)，请使用者参考机床说明书使用各代码。

1) 程序暂停指令 M00

当 CNC 执行 M00 指令时，将暂停执行当前程序，以方便操作者进行刀具和工件的尺寸测量、工件调头、手动变速等操作。暂停时机床的主轴、进给及冷却液停止，而全部现存的模态信息保持不变，欲继续执行后续程序，重新按操作面板上的"循环启动"键。

2) 程序选择停止指令 M01

M01 为程序选择停止指令，若要指令程序生效，需要按操作面板上的"M01 有效"键。M01 与 M00 指令的功能基本相似，只有在按下"选择停止"键后，M01 指令才有效，否则机床继续执行后面的程序段；按"启动"键，继续执行后面的程序。

3) 程序结束指令 M02

M02 编在主程序的最后一个程序段中。当 CNC 执行到 M02 指令时机床的主轴、进给、冷却液全部停止，加工结束，表示程序结束，加工程序内所有内容已完成，执行结束后光标停留在 M02 指令后。若要重新执行该程序就必须重新调用该程序，然后再按操作面板上的"循环启动"键。

4) 程序结束并返回到零件程序头指令 M30

M30 和 M02 指令功能基本相同，只是 M30 指令还兼有控制返回到零件程序头的作用。使用 M30 指令的程序结束后，若要重新执行该程序，只需再次按操作面板上的"循环启动"键即可。

5) 主轴控制指令 M03、M04、M05

M03：主轴正转。

M04：主轴反转。

M05：主轴停止旋转。

6) 换刀指令 M06

M06 指令用于在加工中心上调用一个欲安装在主轴上的刀具，刀具将被自动地安装在主轴上。

7) 冷却液打开、关闭指令(M07、M08、M09)

M07 指令将打开气冷管道;

M08 指令将打开冷却液管道;

M09 指令将关闭冷却液管道。

8) 调用子程序命令 M98

M98 用于调用子程序,有 M98P#### L***和 M98 P***#### 两种格式,其中 * 表示子程序调用的次数,# 表示被调用的子程序号。

9) 子程序结束符 M99

在子程序中用 M99 表示该子程序结束。

四、其他常用指令

1. 工件坐标系的选取(G54～G59)

在机床行程范围内可用 G54～G59 指令设定六个不同的工件坐标系。一般先用手动输入或者程序设定的方法设定每个坐标系距机床机械原点的 X、Y、Z 轴的距离,然后用 G54～G59 指令调用。G54～G59 分别对应于第 1～6 工件坐标系,这些坐标系存储在机床存储器内,在机床重开机时仍然存在,在程序中可以交替选取任意一个工件坐标系使用。值得注意的是,G54～G59 指令是在加工前就已设定好坐标系。

例如,如图 5-1-10 所示,刀具从 A 点定位到 B 点,编程如下:

N0100 G54 G00 G90 X30.0 Y40.0;　　(快速定位至 G54 坐标中 X30.0、Y40.0 处)

N0110 G59;　　　　　　　　　　　　(将 G59 置为当前工件坐标系)

N0120 G00 X45.0 Y45.0;　　　　　　(快速移至 G59 坐标中的 X45.0、Y45.0 处)

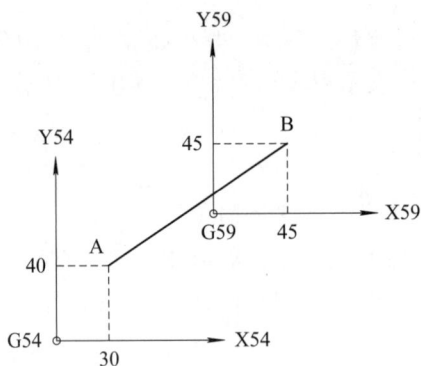

图 5-1-10　坐标系偏移

2. 绝对值编程指令 G90 与相对值编程指令 G91

格式:

　　　G90;

　　　G91;

G90:绝对值编程,每个编程坐标轴上的编程值是相对于程序原点的;

G91：相对值编程，每个编程坐标轴上的编程值是相对于前一位置而言的，该值等于沿坐标轴移动的距离。

G90、G91 为模态功能，可相互注销；G90 为缺省值。

3. 坐标平面选择指令(G17、G18、G19)

格式：

　　G17；

　　G18；

　　G19；

G17：选择 XY 平面；

G18：选择 ZX 平面；

G19：选择 YZ 平面。

该组指令用于选择进行圆弧插补和刀具半径补偿的平面。G17、G18、G19 为模态功能，可相互注销；G17 为缺省值。

4. 尺寸单位的设定

(1) 公制尺寸：G21。

(2) 英制尺寸：G20。

G21、G20 是两个互相取代的 G 代码，机床出厂时将 G21 设定为参数缺省状态，用公制输入程序时可不再指定 G21；但用英制输入程序时，在程序开始设定工件坐标系之前，必须指定 G20。另外，G21、G20 指令在断电再接通后，仍保持其原有状态。

【任务实施】

(1) 进行程序字和程序段的输入与编辑，运行程序，了解指令功能。

打开 软件→选择 FANUC 0iM 数控系统(如图 5-1-11 所示)→系统电源→松开急停按钮(如图 5-1-12 所示左上角圆形按钮)→激活机床→机械回零→先按"+Z"，再按"+X""+Y"。

图 5-1-11　数控系统选择界面　　　　　　图 5-1-12　急停按钮

(2) 数控程序的校验,如图 5-1-13 所示。

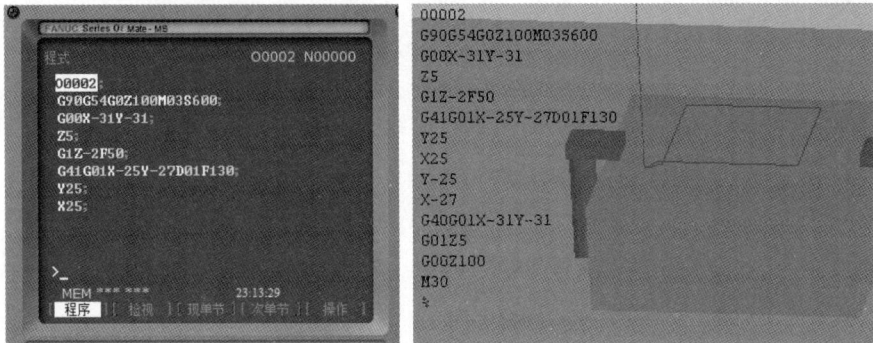

图 5-1-13 程序界面及程序轨迹

(3) 按给定图纸编写加工路径(如图 5-1-14 所示),并完成走刀轨迹练习。

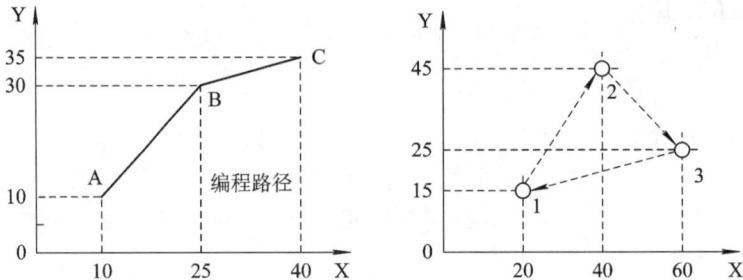

图 5-1-14 程序轨迹编程

(4) 要求每组每个学生都要独立完成程序编制及修改。

【任务评价】

一、个人、小组评价

(1) 分层次概括总结出你在本次任务实施过程中有哪些收获。
(2) 分组展示小组学习过程中的收获。

二、教师评价

教师对各小组任务完成情况分别作出评价,见表 5-1-4。
(1) 找出各组的优点进行点评。
(2) 对任务完成过程中各组存在的问题进行点评并提出解决方法。
(3) 对整个任务完成过程中出现的亮点和不足进行点评。

表 5-1-4　任务 1 评价表

组　　别				小组负责人		
成员姓名				班级		
课题名称				实施时间		
评价类别	评价内容	评 价 标 准	配分	个人自评	小组评价	教师评价
学习准备	课前准备	资料收集、整理，自主学习	5			
学习过程	信息收集	能收集有效的信息	5			
	编程	零件程序的正确性	20			
	软件模拟	刀具轨迹正确	25			
	问题探究	刀具半径补偿功能	10			
	文明生产	服从管理，遵守校规、校纪和安全操作规程	5			
学习拓展	知识迁移	能实现前后知识的迁移	5			
	应变能力	能举一反三，提出改进建议或方案	5			
	创新程度	有创新建议提出	5			
学习态度	主动程度	主动性强	5			
	合作意识	能与同伴团结协作	5			
	严谨细致	认真仔细，不出差错	5			
总　　计			100			
教师总评(成绩、不足及注意事项)						
综合评定等级(个人 30%，小组 30%，教师 40%)						

任课教师：_____　　　年　月　日

练习与提高

一、选择题(请将正确答案的序号填写在题中的括号中)。

1. 在一个程序段中，(　　)应采用 M 代码。
   A. 点位控制　　　　　　　B. 直点控制
   C. 圆弧控制　　　　　　　D. 主轴旋转控制

2. G91 G01 X12.0 Y16.0 F100 执行后，刀具移动了(　　)mm。
   A. 20　　　　B. 25　　　　C. 12　　　　D. 28

二、简答题

1. 数控指令的分类有哪几类？
2. 何谓数控编程？数控编程有哪些步骤？
3. 什么叫代码分组？什么叫模态代码？什么叫开机默认代码？
4. 在辅助功能中 M02 指令和 M30 指令有何区别？

5. 试写出圆弧加工指令的指令格式，G02 与 G03 是如何判断的？

6. 什么叫刀具补偿功能？刀具补偿功能分哪几种？

7. 刀具半径补偿的过程分哪几步？在进行刀具半径补偿过程中要注意哪些问题？

三、编程题

试用学习的指令对图 5-1-15 所示的轨迹进行编程。

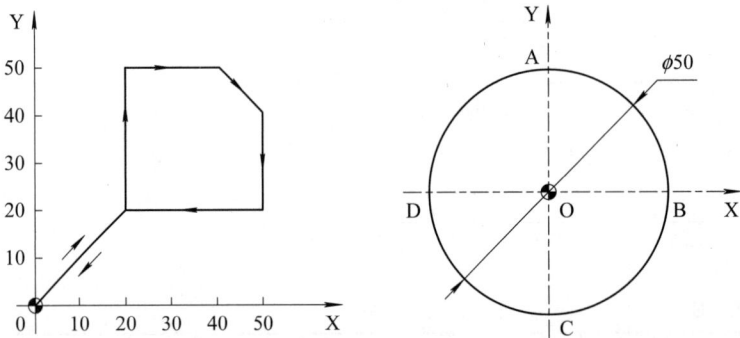

图 5-1-15　编程练习

任务 2　建立数控铣床坐标系

【任务描述】

　　本任务主要介绍数控铣床坐标系和工件坐标系，通过学习，使学生掌握数控铣床坐标系和工件坐标系的关系。图 5-2-1 所示为工件坐标系原点与机床坐标系原点之间的关系。

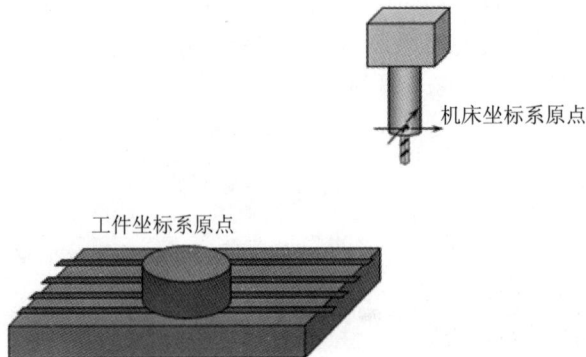

图 5-2-1　工件坐标系原点与机床坐标系原点

【任务分析】

工件坐标系是编程人员在编程和加工时使用的坐标系，是程序的参考坐标系，工件坐标系的设定应根据零件的特点，有利于编程和尺寸的直观性，并且应便于操作人员在工件上建立该坐标系。建立工件坐标系是数控铣床加工前的必不可少的一步。

【任务目标】

(1) 了解数控铣床坐标系的类型。

(2) 能够对不同的工件建立坐标系。

(3) 培养自己的知识拓展能力，养成认真严谨的工作态度。

【相关知识】

在数控机床上，机床的运动是受数控装置控制的。为了确定机床上的成形运动和辅助运动，必须先确定机床上刀具运动的方向和运动的距离，这就需要一个坐标系才能实现，这个坐标系就称为机床坐标系。

一、数控铣床坐标系和参考点

1．数控铣床坐标系

1) 坐标系的确定原则

1982 年我国机械工业部颁布了 JB 3051—82 标准，其中规定数控铣床坐标系的命名原则如下：

(1) 刀具相对于静止工件而运动的原则。这一原则使编程人员能在不知道是刀具移近工件还是工件移近刀具的情况下，就可依据零件图样，确定机床的加工过程；也就是说，在编程时，总是把工件看作静止的，刀具的刀位点沿着工件轮廓运动进行加工。

(2) 标准坐标(机床坐标)系的规定。标准的机床坐标系是一个右手笛卡尔直角坐标系，如图 5-2-2 所示，它用右手的大拇指表示 X 轴，食指表示 Y 轴，中指表示 Z 轴，三个坐标轴相互垂直，即规定了它们间的位置关系。这个坐标系的 X、Y、Z 坐标轴与机床的主要导轨相平行。

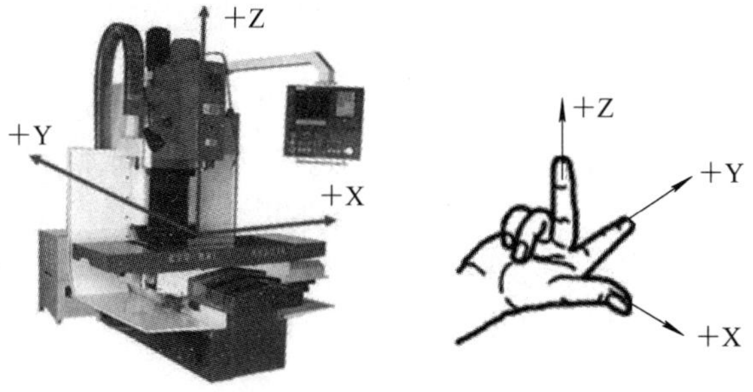

图 5-2-2　右手直角笛卡尔坐标系

(3) 由运动方向确定坐标轴方向。

数控机床的某一部件运动的正方向(即增大工件和刀具之间距离的方向)为坐标轴的正方向,即刀具远离工件的方向。

2) 坐标轴的规定

(1) Z轴定义为机床主轴或平行于主轴的坐标轴,如果机床有一系列主轴,则选尽可能垂直于工件装夹面的主轴为Z轴,其正方向定义为从工作台到刀具夹持的方向,即刀具远离工作台的运动方向。

(2) X轴为水平的、平行于工件装夹平面的坐标轴,它平行于主要的切削方向,且以此方向为正方向。

(3) Y轴的正方向则根据X轴和Z轴的方向按右手笛卡尔直角坐标系来确定。相应地,旋转坐标轴A、B和C的正方向可在X、Y、Z坐标轴的正方向上按右手螺旋前进的方向来确定,A轴为绕X轴旋转的轴,B轴为绕Y轴旋转的轴,C轴为绕Z轴旋转的轴。图5-2-3(a)、(b)所示分别为典型立式数控铣床和卧式数控铣床的坐标系。

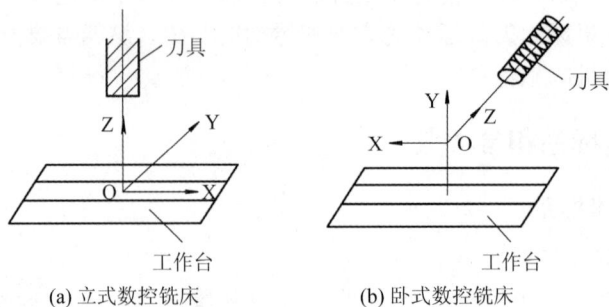

(a) 立式数控铣床　　　　　(b) 卧式数控铣床

图 5-2-3　数控铣床

3) 机床坐标系的原点

在确定了机床各坐标轴及方向后,还应进一步确定坐标系原点的位置。

机床坐标系的原点即机床原点,是指在机床上设置的一个固定点,它在机床装配、调试时就已确定,是数控机床进行加工运动的基准点,由机床制造厂家确定。

2. 数控铣床参考点

在数控铣床上,机床参考点一般取在X、Y、Z三个直角坐标轴正方向的极限位置上。在数控机床回参考点(也叫作回零)操作后,CRT 显示的是机床参考点相对机床坐标原点的相对位置的数值。对于某些数控机床来说,坐标原点就是参考点。

机床参考点也称为机床零点。机床启动后,首先要将机床返回参考点(回零),即执行手动返回参考点操作,使各轴都移至机床参考点。这样在执行加工程序时,才能有正确的工件坐标系。数控铣床的坐标原点和参考点往往不重合,由于系统能够记忆和控制参考点的准确位置,因此对操作者来说,参考点显得比坐标原点更重要。

二、工件坐标系

数控机床总是按照自己的坐标系做相应的运动,要想使工件的关键点摆放在数控机床的某一特定位置上是难以实现的，根据机床坐标系编制相应的加工程序也是十分麻烦的。因此，为了编程方便和装夹工件方便，必须建立工件坐标系，如图 5-2-4 所示。

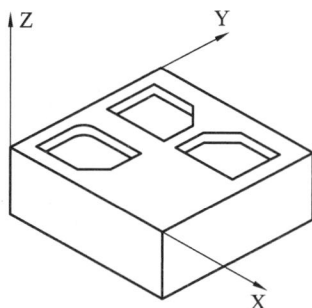

图 5-2-4　工件坐标系

1. 工件坐标系概念

工件坐标系的各坐标轴名称和方向必须与机床坐标系的名称和方向相一致。工件坐标系实际上是编程坐标系从图纸上往零件上的转化，编程坐标系是在图纸上确定的，工件坐标系是在工件上确定的。如果把图纸蒙在工件上，两者应该重合。数控程序中的坐标值都是按编程坐标计算的，零件在机床上安装好后，刀具与编程坐标系之间没有任何关系，如何知道程序中的坐标所对应的点在工件上什么位置呢？这就需要确定编程原点在机床坐标系中的位置，通过工件坐标系把编程坐标系与机床坐标系联系起来，刀具就能准确地定位了。

数控铣床工件坐标系有 G54～G59 六个坐标系，如图 5-2-5 所示，可根据需要选用。G54～G59 预置建立的工件坐标原点在机床坐标系中的坐标值系统自动记忆。G54～G59 为模态指令，调用后处于有效状态，G54～G59 可相互注销。

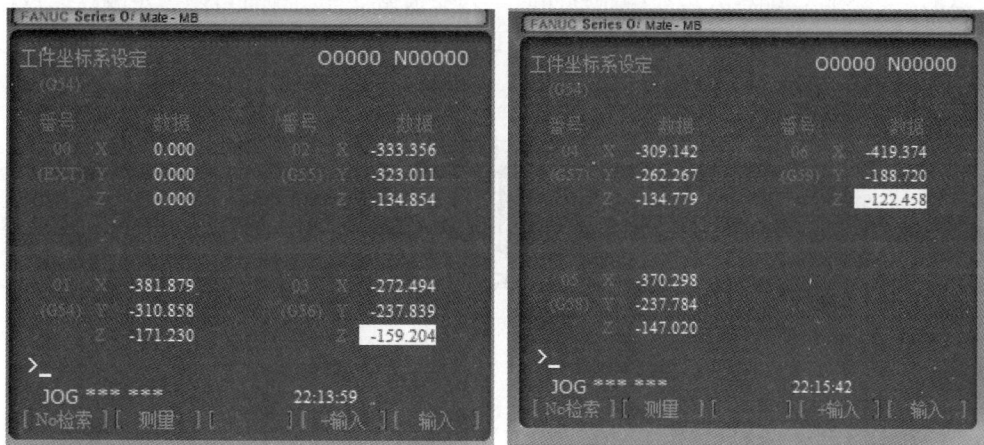

图 5-2-5　数控铣床工件坐标系界面

2. 工件坐标系的原点

工件坐标系的原点(如图 5-2-6 所示)是指根据加工零件图样选定的编制零件程序的原点，即编程坐标系的原点。编程原点由编程人员自己确定，应该尽量选择在零件的设计基准或工艺基准上，或者是工件的对称中心上，并考虑到编程的方便性。

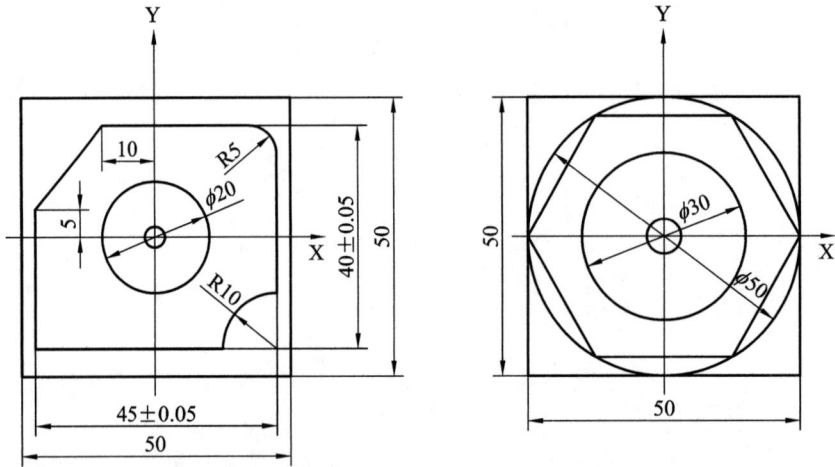

图 5-2-6　工件坐标系原点的选择

三、机床坐标系和工件坐标系之间的联系

　　机床有自己的坐标系，是按标准和规定建立起来的，各数控机床制造厂商必须严格执行。工件也有自己的坐标系，是由编程人员根据加工实际情况和所用机床来确定的。两者分别对应坐标轴的名称和方向是相同的，差别在于工件的坐标原点和机床的坐标原点不同。工件的原点相对于机床的原点，在 X、Y、Z 方向有位移量，如图 5-2-7 所示，通过对刀操作可以测定。因此，编程人员在编制程序时，只要根据零件图样就可以选定编程原点，建立编程坐标系，计算坐标数值，而不必考虑工件毛坯装夹的实际位置。

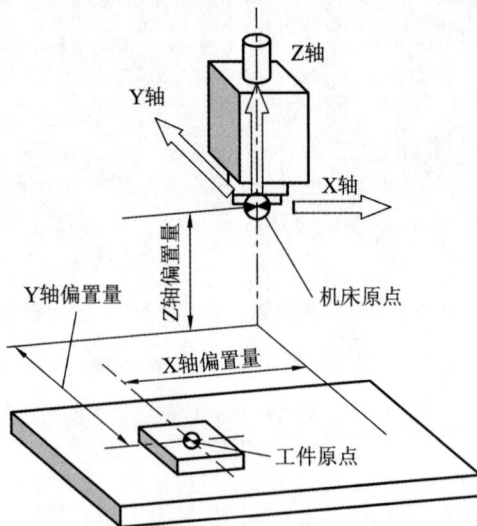

图 5-2-7　工件原点与机床原点

对加工人员来说，则应在装夹工件、调试程序时确定加工原点的位置，并在数控系统中给予设定(即给出原点设定值)，这样数控机床才能按照准确的加工位置进行加工。

程序在执行时，系统首先把对刀设定值从寄存器中读出，然后附加在程序的相应值上，并按工件的坐标系做相应的运动，这样刀具就能沿着编程的路径加工出工件的轮廓。

【任务实施】

(1) 阐述机床坐标系和工件坐标系的联系。

(2) 对图 5-2-8 所示的图形建立工件坐标系并说明理由。

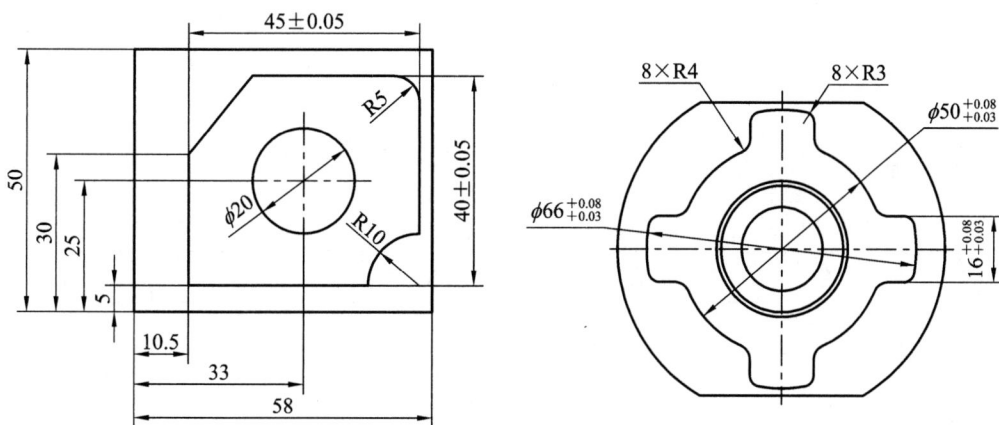

图 5-2-8　工件坐标系的建立

【任务评价】

一、个人、小组评价

(1) 分层次概括总结出你在本次任务实施过程中有哪些收获。

(2) 分组展示小组学习过程中的收获。

二、教师评价

教师对各小组任务完成情况分别作出评价，见表 5-2-1。

(1) 找出各组的优点进行点评。

(2) 对任务完成过程中各组存在的问题进行点评并提出解决方法。

(3) 对整个任务完成过程中出现的亮点和不足进行点评。

表 5-2-1 任务 2 评价表

组　　别					小组负责人		
成员姓名					班级		
课题名称					实施时间		
评价类别	评价内容	评 价 标 准		配分	个人自评	小组评价	教师评价
学习准备	课前准备	资料收集、整理，自主学习		5			
学习过程	信息收集	能收集有效的信息		5			
	软件模拟	认真聆听老师讲解，了解机床坐标系和工件坐标系		20			
		工件坐标系的建立		25			
	问题探究	工作坐标系的建立原则		10			
	文明生产	服从管理，遵守校规、校纪和安全操作规程		5			
学习拓展	知识迁移	能实现前后知识的迁移		5			
	应变能力	能举一反三，提出改进建议或方案		5			
	创新程度	有创新建议提出		5			
学习态度	主动程度	主动性强		5			
	合作意识	能与同伴团结协作		5			
	严谨细致	认真仔细，不出差错		5			
总　　计				100			
教师总评(成绩、不足及注意事项)							
综合评定等级(个人 30%，小组 30%，教师 40%)							

任课教师：_____　　年　月　日

练习与提高

1. 工件坐标系的概念是什么？

2. 工件坐标系的作用是什么？

3. 如何选择立式数控铣床的工件坐标系原点？

4. 什么叫机床坐标系？如何确定数控铣床机床坐标系坐标方向？如何建立机床坐标系？

5. 设定数控铣床的工件坐标系有哪几种方法？它们有何不同之处？

任务 3 数控铣床平面轮廓程序编写

![task icon]

【任务描述】

本任务主要介绍数控铣床平面轮廓加工程序的编写，通过学习，使学生掌握图纸分析方法，学会编程指令的使用及相关坐标的计算。图 5-3-1 所示将图纸上的工程语言转变为数控铣床能够识别的加工语言。

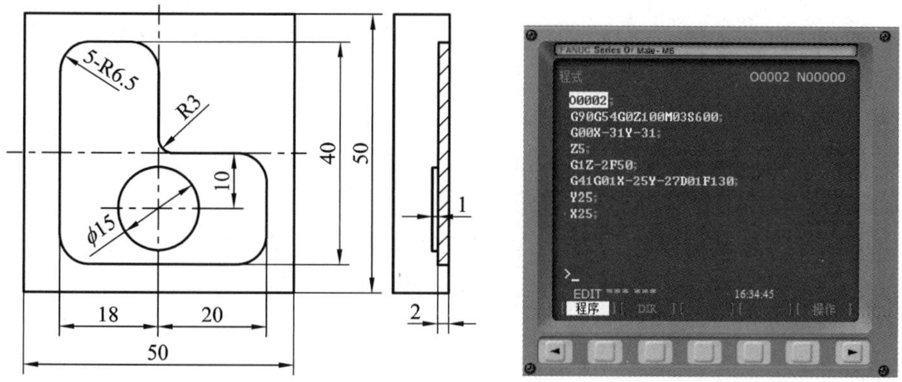

(a) 零件图   (b) 系统程序界面

图 5-3-1 数控铣床平面轮廓的加工编程

【任务分析】

通过以上任务的描述可知，数控铣床可以根据输入的程序对工件进行加工，程序是数控铣床识别的唯一语言，我们根据前面学习的基本指令，可按图纸要求编写加工程序，并通过软件使数控铣床将工件加工出来。

【任务目标】

(1) 掌握数控铣床加工程序的组成及编写步骤。
(2) 掌握数控铣床平面轮廓程序的编写方法。
(3) 认识加工平面轮廓刀具。
(4) 培养自己的运算能力及逻辑思维能力，养成严谨认真的工作态度。

【相关知识】

一、FANUC 数控铣床的程序构成

一个零件程序必须包括起始符程序号、程序内容和程序结束符三个部分，零件程序是按程序段的输入顺序执行的。

程序结构如下：

O0001;   程序号

N10 G90 G54 G17 G00 Z100 M03 S600;

N20 G00 X50 Y50;

⋮   程序内容

N180 G91 G28 Z0;

N190 M30;   程序结束符

1．程序号

程序号为程序的开始部分，即为程序的编号，是为区别存储器中的程序而命名的，同一个存储器中的程序是不可重名的。在 FANUC 系统中，程序号由英文字母"O"+数字(四位)组成，如 O0626 即程序号为 626 的程序。O8000～O9999 之间的程序为系统程序，通过系统参数将其保护起来，不能修改也不能删除。

2．程序内容

程序内容是整个程序的核心，它由许多程序段组成，每个程序段由一个或多个指令构成，表示数控机床的动作。程序段的格式如下：

N(数字) G(数字) X(数字)Y(数字)Z(数字) D(数字) F(数字) S(数字)M(数字)H(数字);

N(数字)——程序段号，该项为任选项(即可不写)；

G(数字)——准备功能指令；

X(数字)Y(数字)Z(数字)——尺寸字，分别表示沿 X、Y、Z 坐标方向的位移量；

D(数字)/H(数字)——刀具补偿号，指定刀具半径/长度补偿存储单元号；

F(数字)——进给速度指令；

S(数字)——主轴转速指令；

M(数字) 辅助功能指令；

; ——程序段结束符。

3．程序结束符

程序结束部分用 M02 或 M30 指令表示，该指令用于程序的末尾，它们代表零件加工程序的结束。

二、数控铣床程序的编写步骤

零件图纸的分析及工艺处理、数值计算、程序单的编写、程序的校验等各个步骤，均由人工来完成，这样的编程方式即为手工编程。对于一些几何形状简单、计算方便、程序量不大的零件都可以用手工编程来完成，数控铣床手工编程的内容与步骤如图 5-3-2 所示。

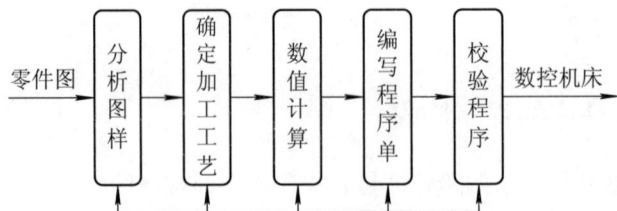

图 5-3-2　数控铣床手工编程步骤

1．分析图纸

首先通过各个视图看懂图纸，确定加工的内容，对所要加工的内容进行分析，包括工件尺寸的公差等级、形位公差、加工表面的质量要求、零件的各个部分使用什么指令加工等。

2．确定加工工艺

加工工艺是工人进行加工前必须要做的工作，可以避免在加工过程中发生加工失误，造成经济损失。一般包括以下内容：

(1) 确定各工序的加工余量，计算工序尺寸及公差。

(2) 确定各工序所用的设备及刀具、夹具、量具和辅助工具。

(3) 确定切削用量。

(4) 确定各主要工序的技术要求及检验方法。

3．数值计算

确定工件坐标系之后，对图纸中的圆弧与直线的交点、圆弧与直线的切点、六边形的特征点以及其他各种特征点进行计算，如图 5-3-3 和图 5-3-4 所示。

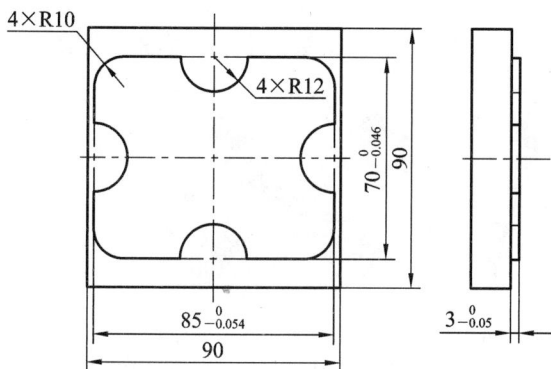

图 5-3-3　图纸中的特征点　　　　图 5-3-4　六边形特征点

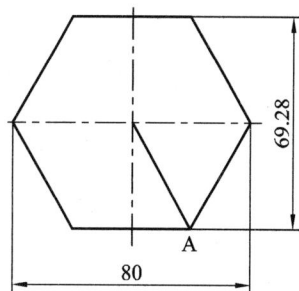

4．编写程序单

根据图纸进行程序编写，确定每部分程序加工的内容，确定加工内容中的轮廓所采用的加工指令及特征点的坐标值，按顺序进行轮廓的编写。

5．校验程序

对照图纸进行程序检查校验，检查指令和坐标点是否正确，然后将程序输入仿真软件中进行轨迹校验和仿真切削校验。

三、加工轮廓常用的刀具及刀柄

数控铣床切削加工具有高速、高效的特点，与传统铣床切削加工相比较，数控铣床对切削加工刀具的要求更高，铣削刀具的刚性、强度、耐用度和安装调整方法都会直接影响切削加工的工作效率；刀具本身的精度、稳定性都会直接影响工件的加工精度及表面的加工质量，合理选用切削刀具也是数控加工工艺中的重要内容之一。下面介绍数控铣床加工中常用的几种刀具。

1．面铣刀

面铣刀主要用在立式铣床或卧式铣床上加工台阶面和平面,特别适合较大平面的加工,主偏角为 90°的面铣刀可铣底部较宽的台阶面。用面铣刀加工平面,同时参加切削的刀齿较多,又有副切削刃的修光作用,使加工表面粗糙度值较小,因此可以用较大的切削用量,生产效率高,应用广泛,如图 5-3-5 所示。

图 5-3-5　面铣刀

2．立铣刀

立铣刀是数控铣削加工中最常用的一种铣刀,如图 5-3-6 所示。常用其侧刃铣削,有时也用端刃、侧刃同时进行铣削,广泛用于加工平面类零件进行直线、斜线、圆弧、螺旋、钻式铣削及加工沟槽和台阶面等。当立铣刀上有通过中心的端齿时,可轴向进给。

图 5-3-6　立铣刀

立铣刀的装夹大多采用弹簧夹套装夹方式,使用时处于悬臂状态。在铣削加工过程中,有时可能出现立铣刀从刀夹中逐渐伸出,致使工件报废的现象,其原因一般是因为刀夹内孔与立铣刀刀柄外径之间存在油膜,造成夹紧力不足所致。立铣刀出厂时通常都涂有防锈油,如果切削时使用非水溶性切削油,刀夹内孔也会附着一层雾状油膜,当刀柄和刀夹上都存在油膜时,刀夹很难牢固夹紧刀柄,在加工中立铣刀就容易松动掉落。所以在立铣刀装夹前,应先将立铣刀柄部和刀夹内孔用清洗液清洗干净,擦干后再进行装夹。

3．刀柄

刀柄的作用是将机床主轴与刀具连接起来,将刀具放入 ER 卡簧中,把刀柄装到主轴上,通过主轴的回转对工件进行切削。图 5-3-7 所示分别为 ER 卡簧、刀柄、刀具锁刀座。

ER 卡簧　　　　　刀柄　　　　　刀具锁刀座

图 5-3-7　ER 卡簧、刀柄、刀具锁刀座

四、程序的编写

编写如图 5-3-8 所示零件的加工程序。

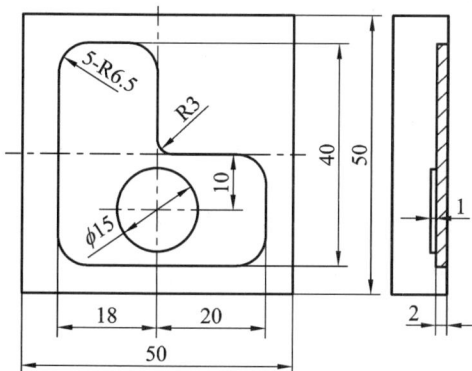

技术要求：未注公差均为 ±0.15。

图 5-3-8　L 形槽

按图 5-3-2 所示步骤进行编程。

1. 分析图纸

如图 5-3-8 所示，零件轮廓简单规则，有 L 形槽加工和整圆加工，加工内容均为内轮廓，L 形槽部分中轮廓各个点的计算要准确，圆弧与直线加工的命令要及时切换；整圆加工不能使用 R 编程，需要采用 I、J、K 进行编程。

2. 确定加工工艺

(1) 采用机用平口钳装夹，夹持深度适中。

(2) 加工的内容均为内轮廓，采用垂直下刀，刀具为过中心的立铣刀进行加工，直径为 10 mm，下刀速度为 40 mm/min。

(3) 先加工 L 形槽，再加工中间 $\phi15$ 的圆。

3. 数值计算

各个切点的计算：

I、J 分别表示圆心坐标减去圆弧的起点坐标的 X、Y 值。

圆心坐标为(0，−10)，圆弧起点坐标为(−7.5，−10)，则

$$I = 0 - (-7.5) = 7.5, \qquad J = -10 - (-10)$$

4. 编写程序单

O0001;	(平面加工)略
O0002;	(轮廓加工)
G90 G54 G40 G49 G00 Z100;	
M03 S800;	
G00 X-2 Y-10;	(定位点)
G00 Z20;	(Z 轴定位)

G00 Z5;	
G01 Z-2 F40;	(Z 轴下刀)
G41 G01 X-12.5 D01 F160;	(进行刀具半径补偿)
G03 X-2 Y-20 R10;	(圆弧切入)
G01 X13.5;	
G03 X20 Y-13.5 R6.5;	(轮廓加工)
G01 Y-6.5;	(轮廓加工)
G03 X13.5 Y0 R6.5;	(轮廓加工)
G01 X3 Y0;	(轮廓加工)
G02 X0 Y3 R3;	(轮廓加工)
G01 Y13.5;	(轮廓加工)
G03 X-6.5 Y20 R6.5;	(轮廓加工)
G01 X-11.5;	(轮廓加工)
G03 X-18 Y13.5 R6.5;	(轮廓加工)
G01 Y-13.5;	(轮廓加工)
G03 X-11.5 Y-20 R6.5;	(轮廓加工)
G01 X0;	(轮廓加工)
G03 X10 Y-10 R10;	(圆弧切出)
G40 G01 X-2 Y-10;	(取消刀具半径补偿)
G01 Z5;	(Z 轴抬刀)
G00 Z50;	(Z 轴抬刀)
G91 G28 Y0;	(Y 轴回参考点)
M30;	(程序结束)
O0003;	(整圆加工)
G90 G54 G40 G49 G00 Z100;	
M03 S800;	(主轴正转)
G00 X0Y-10;	(定位点)
G00 Z20;	(Z 轴定位)
G00 Z5;	(Z 轴下刀)
G01 Z-3 F40;	(Z 轴下刀)
G41 G01 X7.5 D01 F160;	(进行刀具半径补偿)
G03 I-7.5;	(整圆加工)
G40 G01 X0 Y-10;	(取消刀具半径补偿)
G01 Z5;	(Z 轴抬刀)
G00 Z50;	(Z 轴抬刀)
G91 G28 Y0;	(Y 轴回参考点)
M30;	(程序结束)

5．校验程序

对照图纸检查校验程序，检查指令和坐标点是否正确，然后将程序输入仿真软件中进行轨迹校验和仿真切削校验。

【任务实施】

(1) 打开 软件→选择 FANUC 0iM 数控系统(如图 5-3-9 所示)→运行→松开急停按钮(如图 5-3-10 所示)→激活机床→机械回零→先按"+Z"，再按"+X""+Y"。

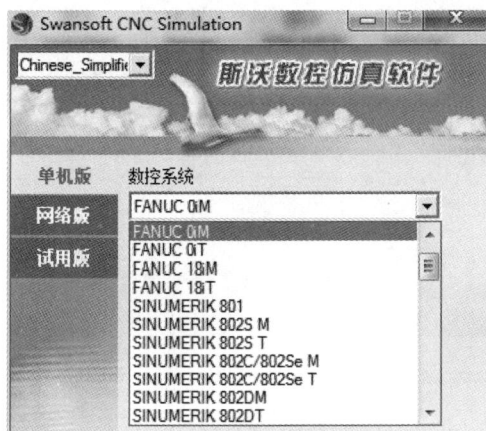

图 5-3-9　数控系统选择界面

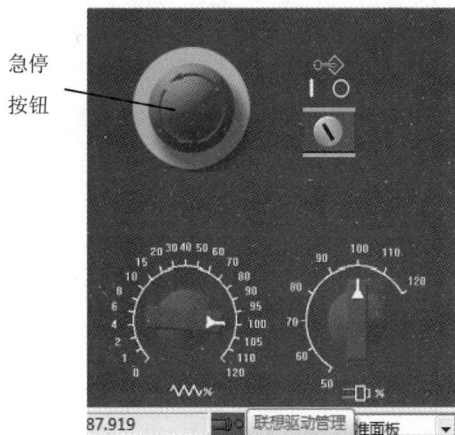

图 5-3-10　急停按钮

(2) 选择刀具。按下 键，如图 5-3-11 所示。根据图纸要求选择所需刀具，选择添加到刀盘所对应的刀具号，最后按"确定"键，将刀具安装到所对应的刀具号位置。

(3) 安装工件。按下 键，根据图纸要求设定工件尺寸，最后按"确定"键，如图 5-3-12所示。

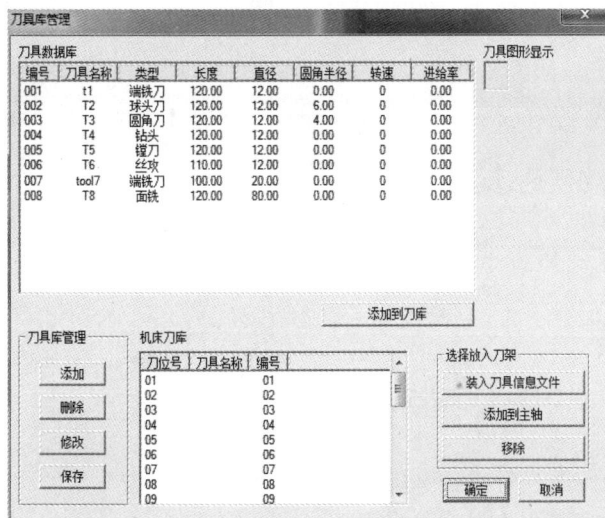

图 5-3-11　选择刀具

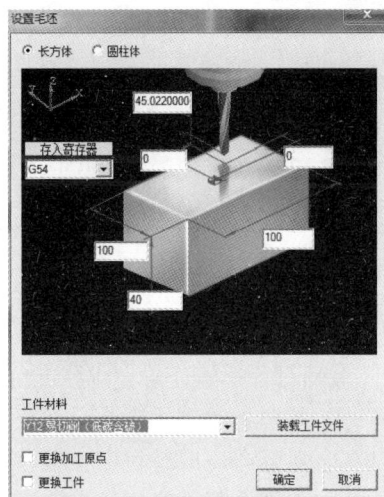

图 5-3-12　工件坐标系设置

(4) FANUC Series 0iM 系统程序的输入。

① 将程序保护锁调到开启状态，按"EDIT"键，选择编辑工作模式。

② 按"PROG"键，显示程序编辑画面或程序目录画面，如图 5-3-13 和图 5-3-14 所示。

图 5-3-13　程序编辑界面

图 5-3-14　程序目录界面

③ 输入新程序名如"O0003"，按"INSERT"键，换行后继续输入程序。

④ 程序段的输入是"程序段 + EOB"，然后按"INSERT"键，换行后继续输入程序。

详细过程：EDIT→PROG→程序名 O0003→INSERT→EOB→INSERT→程序段 + EOB→INSERT。

(5) 零件仿真加工。

【任务评价】

一、个人、小组评价

(1) 分层次概括总结出你在本次任务实施过程中有哪些收获。

(2) 分组展示小组学习过程中的收获。

二、教师评价

教师对各小组任务完成情况分别作出评价，见表 5-3-1。

(1) 找出各组的优点进行点评。

(2) 对任务完成过程中各组存在的问题进行点评并提出解决方法。

(3) 对整个任务完成过程中出现的亮点和不足进行点评。

表 5-3-1　任务 3 评价表

组　　别				小组负责人		
成员姓名				班级		
课题名称				实施时间		
评价类别	评价内容	评 价 标 准	配分	个人自评	小组评价	教师评价
学习准备	课前准备	资料收集、整理，自主学习	5			
学习过程	信息收集	能收集有效的信息	5			
	编程	零件程序的正确性	20			
	软件模拟	刀具选用正确，毛坯正确，刀具轨迹合理	25			
	问题探究	编程的方法	10			
	文明生产	服从管理，遵守校规、校纪和安全操作规程	5			
学习拓展	知识迁移	能实现前后知识的迁移	5			
	应变能力	能举一反三，提出改进建议或方案	5			
	创新程度	有创新建议提出	5			
学习态度	主动程度	主动性强	5			
	合作意识	能与同伴团结协作	5			
	严谨细致	认真仔细，不出差错	5			
总　　计			100			
教师总评 (成绩、不足及注意事项)						
综合评定等级(个人 30%，小组 30%，教师 40%)						

任课教师：＿＿＿＿＿＿　　　年　月　日

练习与提高

1. 如图 5-3-15 所示，已知毛坯为 50 mm × 50 mm × 30 mm 的硬铝，试用本任务学习的内容完成图中轮廓加工程序的编写，并在仿真软件上完成模拟加工。

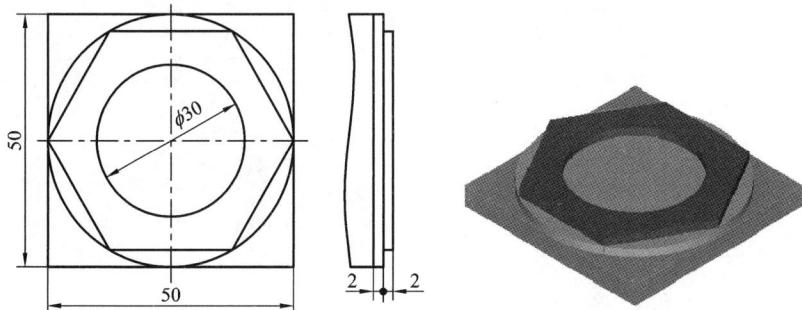

图 5-3-15　练习 1

2. 如图 5-3-16 所示，已知毛坯为 50 mm × 50 mm × 30 mm 的硬铝，试用本任务学习的内容完成图中内轮廓加工程序的编写，并在仿真软件上完成模拟加工。

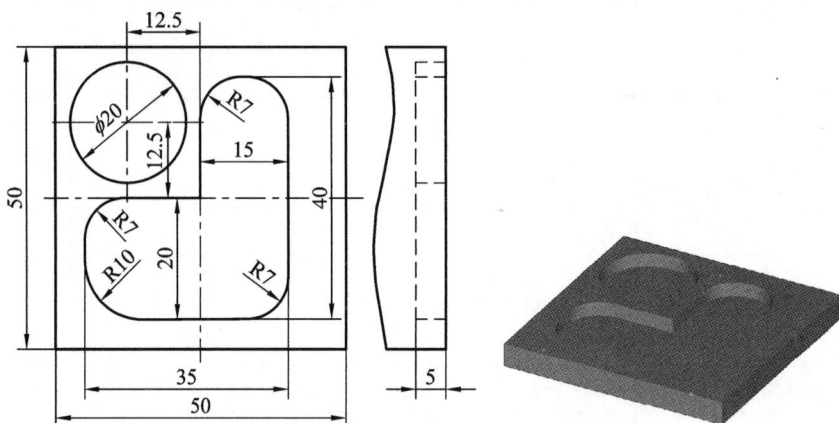

图 5-3-16   练习 2

任务4   数控铣床钻孔程序编写

【任务描述】

本任务主要介绍数控铣床钻孔程序的编写，通过学习，使学生了解孔加工固定循环指令的功能及格式，会编写孔加工程序，如图 5-4-1 所示。

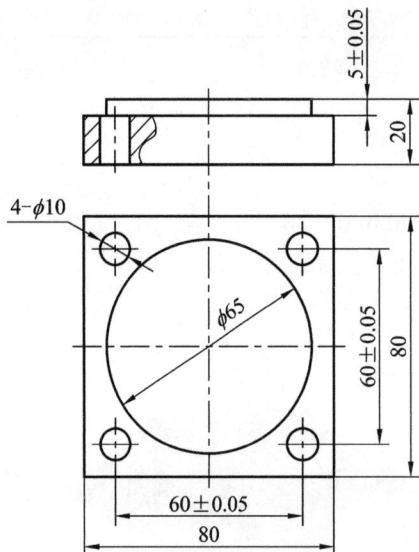

(a) 孔加工零件图

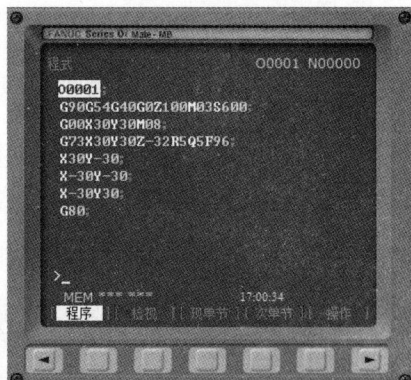

(b) 钻孔程序界面

图 5-4-1   钻孔循环指令编程

【任务分析】

通过对上述任务分析可知，对于孔类零件的加工，在数控铣床上完成，不仅加工效率高，而且定位精度高。对于不同深度孔类零件加工可以采用不同的钻孔指令，避免出现钻孔排屑不畅的现象。

【任务目标】

(1) 认识钻孔加工的刀具。

(2) 根据孔的加工要求选用钻孔指令。

(3) 掌握数控铣床钻孔程序的编写方法。

(4) 培养自己的知识运用能力，养成严谨认真的工作态度。

【相关知识】

一、孔加工固定循环

在 FANUC 系统中，孔加工固定循环的功能、刀具动作、G 代码名称及应用都是相同的，只是在 G 代码中参数的格式上有所区别。FANUC 铣削系统的固定循环功能如表 5-4-1 所示。

表 5-4-1　FANUC 铣削系统的孔加工固定循环功能

G 代码	钻孔操作 (-Z 方向)	在孔底的动作	退刀操作 (+Z 方向)	应　用
G73	间歇进给	—	快速移动	高速深孔钻循环
G81	切削进给	—	快速移动	钻孔循环，点钻循环
G82	切削进给	停刀	快速移动	钻孔循环，锪镗循环
G83	间歇进给	—	快速移动	深孔钻循环
G85	切削进给	—	切削进给	铰孔、扩孔循环
G80	切削进给	—	—	取消固定循环

固定循环动作中涉及的一些基本概念如下：

1．初始平面(G98)

初始平面是为安全下刀而规定的一个平面，初始平面到零件表面的距离可以在安全高度的范围内任意设定。当使用同一把刀具加工若干孔时，只有孔间存在障碍需要跳跃或全部孔加工结束才使用 G98，这项功能使刀具返回到初始平面上的初始点。

2．R 点平面(G99)

R 点平面又称 R 参考平面，这个平面是刀具下刀时从快进转为工进的高度平面，确定其距工件表面的距离时主要应考虑工件表面尺寸的变化，一般可取 2～5 mm。使用 G99 时刀具将返回到该平面上的 R 点。

3．孔底平面

加工盲孔时孔底平面就是孔底的 Z 轴高度，加工通孔时一般刀具还要伸出工件底平面一段距离，主要是保证全部孔深都加工到尺寸，钻削加工时还应考虑钻头的钻尖对孔深的影响。

孔加工循环与平面选择指令(G17、G18 或 G19)无关，即不管选择了哪个平面，孔加工都是在 XY 平面上定位，并在 Z 轴方向上钻孔。

孔加工固定循环指令通常由下述 6 个动作构成(如图 5-4-2 所示)，图中虚线为 G00，实线为 G01。

动作 1：X、Y 轴定位；

动作 2：定位到 R 点；

动作 3：孔加工；

动作 4：在孔底的动作；

动作 5：退回到 R 点；

动作 6：快速返回到初始点。

固定循环的数据表达形式可以用绝对坐标(G90)和相对坐标(G91)表示，如图 5-4-3 所示，其中，(a)图是采用 G90 的表示，(b)图是采用 G91 的表示。

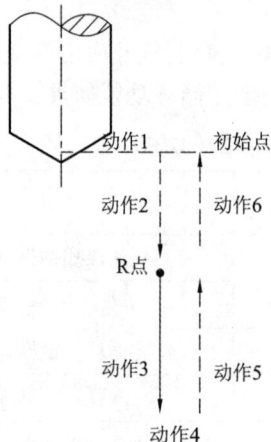

图 5-4-2　孔加工固定循环指令动作　　　图 5-4-3　G90 与 G91 的区别

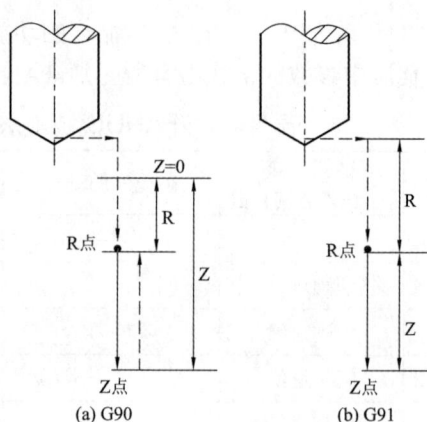

固定循环的程序格式包括数据形式、返回点平面、孔加工方式、孔位置数据、孔加工数据和循环次数。数据形式(G90 或 G91)在程序开始时就已指定，因此在固定循环程序格式中可不再注出。

4．返回点平面

刀具到达孔底后，可以返回到 R 点平面或初始位置平面，由 G98 和 G99 指定，G98 指返回初始平面，G99 指返回 R 平面。

二、常用的固定循环指令

1．钻孔循环(中心钻)指令(G81)

格式：G81 X_Y_Z_R_F_;

G81 钻孔动作循环指令包括 X 和 Y 坐标定位、快进、工进和快速返回等动作。

X_Y_：孔的位置；

Z：孔的深度；

R：R 参考平面；

F：进给速度。

G81 动作循环指令如图 5-4-4 所示。

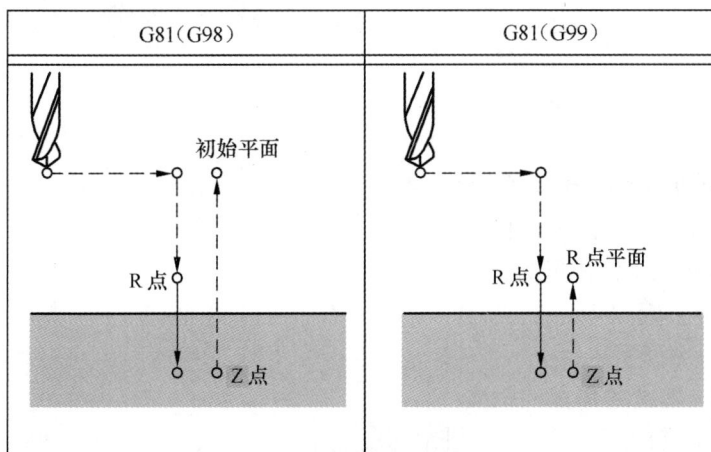

图 5-4-4 G81 指令动作

2. 带停顿的钻孔循环指令(G82)

格式：G82 X_Y_Z_R_P_F_K_；

G82 指令除了要在孔底暂停外，其他动作与 G81 相同，暂停时间由地址 P 给出。G82 指令主要用于加工盲孔以提高孔深精度，G82 动作循环指令如图 5-4-5 所示。

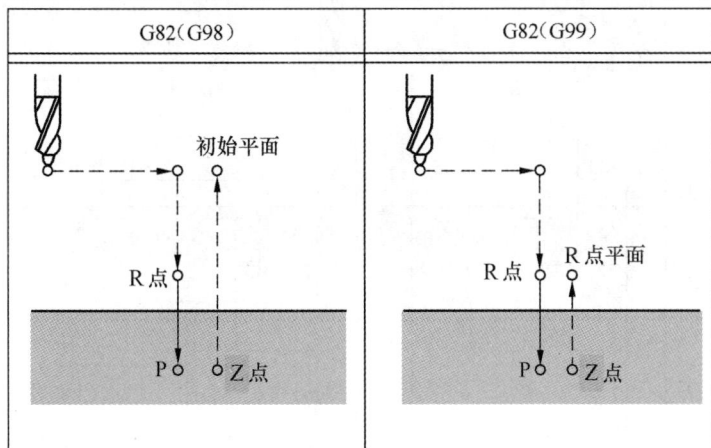

图 5-4-5 G85 指令动作

3. 铰孔、扩孔指令(G85)

格式：G85 X_Y_Z_R_F_；

G85：钻孔动作循环，包括 X 和 Y 坐标定位、切削进给、切削进给方式退刀。

G85 动作循环指令如图 5-4-6 所示。

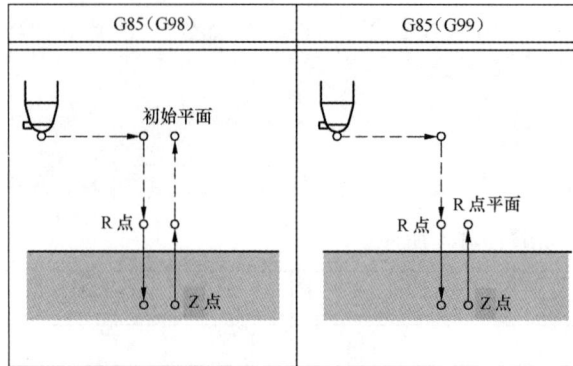

图 5-4-6　G85 指令动作

4．高速深孔加工循环指令(G73)

格式：G73 X_Y_Z_R_Q_F_K_；

说明：以断屑为主，排屑为辅，加工塑性材料。

X、Y：孔位坐标；

Z：孔的加工深度；

R：从初始位置面到 R 点的距离；

Q：当有间歇进给时，刀具每次进给深度；

F：切削进给速度；

K：重复次数即固定循环次数。

G73 指令用于 Z 轴的间歇进给，使深孔加工时容易排屑，减少退刀量，可以进行高效率的加工。G73 动作循环指令如图 5-4-7 所示，图中 d 为退刀量，在系统参数(No.5114)中设定。

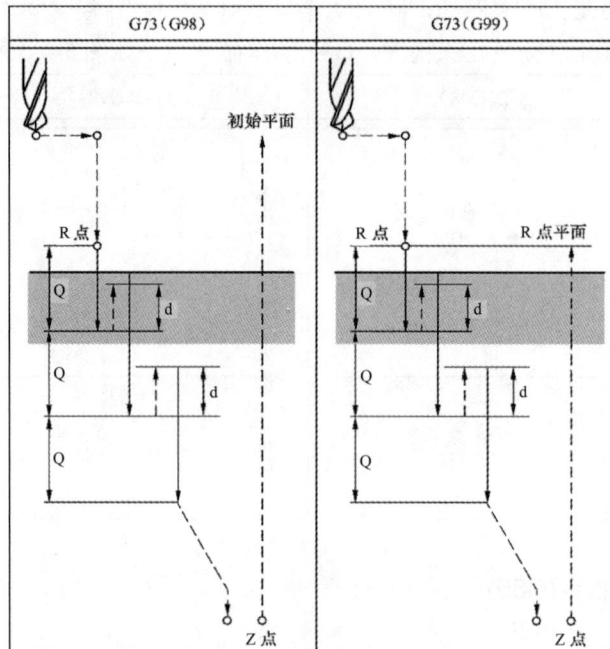

图 5-4-7　G73 指令动作

5．深孔加工循环指令(G83)

格式：G83 X_Y_Z_R_Q_F_K_P_;

说明：深孔加工循环以排屑为主，断屑为辅，主要用于加工脆性材料。

G83动作循环指令如图5-4-8所示，图中d为退刀量，d在系统参数(No.5115)中设定。

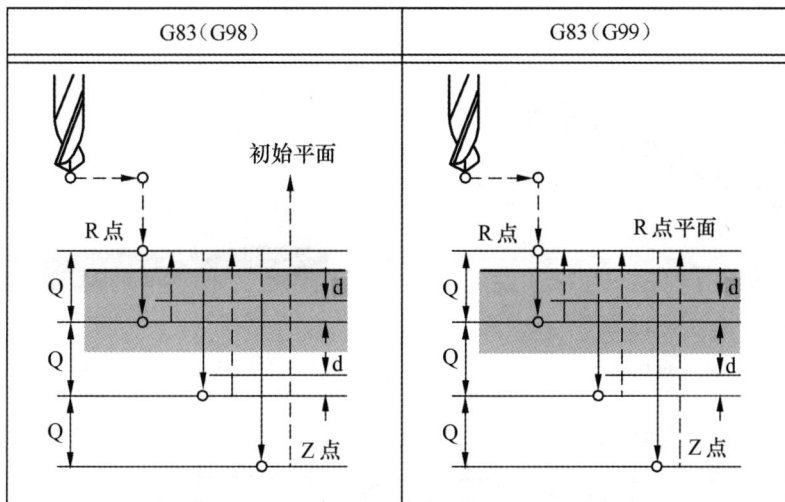

G83（G98）	G83（G99）

图5-4-8　G83指令

6．取消固定循环指令(G80)

G80指令能取消固定循环，同时R点和Z点也被取消。

使用固定循环时应注意以下几点：

(1) 在固定循环指令前应使用M03或M04指令使主轴回转；

(2) 在固定循环程序段中，X、Y、Z、R数据应至少指令一个才能进行孔加工；

(3) 如果连续加工一些孔间距比较小或者初始平面到R点平面的距离比较短的孔时，会出现在进入孔的切削动作前，主轴还没有达到正常转速的情况，遇到这种情况时应在各孔的加工动作之间插入G04指令以获得时间。

(4) 在固定循环程序段中，如果指定了M指令，则在最初定位时送出M指令信号，等待M指令信号完成才能进行孔加工循环。

三、孔加工刀具

1．中心钻

中心钻用于孔加工的预制精确定位，引导麻花钻进行孔加工，减少误差(如图5-4-9所示)。

中心钻切削轻快、排屑好。中心钻有两种形式：A型为不带护锥的中心钻，B型为带护锥的中心钻。加工直径d＝2～10 mm的中心孔时，通常采用不带护锥的中心钻(A型)；加工工序较长、精度要求较高的工件时，为了避免

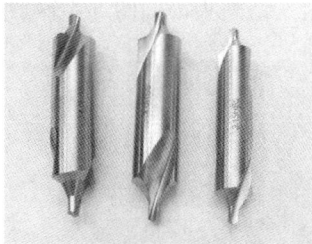

图5-4-9　中心钻

60°定心锥被损坏，一般采用带护锥的中心钻(B 型)。

2．麻花钻

麻花钻是机械加工中的重要刀具，主要用于孔加工。常用的麻花钻可分为直柄麻花钻(如图 5-4-10 所示)和锥柄麻花钻(如图 5-4-11 所示)。麻花钻由柄部、颈部和工作部分组成(如图 5-4-12 所示)。

图 5-4-10　直柄麻花钻　　　　　　　　　　图 5-4-11　锥柄麻花钻

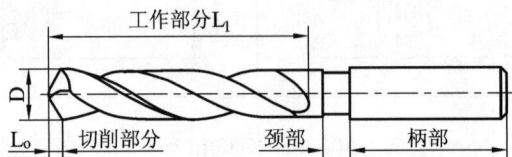

图 5-4-12　麻花钻组成

3．锥柄钻头刀柄

锥柄钻头刀柄用于夹持莫氏锥度刀杆的钻头、铰刀等，带有扁尾槽及装卸槽，如图 5-4-13 所示。

图 5-4-13　锥柄钻头刀柄

4．直柄钻头刀柄

直柄钻头刀柄用于装夹直径在 13 mm 以下的中心钻、直柄麻花钻。有扳手式钻夹头和自紧式钻夹头，如图 5-4-14 所示。

图 5-4-14　直柄钻头刀柄

【任务实施】

(1) 根据图纸中孔的加工要求合理选用孔加工指令。

(2) 合理安排孔加工的工艺。

(3) 练习如图 5-4-15 所示孔加工的编程。

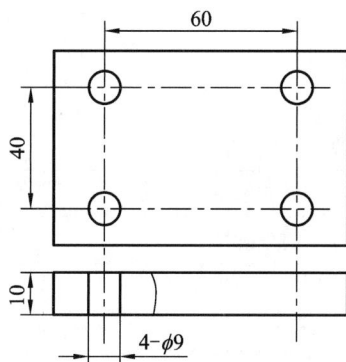

图 5-4-15　孔加工练习

(4) 进行软件仿真练习。

① 打开 [软件图标] 软件→选择 FANUC 0iM 数控系统→运行→松开急停按钮→激活机床→机械回零→先按"+Z",再按"+X""+Y"。

② 选择刀具。按下 [刀具管理] 键,根据图纸要求选择所需刀具,添加到刀盘所对应的刀具号,最后按"确定"键,将刀具安装到所对应的刀具号位置。

③ 安装工件。按下 [工件设置] 键,根据图纸要求设定工件尺寸,然后按"确定"键。

④ 对刀,建立工件坐标系。

⑤ 输入程序,仿真加工。

【任务评价】

一、个人、小组评价

(1) 分层次概括总结出你在本次任务实施过程中有哪些收获。

(2) 分组展示小组学习过程中的收获。

二、教师评价

教师对各小组任务完成情况分别作出评价,见表 5-4-2。

(1) 找出各组的优点进行点评。

(2) 对任务完成过程中各组存在的问题进行点评并提出解决方法。

(3) 对整个任务完成过程中出现的亮点和不足进行点评。

表 5-4-2　任务 4 评价表

组　　别				小组负责人			
成员姓名				班级			
课题名称				实施时间			
评价类别	评价内容	评 价 标 准		配分	个人自评	小组评价	教师评价
学习准备	课前准备	资料收集、整理，自主学习		5			
学习过程	信息收集	能收集有效的信息		5			
	编程	零件程序的正确性		20			
	软件模拟	刀具选用正确，毛坯正确，刀具轨迹合理		25			
	问题探究	孔的中心距如何保证		10			
	文明生产	服从管理，遵守校规、校纪和安全操作规程		5			
学习拓展	知识迁移	能实现前后知识的迁移		5			
	应变能力	能举一反三，提出改进建议或方案		5			
	创新程度	有创新建议提出		5			
学习态度	主动程度	主动性强		5			
	合作意识	能与同伴团结协作		5			
	严谨细致	认真仔细，不出差错		5			
总　　计				100			
教师总评(成绩、不足及注意事项)							
综合评定等级(个人 30%，小组 30%，教师 40%)							

任课教师：_____　　　　年　月　日

练习与提高

一、简答题

1. 孔的加工动作由哪几部分组成？

2. 什么叫作初始平面？什么叫作 R 点平面？什么叫作孔底平面？

3. 在 G90 与 G91 方式中，固定循环中的 R 值与 Z 值有何不同？

4. 试写出 G73 与 G83 的指令格式，并说明两者的不同之处。

5. 试写出 G81 与 G82 的指令格式，并说明两者的不同之处。

二、编程题

如图 5-4-16 所示，已知毛坯为 80 mm × 80 mm × 20 mm 的硬铝，试用钻孔循环指令完成孔加工程序的编制，并用仿真软件完成零件的模拟加工。

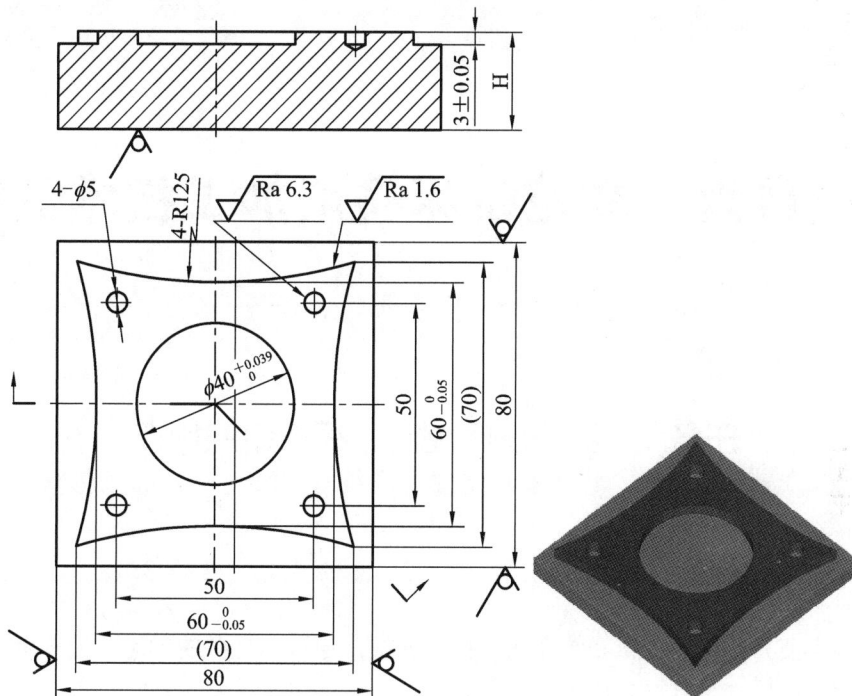

图 5-4-16　编程练习

项目六　数控铣床铣削加工技术训练

任务 1　数控铣床控制面板按钮的操作

【任务描述】

本任务主要介绍数控铣床系统面板和操作面板，通过该任务的学习，使读者学会操作数控铣床控制面板，了解每个按钮的作用。

数控铣床系统面板和操作面板如图 6-1-1 所示。

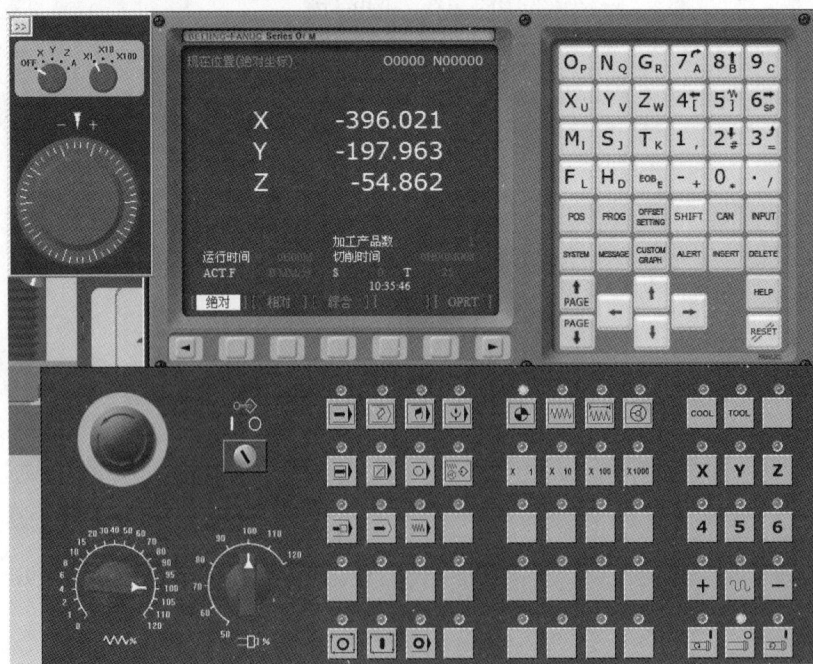

图 6-1-1　数控铣床系统面板和操作面板

【任务分析】

通过该任务的学习，使读者能够对机床进行操作，为后面的对刀和加工奠定基础；通过 CRT 面板的操作能够对程序进行手动输入，掌握程序建立、修改、删除等功能的使用，通过动手操作能够较好地掌握所学内容。

【任务目标】

(1) 了解 FANUC 0iM 系统 CRT/MDI 面板各功能键的用途。
(2) 熟练掌握数控铣床各工作模式的使用并能独立进行操作。
(3) 能正确使用程序的编辑、修改和运行按键。
(4) 培养自己的自主学习能力，养成严谨认真的工作态度。

【相关知识】

一、机床面板上各按键的作用

机床操作面板位于窗口的右下侧，如图 6-1-2 所示，主要用于控制机床的运行状态。机床操作面板按钮由模式选择按钮、运行控制开关等多个部分组成。

图 6-1-2　铣床操作面板

每一个部分的详细说明如下：

🔘 键(急停开关)：关机或者加工过程中遇到紧急情况时按下此键,机床停止所有的动作。

🔑 键(程序保护)：通过钥匙对程序进行是否可以编辑的切换。

▣ 键(AUTO 自动方式)：按下此键系统进入自动状态，等待运行加工程序。

▣ 键(EDIT 程序编辑方式)：按下此键系统进入编辑状态,可进行编写和修改程序。

▣ 键(MDI 方式)：按下此键系统进入 MDI 状态,可输入一段程序并能进行加工，也可在此状态下设定主轴转速。

键(DNC 方式)：按下此键系统进入在线加工状态，将编辑好的程序边传输边加工。

键(单段运行)：按下此键系统执行单段运行，一段一段地执行程序。

键(程序跳段)：在自动方式状态下按下此键，跳过程序段开头带有"/"的程序段。

键(手动示教)：手动示教功能。

键(手动换刀指示)：按下此键，刀库中选刀。

键(机械锁住)：在自动方式下按下此键，各轴不移动，只在屏幕上显示坐标位置的变化(注：使用此键后一定要进行再次操作回参考点)。

键(空运行)：在自动方式下按下此键，各轴不是以编程速度而是以空运行速度移动(此功能用于无工件装夹只检查刀具的运动)。

键(程序重启动)：由于刀具等原因可以从指定的程序段重新启动。

键(循环暂停)：在自动运行加工中，按下此键机床进给运动暂停，如需继续运行加工，再按"循环启动"键，即可继续运行加工。

键(循环启动)：调出加工程序并进入自动状态后，按下此键系统开始自动加工。

键(程序停止)。按下此键，程序停止。

键(回参考点方式)：按下此键可操作机床回参考点。

键(Z 轴回零指示灯)：在操作回参考点时，当此灯亮证明 Z 轴已回到机床零点。

键(Y 轴回零指示灯)：在操作回参考点时，当此灯亮证明 Y 轴已回到机床零点。

键(X 轴回零指示灯)：在操作回参考点时，当此灯亮证明 X 轴已回到机床零点。

键(JOG 方式)：按下此键可在手动模式下对机床进行对应方向移动。

键(Z 轴移动)：在 JOG 方式下按下此键，配合"+""-"键，刀具按 Z 轴方向移动。

键(Y 轴移动)：在 JOG 方式下按下此键，配合"+""-"键，工作台按 Y 轴方向移动。

键(X 轴移动)：在 JOG 方式下按下此键，配合"+""–"键，工作台按 X 轴方向移动。

键(快进)：在 JOG 方式下同时按下此键和各任意一轴移动方向键，刀具按对应方向快速移动。

键(手轮方式)：按下此键可在手轮操纵盒上选择要移动的轴及移动倍率。

手轮面板：通过手轮上的旋钮选择移动的轴和移动的速度，1 为 0.001 mm/格，10 为 0.01 mm/格，100 为 0.1 mm/格。

手轮挡位显示键：对手轮移动的挡位进行显示。

键(冷却停止/开启)：按下此键关闭/开启冷却液。

键(主轴正转)：在 JOG 方式下按下此键，主轴正转。

键(停止主轴转动)：在 JOG 方式下按下此键，停止主轴转动。

键(主轴反转)：在 JOG 方式下按下此键，主轴反转。

键(进给倍率调节)：调节程序运行中的进给速度，调节范围从 0～120%。

键(主轴倍率调节)：调节主轴的转速，调节范围从 0～120%。

其余键没有设定相应功能。

二、数控系统操作面板

数控系统操作面板位于窗口的右上方，如图 6-1-3 所示，主要用于程序的输入、刀具补偿的输入等操作。

操作面板上的每一个按键的详细说明如下：

POS 位置键：按下此键屏幕可显示坐标位置。

PROG 程序键：按下此键屏幕可显示程序内容。

OFFSET SETTNG 刀补键：按下此键屏幕可显示刀具偏置或工件坐标偏置/设置。

SYSTEM 系统参数键：按下此键屏幕可显示系统参数。

MESSAGE 信息键：按下此键屏幕可显示错误信息。

图 6-1-3　铣床系统操作面板

GRAPH 图形键：按下此键屏幕可显示图形。

SHIFT 切换键：按下此键可以在两个功能之间进行切换(在该面板上，有些键具有两个功能)。

INPUT 输入键：当按下一个字母键或数字键时，再按该键数据被输入缓冲区，并且显示在屏幕上。

CAN 取消键：按下此键删除最后一个输入缓冲区的字符或符号。

ALTER 替换键：在修改程序时，将光标移到错误指令处，在缓冲区写入正确指令，按下此键可把错误的指令替换为正确的指令。

INSERT 插入键：在输入程序或修改程序时，在缓冲区写入需要插入的字符或一个程序段，按下此键可在光标后面插入字符或一个程序段。

DELETE 删除键：在编辑方式下，将光标移动至某个指令中或输入一个程序名后，按下此键可以删除该指令或该程序。

PAGE 翻页键：向下翻页。

PAGE 翻页键：向上翻页。

← → ↑ ↓ 移动光标键：分别向左、向右、向上、向下移动光标。

O p 8 B 字母、数字、符号键：按下此键可以输入字母、数字、符号。

RESET 复位键：按下此键可以使 CNC 复位或者取消报警等。

【任务实施】

一、数控铣床的操作

1. MDI 方式

在 MDI 方式下可以编制一个程序段加以执行，但不能加工由多个程序段描述的工件轮廓。操作步骤如下：

(1) 在机床面板上按下 键进入 MDI 方式；

(2) 在系统面板上按下"PROG"键；

(3) 输入一个程序段(如 S1000　M03；)。

(4) 按下"EOB"键；

(5) 按下 "INSERT" 插入键；

(6) 按下 ⬛ 键执行循环启动；

(7) 启动系统开始控制机床自动运行。

2. 手动方式(JOG 方式)

手动移动工作台即直接按机床操作面板上用各轴方向键来控制工作台移动状况，操作步骤如下：

(1) 在机床面板上按下 ⬛ 键进入手动方式；

(2) 按各坐标轴相应的 "方向键" 可以控制工作台(坐标轴)移动；

• 一直按着各坐标轴相应的 "方向键"，工作台就一直连续不断地朝该轴移动；

• 如果同时按着各坐标轴相应的 "方向键" 和 "⬛ 快进键"，则工作台以快进速度朝该轴方向移动。

3. 手轮方式

手轮方式通过手轮操纵盒上的手轮来摇动脉冲发生器而达到控制工作台移动的目的，操作步骤如下：

(1) 在机床面板上按下 ⬛ 键进入手轮方式；

(2) 在手轮操纵盒上 "轴类转钮" 选择相应的移动轴；

(3) 通过手轮操纵盒上 "速度倍率转钮" 选择相应的移动速度；

(4) 轴的移动方向对应于手轮上的 "+" "−" 符号方向。

(5) 摇动脉冲发生器可控制工作台移动；

4. 拆装刀柄

在手动(⬛ 键)或者手轮(⬛ 键)模式下，按住主轴旁边的松拉刀键，主轴上面的键对准刀柄上面的槽，然后松开松拉刀键，完成装刀操作；拆刀，在手动(⬛ 键)或者手轮(⬛ 键)模式下，按住主轴旁边的松拉刀键，取下刀柄即可。

二、程序输入与调试

提示：在程序编辑方式下，通过操作系统面板，将编写好的加工零件程序单按格式输入系统里并保存，待加工时可调出也可以进行修改或删除。

1. 输入新程序

(1) 在机床面板上按下 ⬛ 键进入编辑方式。

(2) 按下 "PROG" 键屏幕显示程序内容。

(3) 输入新程序名(如 O1234。注意：第一个符号必须是英文字母 "O"，其后可以是数字，最多为 4 个数字，不得使用其他符号)。

(4) 按 "INSERT" 键插入。

(5) 按下 "EOB" 键。

(6) 按下 "INSERT" 插入键，此时可以输入加工程序，如图 6-1-4 所示。

(7) 接着把各程序段按顺序在缓冲区写入(如 G54G90S1000M03)，如图 6-1-5 所示，按下 "EOB" 键，再按下 "INSERT" 插入键，此时该程序段就输入系统内存里了，如此循环操作就可把一个程序的各个程序段都输入系统内存里，待加工时调出即可。

注意：在输入程序名时，第一个字符必须是英文字母"O"，其后4位数字必须是阿拉伯数字。

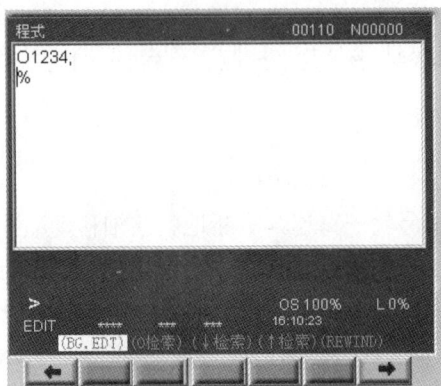

图 6-1-4　建立新程序名　　　　　　图 6-1-5　缓冲区写入程序段

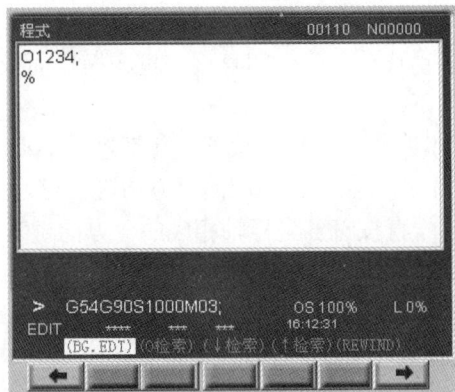

2. 修改程序

修改程序包括对已经输入内存中的程序进行字符的插入、替换、删除等。

1) 插入一个指令

插入指令操作步骤如下：

(1) 将光标移到要插入指令的位置前；

(2) 键入要插入的指令，如G90；

(3) 按下"INSERT"键插入即可。

2) 指令的替换

替换指令操作步骤如下：

(1) 将光标移到要替换的指令处；

(2) 键入要替换的指令，如G91；

(3) 按下"ALTER"键即可。

3) 删除一个指令

删除指令操作步骤如下：

(1) 将光标移到要删除的指令处；

(2) 按下"DELETE"键即可。

4) 删除一个程序段

删除程序段操作步骤如下：

(1) 将光标移到要删除的程序段号处；

(2) 按下"EOB"键；

(3) 按下"DELETE"键即可。

3. 删除程序

将存储到内存中的程序删除，可以是一个程序或者所有程序。

1) 删除一个程序

删除程序操作步骤如下：

(1) 按下"PROG"键进入程序显示状态；

(2) 按下 ⬚ 键进入程序编辑方式；

(3) 键入要删除的程序号；

(4) 按下"DELETE"键，输入程序号的程序被删除。

2) 删除所有程序

删除所有程序的操作步骤如下：

(1) 按下"PROG"键进入程序显示状态；

(2) 按下 ⬚ 键进入程序编辑方式；

(3) 键入地址 O；

(4) 键入地址 −9999；

(5) 按下"DELETE"键，所有的程序被删除。

4．检索程序

当内存中有多个程序时，可以检索出其中的一个程序。检索程序是经常用到的，要熟练掌握其操作。其操作步骤如下：

(1) 按下 ⬚ 键进入程序编辑方式；

(2) 按下"PROG"键进入程序显示状态；

(3) 键入要检索的程序号；

(4) 按下软键"检索"；

(5) 检索结束后，检索到的程序号显示在屏幕的右上角。如果没有找到该程序，就会出现 P/S 报警 N0.71。

三、特殊功能的应用

1．图形显示功能

提示：图形显示功能能够在屏幕上画出正在执行程序的刀具轨迹。图形显示功能可以放大或缩小图形，在屏幕上可以画出程序的刀具轨迹，通过观察屏幕上的轨迹，可以检查加工程序。用图形显示之前，必须设定好图形参数。

图形显示的操作步骤如下：

(1) 按下功能键"GRAPH"，显示图形参数设定画面如图 6-1-6 所示，如未出现，按软键"参数"。

(2) 移动光标到欲设定的参数处。

(3) 输入数据，按"INPUT"键。

(4) 重复步骤(2)(3)，直到所有的参数都被设定。

(5) 按下软键"(加工图)"，显示图形画面。

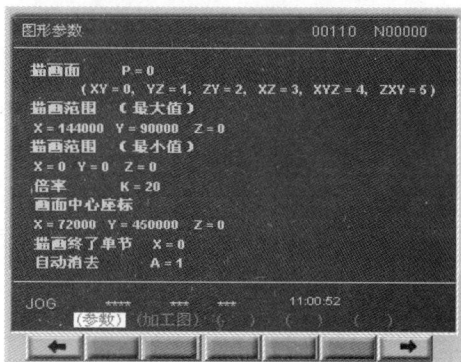

图 6-1-6　显示图形参数设定画面

(6) 启动自动运行，机床开始移动，显示刀具轨迹描绘的图形。

2．拷贝程序功能

使用拷贝零件程序的编辑功能，通过软键对内存中的程序执行拷贝可以生成一个新的程序。将程序号为 XXXX 的程序拷贝到重新创建的程序号为 YYYY 的程序中，通过拷贝创建的程序除了程序号，其他都和原程序一样。拷贝整个程序的操作步骤如下：

(1) 按下功能键及"(PROG)"键显示程序内容。

(2) 按下软键"(OPRT)"。

(3) 按下菜单扩展键。

(4) 按下软键"(EX-EDT)"。

(5) 检查拷贝的程序是否已经选择，并按下软键"(COPY)"。

(6) 按下软键"(ALL)"。

(7) 输入新建的程序号(用数字键)并按下"INPUT"键。

(8) 按下软键"(EXEC)"。

3．后台编程功能

提示：后台编程功能能够在执行自动加工中编辑新的程序而不影响正在加工中的程序。

使用后台编程功能的操作步骤如下：

(1) 按下软键"(操作)"。

(2) 按下软键"(BG-EDT)"，进入编辑状态。

(3) 进行新程序的编辑操作。

(4) 编辑操作完成后，可按软键"(BG-END)"返回自动加工状态。

注意：在后台编辑中不能按"复位"键，如按下"复位"键，将终止正在运行的自动加工中的程序。

四、注意事项

(1) 学生在实训操作练习前，教师应讲解铣床组成结构、机床原点、参考点大致的位置；

(2) 在机床运动过程中，不要随意触摸机床上的各个限位开关；

(3) 未经教师允许，不要随意按动任何按钮和开关。

【任务评价】

一、个人、小组评价

(1) 分层次概括总结出你在本次任务实施过程中有哪些收获。

(2) 分组展示小组学习过程中的收获。

(3) 思考一下，学习本任务对今后学习有何帮助。

二、教师评价

教师对各小组任务完成情况分别作出评价，见表 6-1-1。

(1) 找出各组的优点进行点评。

(2) 对任务完成过程中各组存在的问题进行点评并提出解决方法。

(3) 对整个任务完成过程中出现的亮点和不足进行点评。

表 6-1-1　任务 1 评价表

组　　别				小组负责人		
成员姓名				班级		
课题名称				实施时间		
评价类别	评价内容	评 价 标 准	配分	个人自评	小组评价	教师评价
学习准备	课前准备	资料收集、整理，自主学习	5			
学习过程	信息收集	能收集有效的信息	5			
	软件模拟	认真聆听老师讲解，完成机床的操作	20			
		完成程序的建立、输入、修改、删除等操作	25			
	问题探究	在正常操作的基础上，完成其他的特殊功能应用	10			
	文明生产	服从管理，遵守校规、校纪和安全操作规程	5			
学习拓展	知识迁移	能实现前后知识的迁移	5			
	应变能力	能举一反三，提出改进建议或方案	5			
	创新程度	有创新建议提出	5			
学习态度	主动程度	主动性强	5			
	合作意识	能与同伴团结协作	5			
	严谨细致	认真仔细，不出差错	5			
总　　计			100			
教师总评 (成绩、不足及注意事项)						
综合评定等级(个人 30%，小组 30%，教师 40%)						

任课教师：＿＿＿＿＿＿　　年　月　日

练习与提高

一、选择题(请将正确答案的序号填写在题中的括号中)

1. 数控系统已经工作在"编辑"模式下，如果要查看程序，应按下数控系统面板上哪个键？(　　)。

A. PROG

B. POS

2. 一行程序录入完成后,应按下数控面板上的哪个键? (   )。

A. EOB

B. ↓

3. 如果想删除数控机床中的字符,应按下数控系统面板上的哪个键? (   )。

A. CAN

B. DELETE

二、简答题

1. 急停按钮的作用是什么?
2. MDI 面板上的 "INSERT" 与 "INPUT" 键有何区别? 分别使用在何种场合?
3. MDI 面板上的 "DELETE" 与 "CAN" 键有何区别? 分别使用在何种场合?
4. 程序输入的时候需要注意什么?
5. 如何进行程序的检索? 如何进行程序段的检索?
6. 刀柄的拆装应该在什么模式下进行?

任务 2 数控铣床回零的操作

【任务描述】

本任务主要介绍数控铣床回零操作,通过学习,使学生了解数控铣床回零的方法,掌握具体操作步骤,了解回零操作过程中需要注意的问题。数控铣床回零前后的位置如图 6-2-1 所示。

图 6-2-1 数控铣床回零前和回零后的位置

【任务分析】

数控装置上电时并不知道机床零点,为了正确地在机床工作时建立机床坐标系,通常在每个坐标轴的移动范围内设置一个机床参考点(测量起点),机床启动时,通常要进行自动或手动回参考点,以建立机床坐标系。

【任务目标】

(1) 了解数控铣床回零的意义。

(2) 掌握数控铣床回零的操作方法。

(3) 学会规范操作数控铣床，培养思虑周全、细致缜密的职业素养。

【相关知识】

数控机床的原点是数控机床制造厂设定在机床上的一个固定点，作为机床调整的基准点。一般是机床各坐标轴的正极限位置。

一、数控机床回零的重要性

(1) 数控机床位置检测装置如果采用绝对编码器，则系统断电后位置检测装置靠电池来维持坐标值实际位置的记忆，所以机床开机时，不需要进行返回参考点操作。

(2) 由于目前大多数数控机床采用增量编码器作为位置检测装置，系统断电后，其对工件坐标系的坐标值就失去记忆，机械坐标值尽管靠电池维持坐标值的记忆，但只是记忆机床断电前的坐标值而不是机床的实际位置，因此开机后，必须让机床各坐标轴回到一个固定位置点上，即回到机床的坐标系零点，也称坐标系的原点或参考点，这一过程就称为机床回零或回参考点操作。数控机床的各种刀具补偿、间隙补偿、轴向补偿以及其他精度补偿措施能否发挥正确作用将完全取决于数控机床能否回到正确的零点位置，所以机床首次开机后要进行返回参考点操作。

二、数控铣床回零的方法

1. 手动回零

(1) 在机床面板上按下 [●] 键，回零模式；

(2) 按下 [Z]、[+] 键，Z 轴回零；

(3) 按下 [X]、[+] 键，X 轴回零；

(4) 按下 [Y]、[+] 键，Y 轴回零。

[X][Y][Z] 的指示灯 [ ] 亮表示各轴已完成回零。

2. 自动返回零点(G28 指令)

格式：G28　X_Y_Z_

说明：

(1) 执行 G28 指令时，各轴先以 G00 的速度快移到程序指令的中间点位置(如图 6-2-2 所示)，然后自动返回参考点。

(2) 在使用时经常将 XY 和 Z 分开来用。先用 G28 Z...提刀并回 Z 轴参考点位置，然后再用 G28 X...Y... 回到 XY 方向的参考点。

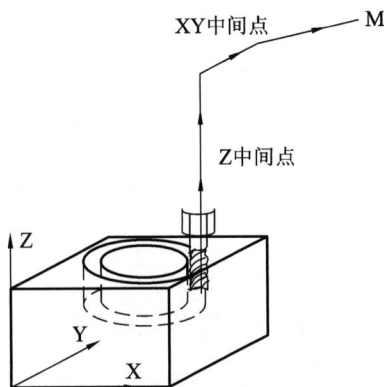

图 6-2-2　G28 指令回零路径

(3) 用 G90 指令时为指定点在工件坐标系中的坐标；用 G91 指令时为指定点相对于起点的位移量。

(4) 使用 G28 指令时必须预先取消刀具补偿。

(5) G28 为非模态指令。

三、注意事项

(1) 在每次电源接通后，必须先完成各轴的返回参考点操作，然后再进入其他运行方式以确保各轴坐标的正确性。

(2) 在回参考点前应确保回零轴位于参考点方向相反侧并有一定距离，否则应手动移动该轴直到满足此条件。如果离参考点太近，回零过程中容易出现超程报警。

(3) 返回参考点时，为防止铣床运行时发生碰撞，一般应选择 Z 轴先回参考点，即先将刀具抬起。

四、数控铣床回零过程中出现的问题及其解决方法

问题 1　在回零过程中出现超程报警。

出现这种问题的主要原因是数控铣床回零之前机床所在的位置距离零点太近。

解决方法：在机床回零之前目测机床所在的位置与零点的距离，如果太近，移动工作台后再进行机床回零即可。

出现超程报警之后反方向移动超程的轴，按 [RESET] 键之后，再进行回零操作。

问题 2　回零出现超机床硬限位报警。

如果回零出现超机床硬限位报警，则机床的限位开关可能损坏，需要对机床进行检查维修。

【任务实施】

本任务主要练习开机与回零操作。

一、开机操作

(1) 打开机床总电源；
(2) 打开机床操作面板上的系统电源开关，如图 6-2-3 所示；

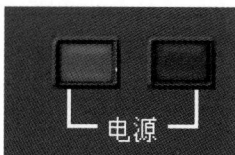

图 6-2-3　系统电源开关

(3) 打开急停开关，如图 6-2-4 所示。

图 6-2-4　急停开关

二、回零操作

(1) 在机床面板上按下 ⟐ 键，进入回零模式；
(2) 按下 Z 、+ 键；
(3) 按下 X 、+ 键；
(4) 按下 Y 、+ 键；

X Y Z 的指示灯亮 表示各轴已完成回零。

【任务评价】

一、个人、小组评价

(1) 分层次概括总结出你在本次任务实施过程中有哪些收获。
(2) 分组展示小组学习过程中的收获。
(3) 思考一下，学习本任务对今后学习有何帮助。

二、教师评价

教师对各小组任务完成情况分别作出评价，见表 6-2-1。
(1) 找出各组的优点进行点评。
(2) 对任务完成过程中各组存在的问题进行点评并提出解决方法。
(3) 对整个任务完成过程中出现的亮点和不足进行点评。

表 6-2-1　任务 2 评价表

组　　别				小组负责人		
成员姓名				班级		
课题名称				实施时间		
评价类别	评价内容	评 价 标 准	配分	个人自评	小组评价	教师评价
学习准备	课前准备	资料收集、整理，自主学习	5			
学习过程	信息收集	能收集有效的信息	5			
	软件模拟	认真聆听老师讲解，了解数控铣床回零的方法	20			
		开机、回零的注意事项	25			
	问题探究	如何避免回零的报警	10			
	文明生产	服从管理，遵守校规、校纪和安全操作规程	5			
学习拓展	知识迁移	能实现前后知识的迁移	5			
	应变能力	能举一反三，提出改进建议或方案	5			
	创新程度	有创新建议提出	5			
学习态度	主动程度	主动性强	5			
	合作意识	能与同伴团结协作	5			
	严谨细致	认真仔细，不出差错	5			
总　　计			100			
教师总评(成绩、不足及注意事项)						
综合评定等级(个人 30%，小组 30%，教师 40%)						

任课教师：＿＿＿＿＿＿　　　年　月　日

练习与提高

1. 如何进行机床的手动回参考点操作？程序中的回参考点程序如何编写？
2. 数控铣床机械回零的目的是什么？
3. 数控铣床回零应该先回哪个轴？
4. 回零过程中出现过什么问题？如何解决？

任务 3　数控铣床的对刀操作

【任务描述】

本任务主要介绍数控铣床的对刀操作，通过学习，学生可了解数控铣床的对刀方法，学会使用寻边器和 Z 轴设定器对刀。数控铣床 XY 方向和 Z 方向对刀如图 6-3-1 所示。

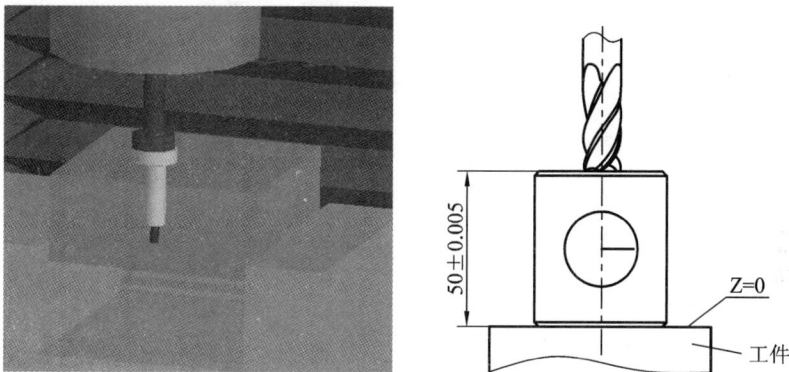

图 6-3-1　数控铣床 XY 方向对刀和 Z 方向对刀

【任务分析】

通过刀具或对刀工具确定工件坐标系与机床坐标系之间的空间位置关系，并将对刀数据输入相应的存储位置，这是数控加工中重要的操作内容，其准确性将直接影响零件的加工精度。

【任务目标】

(1) 了解数控铣床对刀的意义。

(2) 掌握数控铣床对刀的操作步骤，能够对不同类型的零件进行对刀操作。

(3) 培养自己的知识拓展能力，养成认真严谨的工作态度。

【相关知识】

数控机床的机床坐标系是机床出厂时已经确定不变的，机床上电后，通过"回零"操作，就建立了机床坐标系，而为了简化数控加工程序的编制，编程人员应根据需要设定工件坐标系。对刀的过程就是建立工件坐标系的过程，因此，对刀对数控加工而言至关重要。

对刀的准确程度将直接影响零件的加工精度，因此对刀操作一定要仔细，对刀方法一定要与零件加工精度要求相适应，以减少辅助时间，提高效率。下面介绍几种数控铣床常用的对刀方法。

一、对刀的常用工具

1. XY 方向的对刀工具

XY 方向的对刀工具有偏心式寻边器和光电式寻边器，如图 6-3-2 所示。

图 6-3-2 偏心式寻边器(左)和光电式寻边器(右)

2. Z 方向的对刀工具

Z 方向的对刀工具有机械式 Z 轴设定器和光电式 Z 轴设定器，如图 6-3-3 所示。

图 6-3-3 机械式 Z 轴设定器(左)和光电式 Z 轴设定器(右)

二、X、Y 向对刀方法

1. 无工具对刀

如果对刀精度要求不高，为方便操作，可以采用直接试切工件来进行对刀，不需要使用对刀工具进行对刀，即先测量零件的尺寸，然后碰单边输入补偿值即可。

要将工件原点设定在工件几何中心，刀具为$\phi 8$ 立铣刀，如图 6-3-4 所示。

对刀过程如下：

(1) 在 MDI 方式下输入"S500 M03;"，按"循环启动"按钮，使主轴旋转。

(2) 按"手动"按钮，进入手动方式，手动操作将刀具移动

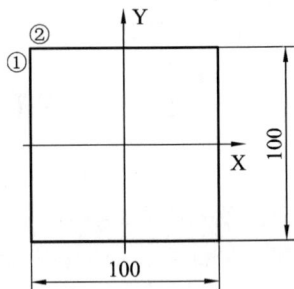

图 6-3-4 数控铣床对刀

到工件左端面附近。

(3) 按"手动脉冲"按钮，进入手轮方式，摇动手轮，使刀具轻轻接触工件左端面，有铁屑产生(①处)。

(4) 按"OFFSET SETTNG"按钮，进入工具补正界面，按软键"坐标系"，进入G54～G59界面，如图6-3-5所示，用光标键将光标移动到G54的X处，键入X-54.0[-(50+4)]，按软键"测量"，则X坐标设定完成。注：4为铣刀半径。

(5) 摇动手轮，将刀具提起，再移动刀具轻轻接触工件后端面，有铁屑产生(②处)，将光标移动到G54的Y处，键入Y54.0(50+4)，按软键"测量"，则Y坐标设定完成。

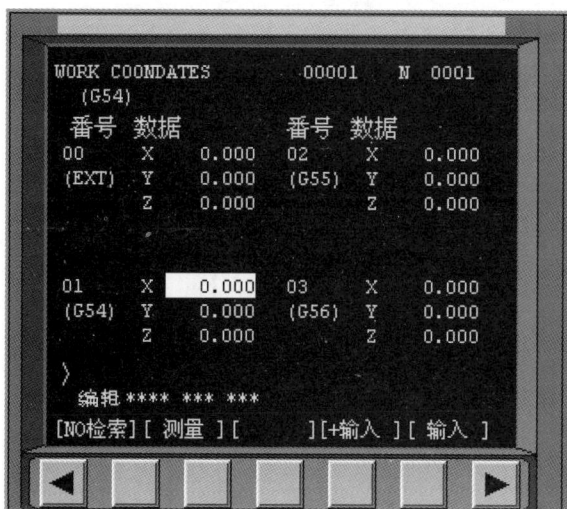

图6-3-5　输入对刀值

2. 分中对刀

采用寻边器对刀与采用刀具试切对刀相似，即采用碰X、Y的两侧，取中间值的方法，另外将刀具换成了寻边器。机械式寻边器是采用离心力的原理进行对刀的，主轴需要旋转，对刀精度较高。光电式寻边器主轴不需要旋转，碰到工件寻边器中的灯亮即可。若工件端面没有经过加工或比较粗糙，则不宜采用寻边器对刀。

将机械式寻边器夹持在机床主轴上，测量端处于下方，主轴转速设定在 400～600 r/min 的范围内，使测量端保持偏距 0.5 mm 左右，将测量端与工件端面相接触且逐渐逼近工件端面(手动与手轮操作交替进行)，测量端由摆动逐步变为相对静止，此时调整倍率，采用微动进给，直到测量端重新产生偏心为止。使用寻边器时，主轴转速不宜过高，当转速过高时，受自身结构影响，误差较大；同时，被测工件端面应有较好的表面粗糙度，以确保对刀精度。

对刀过程如下：

1) X方向对刀(X方向分中，如图6-3-6所示)

(1) 将刀具移到X₁位置处，Z下降到合适深度，移动X轴至偏心式寻边器不偏心或光电式寻边器灯亮，X轴相对坐标值相对清零。

(2) 提刀，移动刀具到 X_2 处，Z 下降到相同深度，移动 X 轴至偏心式寻边器不偏心或光电式寻边器灯亮，记下 X_2 处相对坐标值为 X2。

(3) 提刀，将刀具移动到 $X_2/2$ 处，此点为 X 方向中点。进入 G54 界面，用光标键将光标移动到 G54 的 X 处，键入"X0"，按软键"测量"，则 X 坐标设定完成。

2) Y 方向对刀(Y 方向分中，如图 6-3-6 所示)

(1) 刀具移到 Y_1 位置处，Z 下降到合适深度，移动 Y 轴至偏心式寻边器不偏心或光电式寻边器灯亮，Y 轴相对坐标值相对清零；

(2) 提刀，移动刀具到 Y_2 处，Z 下降到合适深度，移动 Y 轴至偏心式寻边器不偏心或光电式寻边器灯亮，记下 Y_2 处相对坐标值为 Y_2。

(3) 提刀，将刀具移动到 $Y_2/2$ 处，此点为 Y 方向中点。进入 G54 界面，用光标键将光标移动到 G54 的 Y 处，键入"Y0"，按软键"测量"，则 Y 坐标设定完成。

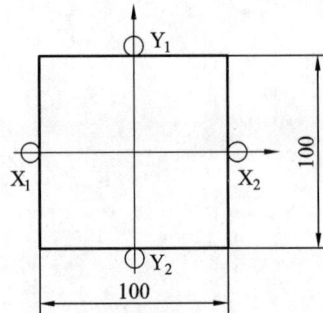

图 6-3-6　数控铣床分中对刀

3) 采用杠杆百分表对刀

由于有的零件是正反面加工的，加工反面的时候需要利用正面已经加工内容进行找正加工，如正面已经有加工好的孔，就是对刀的基准，如图 6-3-7 所示。

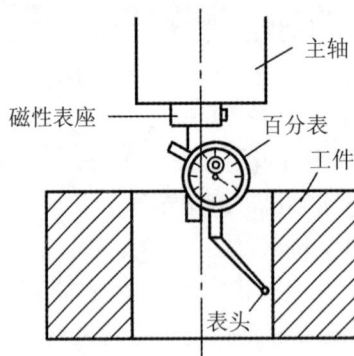

图 6-3-7　杠杆百分表对刀

对刀过程如下：

(1) 用磁性表座将杠杆百分表吸在机床主轴端面上，利用 MDI 方式使主轴低速正转。

(2) 进入手轮方式，摇动手轮，使旋转的表头按 X、Y、Z 的顺序逐渐接近孔壁(或圆柱面)，当表头被压住后，指针转动约为 0.15 mm。

(3) 降低倍率，摇动手轮，调整 X、Y 的移动量，使表头旋转一周时其指针的跳动量在允许的对刀误差内。此时可认为主轴轴线与被测孔中心重合。

(4) 进入坐标系界面，将光标移动到 G54 的 X 处，键入"X0"，按软键"测量"，光标再移动到 G54 的 Y 处，键入"Y0"，按软键"测量"，则工件原点设定完成。

百分表(或千分表)对刀这种操作方法比较麻烦，效率较低，但对刀精度较高，对被测孔的精度要求也较高，最好是经过铰孔或镗加工的孔，仅粗加工后的孔不宜采用。

三、刀具的 Z 向对刀

刀具的 Z 向对刀数据与刀具在刀柄上的装夹长度及工件坐标系的 Z 向零点位置有关，它确定工件坐标系的零点在机床坐标系中的位置，常用的刀具 Z 向对刀有碰刀对刀和 Z 轴光电式设定器对刀。

1. 碰刀对刀

一般为保证零件的加工精度，往往将工件上表面设定为工件坐标系的 Z 向零点。对刀过程如下：

(1) 将刀具装入机床主轴，在 MDI 方式下使刀具旋转。

(2) 手动操作将刀具移动到工件上表面附近。

(3) 进入手轮方式，调整倍率，摇动手轮，使刀具轻轻接触工件表面。

(4) 进入坐标系界面，将光标移动到 G54 的 Z 处，键入"Z0"，按软键"测量"，则 Z 向零点设定完成。

直接碰刀对刀法适用于对刀精度要求不高的粗加工工件，操作简便，效率高。

2. Z 轴光电式设定器对刀

Z 轴光电式设定器只能用在导电类的零件进行对刀的场合，对刀精度高，如图 6-3-8 所示。

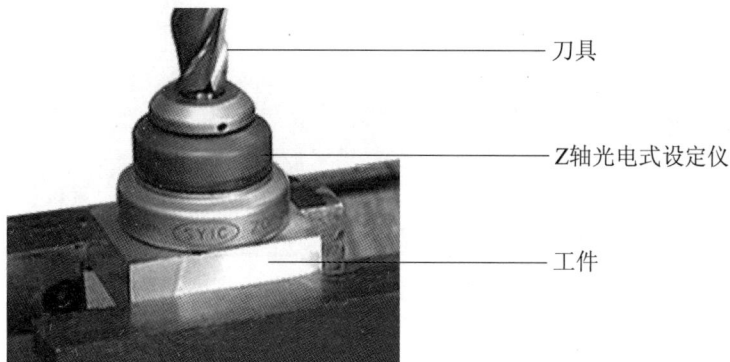

刀具

Z轴光电式设定仪

工件

图 6-3-8　Z 轴光电式设定对刀

Z 轴光电式设定仪的标准高度为 50 mm，对刀过程与试切法对刀过程相似，但刀具不能旋转。将对刀器放到已经加工好的平面上，用手轮控制刀具靠近对刀器的上面，当刀具碰到对刀器的上表面，Z 轴设定器中的灯就会亮，即可认为刀具切削刃所在平面与工件表面距离为 Z 轴对刀器的高度值。进入坐标系界面，将光标移动到 G54 的 Z 处，键入"Z50.0"，按软键"测量",则工件表面即为 Z 零点。

【任务实施】

1. 如图 6-3-9 所示,已知毛坯为 80 mm × 80 mm 正方形材料,拟将毛坯的中心设为工件坐标系原点,试写出对刀步骤并在数控铣床上进行操作。

2. 如图 6-3-10 所示,已知毛坯为 80 mm × 80 mm 正方形材料,拟将毛坯的左下角设为工件坐标系原点,试写出对刀步骤并在数控铣床上进行操作。

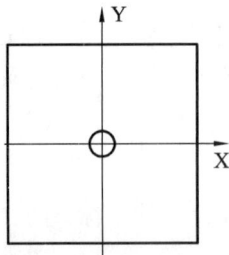

图 6-3-9　方形零件中间对刀

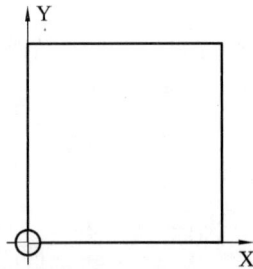

图 6-3-10　方形零件侧边对刀

3. 如图 6-3-11 所示,已知毛坯为 80 mm × 80 mm 正方形材料,中间有一孔,拟将孔的中心设为工件坐标系原点,试写出对刀步骤并在数控铣床上进行操作。

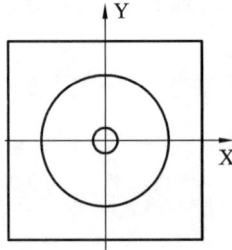

图 6-3-11　孔类零件对刀

【任务评价】

一、个人、小组评价

(1) 请分层次概括总结出你在本次任务实施过程中有哪些收获。
(2) 分组展示小组学习过程中的收获。
(3) 思考一下,学习本任务对今后学习有何帮助。

二、教师评价

教师对各小组任务完成情况分别作出评价,见表 6-3-1。

(1) 找出各组的优点进行点评。

(2) 对任务完成过程中各组存在的问题进行点评并提出解决方法。

(3) 对整个任务完成过程中出现的亮点和不足进行点评。

表 6-3-1 任务 3 评价表

组　　别				小组负责人			
成员姓名				班级			
课题名称				实施时间			
评价类别	评价内容	评 价 标 准		配分	个人自评	小组评价	教师评价
学习准备	课前准备	资料收集、整理，自主学习		5			
学习过程	信息收集	能收集有效的信息		5			
	软件模拟	认真聆听老师讲解，了解常用对刀方法		20			
		不同的场合采用不同的对刀方法		25			
	问题探究	如何使用分中法对圆柱形零件快速对刀		10			
	文明生产	服从管理，遵守校规、校纪和安全操作规程		5			
学习拓展	知识迁移	能实现前后知识的迁移		5			
	应变能力	能举一反三，提出改进建议或方案		5			
	创新程度	有创新建议提出		5			
学习态度	主动程度	主动性强		5			
	合作意识	能与同伴团结协作		5			
	严谨细致	认真仔细，不出差错		5			
总　　计				100			
教师总评(成绩、不足及注意事项)							
综合评定等级(个人 30%，小组 30%，教师 40%)							

任课教师：＿＿＿＿＿＿＿　　　　年　月　日

练习与提高

一、选择题(请将正确答案的序号填写在题中的括号中)。

1. 按(　　)键可以进入刀具补偿参数输入界面。

A.

OFFSET SETTNG

B.

INPUT

2. 刀具补偿界面中"形状(D)"对应的刀具补偿参数是刀具的(   )。

   A. 直径   B. 半径

3. 使用寻边器对刀的好处是在工件表面(   )留下痕迹。

   A. 会   B. 不会

二、简答题

1. X、Y 向常用的对刀方法有哪些？

2. 对于精度要求不高的零件用哪种对刀方法比较合适？

3. Z 轴对刀时，刀具补偿值没有输入之前能否抬刀后再输入刀具补偿值？说明原因。

4. 加工精度要求很高的孔类零件，应如何进行对刀？

5. 请描述如何使用 C54 指令设置 X、Y 值。

任务4　在数控铣床上加工平面轮廓

【任务描述】

本任务主要介绍数控铣床平面轮廓的加工，通过学习，使学生了解平面轮廓加工程序的编制，合理选择刀具，完成零件的加工。数控铣床平面轮廓类零件的加工过程如图 6-4-1 所示。

图 6-4-1　数控铣床平面轮廓类零件加工过程

【任务分析】

通过该任务的学习，学会如何进行加工工艺的分析、如何正确选用刀具、如何针对不同的测量内容选用不同的检测量具、如何控制工件的尺寸等。对平面轮廓的加工有一个完整的认识，同时巩固机床操作、程序的输入等内容。

【任务目标】

(1) 会编写平面轮廓的加工程序。

(2) 会分析图纸，选用加工刀具。

(3) 会确定铣削参数，编制工艺卡片。

(4) 能完成零件平面轮廓粗、精铣削。

(5) 能正确使用量具检测零件的精度。

(6) 提高动手操作能力，养成精益求精的质量管控意识和职业责任感。

【相关知识】

一、零件图

零件如图 6-4-2 所示。

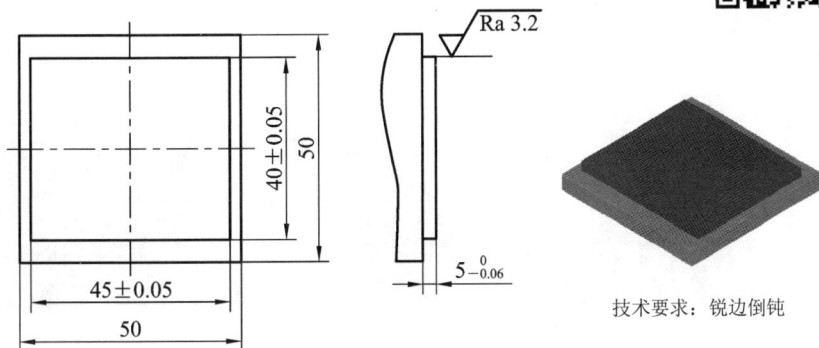

图 6-4-2　正方形零件

二、工艺分析

(1) 工件装夹采用通用夹具平口钳进行装夹，保证工件高出平口钳 5 mm 以上。

(2) 根据图形，工件坐标系原点建立在中间，采用分中法进行对刀建立工件坐标系，这样加工出来的轮廓周边的余量均匀。

(3) 特征点计算。

(4) 零件材料为硬铝，综合切削性能较好，采用铝用铣刀进行加工。

三、刀具选择的原则及步骤

(1) 根据加工表面特点及尺寸选择刀具类型。

(2) 根据工件材料及加工要求选择刀片材料及尺寸。

(3) 根据加工条件选取刀柄。

(4) 铣刀尺寸的选择：

立铣刀尺寸选择一般按下述经验数据选取。

① 刀具半径应小于零件内轮廓面的最小曲率半径 ρ，一般取 $R = (0.8 \sim 0.9)\rho$。

② 零件的加工高度 H≤(1/4～1/6)R，以保证刀具有足够的刚度。

③ 加工不通深槽，选取 L = H + (5～10)mm(L 为刀具切削部分长度，H 为零件的高度)。

④ 加工外形与通槽时，选取 L = H + r + (5～10)mm(r 为刀尖角半径)。

(5) 刀具安装。直柄铣刀是通过带有弹簧夹头的刀柄安装到主轴上的，将直柄铣刀装入弹簧夹头并旋紧螺母即可。弹簧夹头结构是外圆上开数条槽，当螺母旋紧时，夹头外圆上的槽合拢，内孔收缩，将直柄铣刀夹紧。弹簧夹头的规格可根据铣刀刀柄的直径来选择。这里仅以最为常见的 ER 夹头刀柄(见图 6-4-3)举例说明如下：

① 根据刀具直径选取对应的卡簧，清洁工作表面；

② 将卡簧装入锁紧螺母内；

③ 将铣刀装入卡簧孔内，并根据加工深度控制刀具悬伸长度；

④ 将刀柄放入卸刀座，用扳手将锁紧螺母锁紧；

⑤ 检查无误后，将刀柄装上主轴。

(a) 铝用立铣刀　(b) ER 卡簧　(c) 刀柄　(d) 锁刀座

图 6-4-3 铝用立铣刀、ER 卡簧、刀柄、锁刀座

(6) 在刀具安装过程中应注意事项：

① 装夹刀具长度应长于工件的加工深度，但也不能过长，否则影响刚度。

② 装夹刀具时注意刀具直径应与编程刀具直径相符合。

③ 装夹刀具时应注意夹紧力的大小。

四、刀具参数

根据刀具的选择原则，平面加工选择 $\phi63$ 的镶片面铣刀，轮廓加工选择铝用的高速钢铣刀，直径为 10 mm。

1．刀具的切削参数计算公式

$$v_c = \pi \frac{Dn}{1000}$$

其中：v_c 为切削速度；D 为刀具直径；n 为主轴转速。

2．面铣刀切削参数

(1) 面铣刀直径为 63，五刃镶片面铣刀。

(2) 加工材料硬铝，采用切削速度 v_c = 200 m/min。

(3) 计算刀具的转速：$v_c = \pi Dn/1000$，$n \approx 1011$ r/min。

(4) 计算进给速度：F ＝ 转速 × 齿数 × 每齿进给量，F $\approx 1011 \times 5 \times 0.08 = 404.4$ mm/min。

3．铝用铣刀切削参数

(1) 采用 3 刃过中心 10 mm 铝用铣刀。

(2) 加工材料硬铝，采用切削速度 $v_c = 80$ m/min。

(3) 计算刀具的转速：$v_c = 3.14Dn/1000$，$n \approx 2548$ r/min，取 2500 r/min。

(4) 计算进给速度：F ＝ 转速 × 齿数 × 每齿进给量，F $\approx 2500 \times 3 \times 0.05 = 375$ mm/min。

文中的切削参数为参考切削参数，实际加工中的参数根据所使用的机床、刀具等具体加工情况确定。

五、量具的选用

根据图纸中的尺寸要求合理选择量具，外形尺寸分别为 40 mm、45 mm，公差为 ±0.05，用 25～50 mm 千分尺进行测量，也可以选用 25～50 mm 的公法线千分尺进行测量，如图 6-4-4 所示。深度方向尺寸为 5 mm，公差为 ±0.05，可选用 0～25 mm 深度千分尺进行测量，如图 6-4-5 所示。

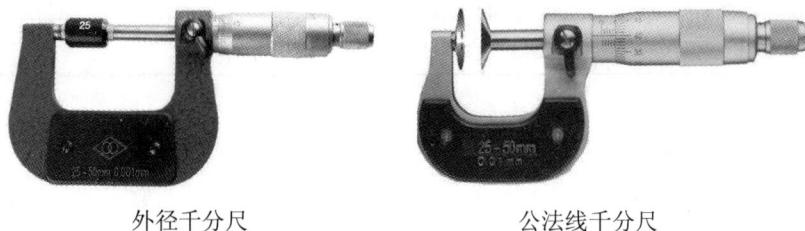

外径千分尺　　　　　　　　公法线千分尺

图 6-4-4　千分尺

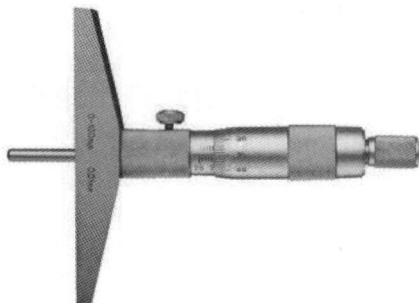

图 6-4-5　深度千分尺

六、工艺卡

在数控铣床上加工孔的工艺卡如表 6-4-1 所示。

表 6-4-1　工　艺　卡

数控加工工序卡片		产品名称或代号		零件名称		材料	零件图号
						硬铝	
工序号	程序编号	夹具名称	夹具编号	使用设备		车　间	
		机用平口虎钳		XK714		数控实训中心	
工步号	工步内容	刀具号	刀具规格	主轴转速 n/(r/min)	进给速度 F/(mm/min)	背吃刀量 a_p/mm	量具	备注
1	粗铣顶面留余量 0.2	T01	ϕ63 面铣刀	1100	440	0.5	游标卡尺	
2	精铣顶面控制高度尺寸达 Ra3.2	T01	ϕ63 面铣刀	1500	500	0.2	游标卡尺	
3	粗铣外轮廓留侧余量 0.5，底余量 0.2	T02	ϕ10 立铣刀	2500	375	5	千分尺	
4	精铣外轮廓达图纸要求	T02	ϕ10 立铣刀	3000	400	0.5	千分尺	
5	其他							
编制		审核		共　　页		第　　页	

七、编写程序

编写程序如下：

O0001;	(平面加工)略
O0002;	(轮廓加工)
G90 G54 G40 G49 G00 Z100 M03 S800;	
M08;	
G00 X-33Y-33;	(定位点的设置避免垂直下刀)
G00Z20;	(Z 轴定位)
G00Z5;	(Z 轴定位)
G01Z-5F50;	(Z 轴下刀)
G41 G01 X-22.5 Y-22 D01 F375;	(进行刀具半径补偿)
G01 Y20;	(轮廓加工)
X22.5;	(轮廓加工)
Y-20;	(轮廓加工)
X-24.5;	(轮廓加工)
G40 G01 X-33 Y-33;	(取消刀具半径补偿)
G01 Z5;	(Z 轴抬刀)
G00 Z50;	(Z 轴抬刀)

G91 G28 Y0;   (Y 轴回参考点)

M30;   (程序结束)

八、职业素养

(1) 防护镜：必须是防溅入式防护镜，近视镜不能代替防护镜，如图 6-4-6 所示。

(2) 安全鞋：必须防滑、防砸、防穿刺，如图 6-4-7 所示。

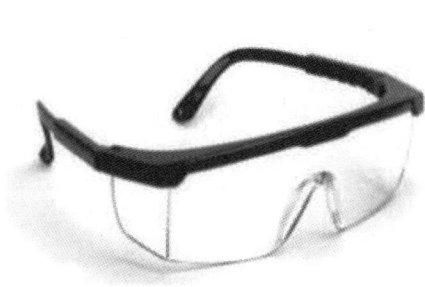

图 6-4-6　防护镜　　　　　　　　　　　　图 6-4-7　安全鞋

(3) 防护服：必须是长裤，防护服必须紧身不松垮，领口紧、袖口紧、下摆紧，达到三紧要求，如图 6-4-8 所示，女性必须戴工作帽、长发不得外露。

(4) 使用的量具需要有序摆放，养成良好的习惯，如图 6-4-9 所示。

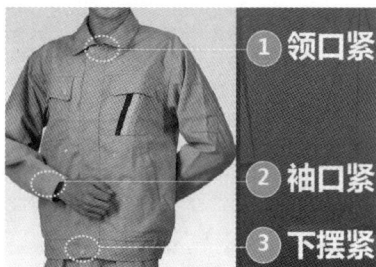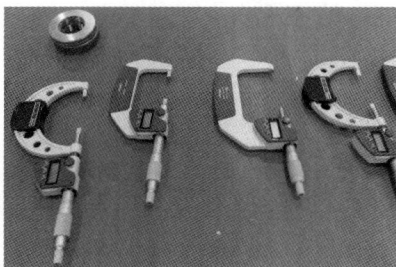

图 6-4-8　防护服"三紧"　　　　　　　　图 6-4-9　量具摆放

【任务实施】

一、程序的输入

在编辑模式 下，按照前面学习的方法将完成的程序输入数控铣床的系统中，熟练使用系统面板上的各个按键。

二、程序的图形验证

通过系统中的图形功能对输入的程序进行检查，将刀具的轨迹与工件图纸进行对比，查看是否合理。操作步骤如下：

(1) 在编辑模式 ▨ 下，将程序调整到程序开头位置。

(2) 将铣床 Z 轴抬高 100 mm，让刀具碰不到工件。

(3) 将工作模式调整到自动加工模式 ▣ 下。

(4) 打开图形功能 ▨ 。

(5) 启动并检查轨迹是否正确。

三、零件的粗加工

(1) 在编辑模式 ▨ 下，将程序调整到程序头位置。

(2) 将工作模式调整到自动加工模式 ▣ 下，倍率调低，可使用单段模式进行工件的加工。

(3) 按系统启动 ▣ 键，进行零件的加工。

四、尺寸的测量

使用外径或者公法线千分尺测量图纸中的外形尺寸，并记录测量值；使用深度千分尺测量工件中的深度方向的尺寸，并记录测量值；将测量值与理论值进行对比，修改刀具补偿值。

五、零件的精加工

对零件进行精加工，去除余量，将工件尺寸控制在公差范围内。

六、机床整理

拆下工件之后，对机床进行整理、清扫等工作。

【任务评价】

一、个人、小组评价

(1) 分层次概括总结出你在本次任务实施过程中有哪些收获。

(2) 分组展示小组学习过程中的收获。

二、教师评价

教师对各小组任务完成情况分别作出评价，见表 6-4-2 和表 6-4-3。

(1) 找出各组的优点进行点评。

(2) 对任务完成过程中各组存在的问题进行点评并提出解决方法。

(3) 对整个任务完成过程中出现的亮点和不足进行点评。

表 6-4-2　任务 4 评价表

组　　别				小组负责人			
成员姓名				班　　级			
课题名称				实施时间			
评价类别	评价内容	评　价　标　准		配分	个人自评	小组评价	教师评价
学习准备	课前准备	资料收集、整理，自主学习		5			
学习过程	信息收集	能收集有效的信息		5			
	软件模拟	零件程序的正确性		20			
	零件加工	零件轮廓完整性，尺寸是否合格		25			
	问题探究	尺寸控制的技巧		10			
	文明生产	服从管理，遵守校规、校纪和安全操作规程		5			
学习拓展	知识迁移	能实现前后知识的迁移		5			
	应变能力	能举一反三，提出改进建议或方案		5			
	创新程度	有创新建议提出		5			
学习态度	主动程度	主动性强		5			
	合作意识	能与同伴团结协作		5			
	严谨细致	认真仔细，不出差错		5			
总　　计				100			
教师总评(成绩、不足及注意事项)							
综合评定等级(个人 30%，小组 30%，教师 40%)							

任课教师：＿＿＿＿＿＿　　　年　月　日

表 6-4-3　评　分　表

工件编号					总得分		检测记录			
项目与配分		序号	技术要求	配分	评分标准		自检	互检	师检	得分
工件加工评分(100%)	外形轮廓	1	45 ± 0.05	10	超差不得分					
		2	40 ± 0.05	10	超差不得分					
		3	$5_{-0.06}^{0}$	10	超差不得分					
		4	工件无缺陷	20	缺陷一处扣 5 分					
程序与工艺		5	程序正确合理	10	每错一处扣 2 分					
		6	加工工序合理	10	不合理每处扣 2 分					
机床操作		7	机床操作规范	10	出错一次扣 2 分					
		8	工件、刀具正确	10	出错一次扣 2 分					
安全文明生产		9	安全操作	5	安全事故停止操作或再次进行安全教育					
		10	机床整理	5						

练习与提高

1. 如图 6-4-10 所示,已知毛坯为 50 mm × 50 mm × 30 mm 的硬铝,试用本任务学习的内容完成图中外轮廓加工程序的编写,先在仿真软件上完成模拟加工,然后在数控铣床上进行加工,利用刀具半径补偿功能控制尺寸。

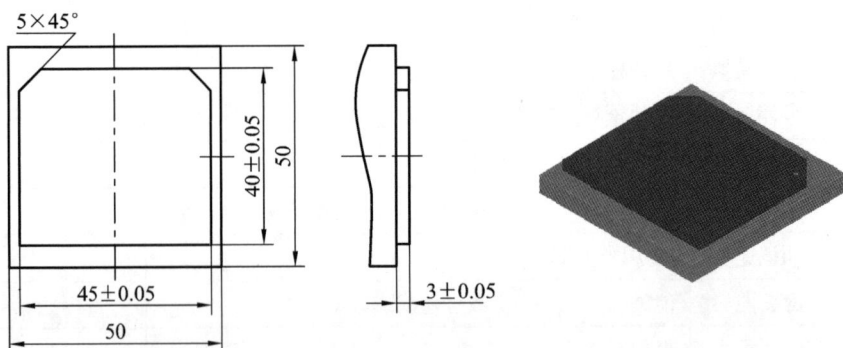

图 6-4-10 平面轮廓加工

2. 如图 6-4-11 所示,已知毛坯为 50 mm × 50 mm × 30 mm 的硬铝,试用本任务学习的内容完成图中外轮廓和 $\phi20$ 整圆加工程序的编写,先在仿真软件上完成模拟加工,然后在数控铣床上进行加工,利用刀具半径补偿功能控制尺寸。

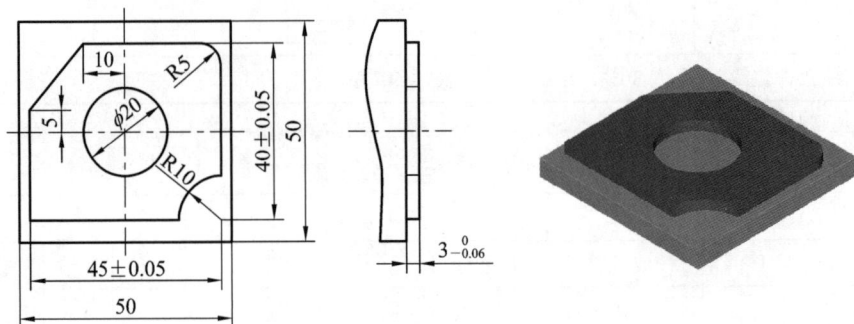

图 6-4-11 平面轮廓及孔加工

任务 5　在数控铣床上加工孔

【任务描述】

本任务主要介绍数控铣床孔的加工,通过学习使读者了解数控铣床钻孔加工程序的编写方法,能在数控铣床上完成零件的加工。数控铣床孔类零件的加工过程如图 6-5-1 所示。

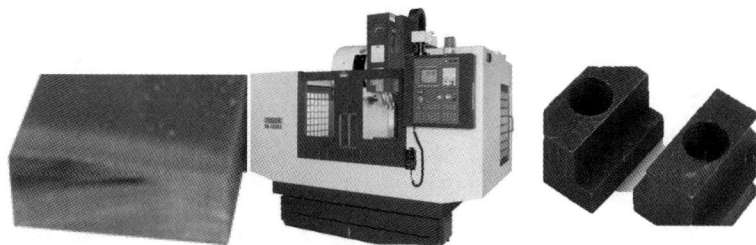

图 6-5-1 数控铣床孔类零件加工过程

【任务分析】

根据图纸中孔的加工要求合理选择钻头的直径，针对不同的加工材料合理选用切削参数，根据孔的加工深度合理选择孔加工指令。

【任务目标】

(1) 能根据孔的加工要求，正确选择编程指令。

(2) 能正确选择钻头尺寸，确定孔加工的切削参数。

(3) 能正确使用量具检测零件的加工精度。

(4) 培养自己的动手能力，树立正确的劳动观、价值观。

【相关知识】

一、零件图

零件如图 6-5-2 所示。

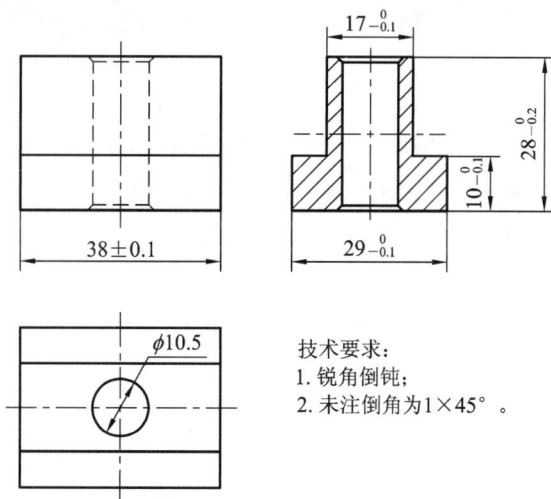

技术要求：
1. 锐角倒钝；
2. 未注倒角为 $1 \times 45°$。

图 6-5-2 T 型槽螺母

二、工艺分析

(1) 工件装夹采用通用夹具平口钳进行装夹，夹持深度不小于 8 mm。

(2) 工件进行正反面加工。

(3) 从图形来看，工件坐标系原点可以建立在中心，采用分中法进行对刀建立工件坐标系，这样加工出来的轮廓，周边的余量均匀。反面加工时，以已经加工好的表面作为基准进行工件找正。

(4) 特征点计算。

(5) 该零件为通孔加工。

(6) 零件材料为 45# 钢，采用高速钢铣刀进行加工。

三、刀具选择的原则及步骤

1. 钻夹头的选用

常用的钻夹头主要有扳手式钻夹头(如图 6-5-3 所示)和自紧式钻夹头(如图 6-5-4 所示)两类。扳手式钻夹头的零部件多采用机床大批量生产，因此价格较低廉，但因自身结构的限制，扳手式钻夹头精度不高，主要用于台式钻床、小型摇臂钻床、电动工具等对夹持精度要求不高的场合，此外钻头的装卸需用扳手松紧，操作较烦琐。在加工中心、高精度钻床等对钻孔精度要求较高的场合，一般需要采用自紧式钻夹头，其具有高精度、高夹紧特点；具有自紧功能，轻轻夹紧钻头即可，能在钻孔中随着扭矩的增加而同步增加夹持力，并能产生明显的高强度夹持力，从而防止钻头打滑。

图 6-5-3　扳手式钻夹头　　　　　图 6-5-4　自紧式钻夹头

钻头选用原则如下：

(1) 根据加工的工件材料来选择钻头；

(2) 根据工件孔的尺寸及加工要求选择钻头的尺寸。

2. 钻头的安装

(1) 把钻夹头松开，如图 6-5-5 所示；

(2) 将钻头放入夹爪内，并根据加工深度控制刀具悬伸长度；

(3) 将钻夹头放入卸刀座，用扳手(如图 6-5-6 所示)将锁紧螺母锁紧；

(4) 检查无误后，将钻夹头装上主轴。

图 6-5-5　自紧钻夹头刀柄　　　　　图 6-5-6　自紧式钻夹头扳手

3. 钻头安装过程中的注意事项

(1) 装夹钻头长度应长于工件的加工深度，但也不能过长，否则影响刚度。

(2) 装夹钻头时注意刀具直径应与编程刀具直径相一致。

四、刀具参数

根据刀具的选择原则，该工件加工选用四刃过中心 $\phi10$ 的高速钢立铣刀，孔加工选用 $\phi10.5$ 的高速钢钻头。

1. 高速钢铣刀切削参数

(1) 采用 4 刃过中心 10 mm 高速钢立铣刀。

(2) 加工材料 45# 钢，采用切削速度 $v_c = 20$ m/min。

(3) 计算刀具的转速：$v_c = 3.14Dn/1000$，$n \approx 637$ r/min，取 650 r/min。

(4) 计算进给速度：F = 转速 × 齿数 × 每齿进给量，F $\approx 650 \times 4 \times 0.05 = 130$ mm/min。

2. 钻头切削参数

(1) 加工材料 45# 钢，采用切削速度 $v_c = 20$ m/min。

(2) 计算刀具的转速：$v_c = 3.14Dn/1000$，$n \approx 606$ r/min，取 600 r/min。

(3) 计算进给速度：F = 转速 × 齿数 × 每齿进给量，F $\approx 600 \times 2 \times 0.08 = 96$ mm/min。

文中的切削参数为参考切削参数，实际加工中的参数根据所使用的机床、刀具等实际加工情况确定。

五、量具的选用

根据图纸中的尺寸要求合理选择量具，外形尺寸分别为 17 mm、29 mm、38 mm，根据需要采用千分尺进行测量，可以采用 0～25 mm、25～50 mm 的外径千分尺或者公法线千分尺。深度方向为 10 mm、28 mm 两个尺寸，尺寸 10 mm 使用 0～25 mm 的深度千分尺，尺寸 28 mm 使用 25～50 mm 的外径千分尺测量，也可以采用游标卡尺(如图 6-5-7 所示)进行测量。

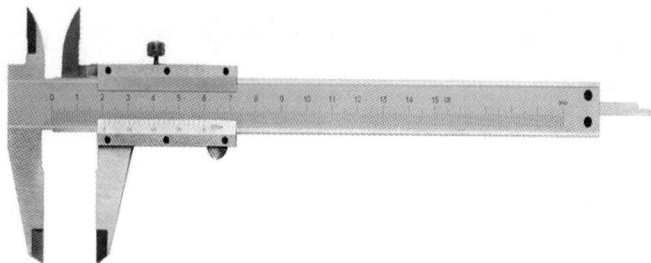

图 6-5-7　游标卡尺

六、工艺卡

在数控铣床上加工孔的工艺卡如表 6-5-1 所示。

表 6-5-1 工 艺 卡

数控加工工艺卡片		产品名称或代号		零件名称		材料	零件图号
						硬铝	
工序号	程序编号	夹具名称	夹具编号	使用设备		车 间	
		机用平口虎钳		XK714		数控实训中心	
工步号	工步内容	刀具号	刀具规格	主轴转速 n/(r/min)	进给速度 F/(mm/min)	背吃刀量 a_p/mm	量具	备注

工步号	工步内容	刀具号	刀具规格	主轴转速 n/(r/min)	进给速度 F/(mm/min)	背吃刀量 a_p/mm	量具	备注
1	粗铣顶面留余量 0.2	T01	ϕ10 立铣刀	650	130	0.5	游标卡尺	
2	精铣顶面控制高度尺寸达 Ra3.2	T01	ϕ10 立铣刀	100	150	0.2	游标卡尺	
3	粗铣轮廓留侧余量 0.3，底余量 0.2	T01	ϕ10 立铣刀	650	130	6	千分尺	
4	精铣轮廓达图纸要求	T01	ϕ10 立铣刀	1000	150	0.3	千分尺	
5	中心钻	T02	A3 中心钻	1500	80			
6	钻孔加工	T03	ϕ10.5 钻头	600	96	5.25	游标卡尺	
7	粗铣反面轮廓侧余量 0.3，底余量 0.2	T01	ϕ10 立铣刀	650	130	6	千分尺	
8	精铣反面轮廓达到图纸要求	T01	ϕ10 立铣刀	1000	150	0.3	千分尺	
9	其他							
编制		审核		共 页			第 页	

七、编写程序

编写钻孔加工的程序如下(这里只编写钻孔加工程序，其他程序略)：

O0005；(钻孔程序)

G90 G54 G17 G80 G00 Z100 M03 S600;　　(设置坐标系、坐标平面、主轴正转)

G00 Z20 M08;　　(Z 轴下刀至 20 mm 处)

G83 X0 Y0 Z-32 R5 Q5 F96;　　(使用 G83 指令钻孔，孔位置 X0Y0，深度-32，R 平面 5 mm，每加工 5 mm 进行抬刀)

G80;　　(取消钻孔指令)

M5;　　(主轴停转)

G91 G28 Z0.;　　(Z 轴回参考点)

G28 Y0;　　(Y 轴回参考点)

M30;　　(程序结束)

八、职业素养

同任务 4。

【任务实施】

一、程序的输入

在编辑模式下，按照前面学习的方法将完成的程序输入到数控铣床的系统中，熟练使用系统面板上的各个按键。

二、程序的图形验证

通过系统中的图形功能对输入的程序进行检查，将刀具的走刀轨迹与工件图纸进行对比，查看是否正确。操作步骤如下：

(1) 在编辑模式下，将程序调整到程序开头位置。

(2) 将铣床 Z 轴抬高 100 mm，让刀具碰不到工件。

(3) 将工作模式调整到自动加工模式下。

(4) 打开图形功能。

(5) 按下"循环启动"键，并检查走刀轨迹是否正确。

三、零件的粗加工

(1) 在编辑模式下，将程序调整到程序开头位置。

(2) 将工作模式调整到自动加工模式下，倍率调低，可使用单段模式进行工件的加工。

(3) 按循环启动键，进行零件的加工。

四、尺寸的测量

使用外径或者公法线千分尺测量图纸中要求的外形尺寸，并记录测量值；使用深度千分尺测量工件中的深度方向的尺寸，并记录测量值；将测量值与理论值进行对比，修改刀具补偿值。

五、零件的精加工

对零件进行精加工，去除余量，将工件尺寸控制在公差范围内。

六、机床整理

拆下工件之后，对机床进行整理，清扫工作。

➤➤ 【任务评价】

一、个人、小组评价

(1) 分层次概括总结出你在本次任务实施过程中有哪些收获。

(2) 分组展示小组学习过程中的收获。

二、教师评价

教师对各小组任务完成情况分别作出评价，见表 6-5-2 和表 6-5-3。

(1) 找出各组的优点进行点评。

(2) 对任务完成过程中各组存在的问题进行点评并提出解决方法。

(3) 对整个任务完成过程中出现的亮点和不足进行点评。

表 6-5-2　任务 5 评价表

组　　别				小组负责人			
成员姓名				班级			
课题名称				实施时间			
评价类别	评价内容	评　价　标　准	配分	个人自评	小组评价	教师评价
学习准备	课前准备	资料收集、整理，自主学习	5			
学习过程	信息收集	能收集有效的信息	5			
	软件模拟	零件程序的正确性	20			
	零件加工	零件轮廓完整性，尺寸是否合格	25			
	问题探究	尺寸控制的技巧	10			
	文明生产	服从管理，遵守校规、校纪和安全操作规程	5			
学习拓展	知识迁移	能实现前后知识的迁移	5			
	应变能力	能举一反三，提出改进建议或方案	5			
	创新程度	有创新建议提出	5			
学习态度	主动程度	主动性强	5			
	合作意识	能与同伴团结协作	5			
	严谨细致	认真仔细，不出差错	5			
总　　计			100			
教师总评 (成绩、不足及注意事项)						
综合评定等级(个人 30%，小组 30%，教师 40%)						

任课教师：＿＿＿＿＿＿＿　　年　月　日

表 6-5-3　评　分　表

工件编号				总　得　分		检测记录			
项目与配分		序号	技术要求	配分	评分标准	自检	互检	师检	得分
工件加工评分(100%)	轮廓	1	$17_{-0.1}^{0}$	6	超差不得分				
		2	$29_{-0.1}^{0}$	6	超差不得分				
		3	38 ± 0.1	6	超差不得分				
		4	$10_{-0.1}^{0}$	6	超差不得分				
		5	$28_{-0.2}^{0}$	6	超差不得分				
		6	工件无缺陷	20	缺陷一处扣 5 分				
程序与工艺		7	程序正确合理	10	每错一处扣 2 分				
		8	加工工序合理	10	不合理每处扣 2 分				
机床操作		9	机床操作规范	10	出错一次扣 2 分				
		10	工件、刀具	10	出错一次扣 2 分				
安全文明生产(倒扣分)		11	机床整理		安全事故停止操作或再次进行安全教育				
		12	安全操作						

练习与提高

一、简答题

1. 试写出 G73 与 G83 的加工轨迹并说明两者的不同之处。

2. 试写出 G81 与 G82 的加工轨迹并说明两者的不同之处。

二、编程题

1. 如图 6-5-8 所示,已知毛坯为阶梯轴的硬铝,试用本任务学习的内容完成图中钻孔程序的编写,先在仿真软件上完成模拟加工,然后在数控铣床上进行加工。

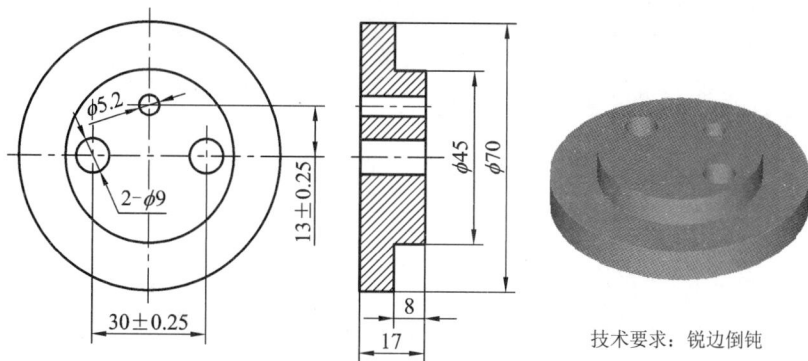

技术要求:锐边倒钝

图 6-5-8　端盖

2. 如图 6-5-9 所示，已知毛坯为 50 mm × 50 mm × 15 mm 的硬铝，试用本任务学习的内容完成图中外轮廓和钻孔程序的编写，先在仿真软件上完成模拟加工，然后在数控铣床上进行加工。

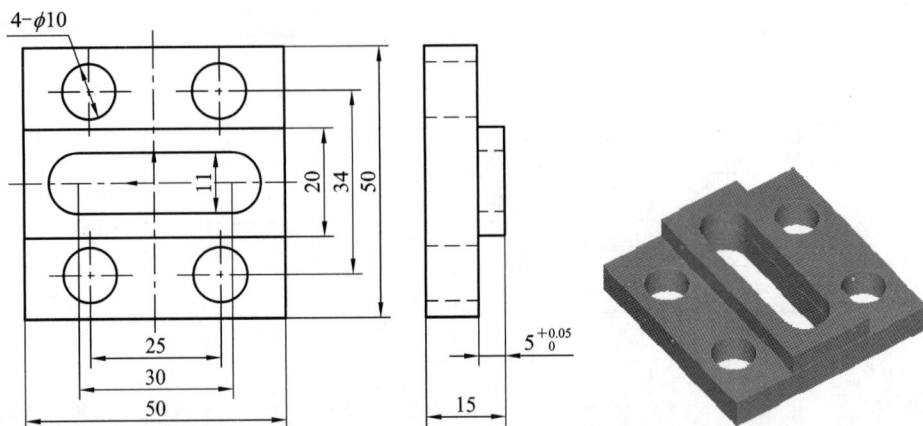

图 6-5-9　底座